Armin Kühnemann
Heiko Vogler

Attributgrammatiken

Armin Kühnemann
Heiko Vogler

Attributgrammatiken

Eine grundlegende Einführung

Die Deutsche Bibliothek – CIP-Einheitsaufnahme

Kühnemann, Armin:
Attributgrammatiken: eine grundlegende Einführung /
Armin Kühnemann; Heiko Vogler. –
Braunschweig; Wiesbaden: Vieweg, 1997

ISBN-13:978-3-528-05582-0   e-ISBN-13:978-3-322-86840-4
DOI: 10.1007/978-3-322-86840-4

Der Verlag Vieweg ist ein Unternehmen der Bertelsmann
Fachinformation GmbH.

http://www.vieweg.de

Gedruckt auf säurefreiem Papier.

Vorwort

Das Konzept der Attributgrammatik bietet eine Möglichkeit, semantische Aspekte von Programmiersprachen zu spezifizieren. Semantische Aspekte sind z.B. die kontextsensitiven Nebenbedingungen der Syntax oder die Generierung von Assemblercode für eine abstrakte Maschine. Das vorliegende Lehrbuch führt in die Grundlagen dieser Spezifikationsmethode ein.

Nach den Präliminarien (Kapitel 2) werden im ersten Teil die grundlegende Definition von Attributgrammatiken (Kapitel 3) und einige Algorithmen zur Berechnung von semantischen Werten (Kapitel 4) angegeben. Im zweiten Teil behandeln wir ausgewählte Probleme. Dabei beginnen wir mit einem Vergleich des Konzepts der Attributgrammatik mit zwei anderen Spezifikationsmethoden, nämlich der Logik–Programmierung und der funktionalen Programmierung (Kapitel 5 bzw. Kapitel 6). Es schließt sich die ausführliche Diskussion eines Attributauswerters für eine große Teilklasse aller Attributgrammatiken an (Kapitel 7): den stark nichtzirkulären Attributgrammatiken. Für den Einsatz im Compilerbau ist die Verzahnung des parsing–Prozesses mit der Attributauswertung interessant (Kapitel 8). Schließlich stellen wir inkrementelle Attributauswerter vor, auf denen syntaxgesteuerte Editoren basieren (Kapitel 9). Die Kapitel enden jeweils mit einigen Übungsaufgaben und bibliographischen Anmerkungen.

Dieses Buch ist aus Vorlesungen an der Universität Ulm und der Technischen Universität Dresden zum gleichen Thema entstanden. Die Vorlesungen und zugehörigen Übungen hatten einen Umfang von vier bzw. zwei Semesterwochenstunden. Sie waren im Hauptstudium des Diplomstudiengangs Informatik plaziert. Für das Verständnis des Stoffs sind Vorkenntnisse über das Konzept der kontextfreien Grammatik hilfreich aber nicht notwendig, da alle benutzten Konzepte formal eingeführt werden. Deshalb eignet sich dieses Buch nicht nur für Studenten der Informatik als Einführung in die Attributgrammatiken, sondern auch für andere Interessierte, die sich auf eine formale Betrachtung einlassen wollen.

An der Entstehung des Buches waren neben den Autoren einige andere Informatiker beteiligt. Die Herren Dietmar Ernst, Frank Houdek und Erich Müller setzten das Manuskript in LaTeX um. Frau Christina Putsche und Herr Matthias Höff zeichneten die Bilder. Herr Thomas Noll las die ersten Versionen und schlug Verbesserungen vor. Bei ihnen bedanken wir uns ganz herzlich.

Dresden, im Juni 1997

Armin Kühnemann und Heiko Vogler

Dipl.-Inform. Armin Kühnemann

Geboren 1964 in Werl, Westfalen, Studium der Informatik an der RWTH Aachen, Diplom 1991 an der RWTH Aachen, von 1991 bis 1994 wissenschaftlicher Mitarbeiter an der Universität Ulm, seit 1994 wissenschaftlicher Mitarbeiter an der Technischen Universität Dresden.

Univ.-Prof. Dr.-Ing. habil. Heiko Vogler

Geboren 1957 in Wipperfürth, Oberbergisches Land, Studium der Informatik an der TH Darmstadt und der RWTH Aachen, Diplom 1981 an der RWTH Aachen, Promotion 1986 an der Universität Twente / Die Niederlande, Habilitation 1990 an der RWTH Aachen im Fach Informatik, von 1991 bis 1994 C3-Professor an der Universität Ulm, seit 1994 C4-Professor an der Technischen Universität Dresden für das Gebiet Grundlagen der Programmierung.

Inhaltsverzeichnis

Kapitel 1

Einleitung

Attributgrammatiken sind formale Objekte, die insbesondere im Bereich Compilerbau und sprachbasierter Entwicklungsumgebungen eingesetzt werden. Das Konzept der Attributgrammatiken ist eine Erweiterung des Konzepts der kontextfreien Grammatik; diese Erweiterung hat das Ziel, eine Möglichkeit bereitzustellen, Informationen von einem Knoten eines Ableitungsbaumes an einen anderen Knoten zu transportieren und sie mit dort vorliegenden Informationen zu verknüpfen. Eine Information eines Knotens n des Ableitungsbaumes t könnte z.B. der Terminalstring sein, der gerade die Front (d.h. die von links nach rechts gelesene Folge der Terminalsymbole an den Blättern) des am Knoten n entspringenden Teilbaumes von t ist.

Wie werden nun Informationen transportiert? Grob gesagt geschieht das folgendermaßen: Jedem Nichtterminalsymbol einer kontextfreien Grammatik G_0 wird eine Menge von *Attributen* zugeordnet, jedes Attribut kann Werte aus einem festgelegten Wertebereich annehmen, z.B. der Menge aller Terminalstrings. Die Attribute, die den Nichtterminalsymbolen einer Produktion p von G zugeordnet sind, nennen wir *lokal* zu p oder *p–lokal*. Nun wird jeder Produktion p eine Menge von semantischen Regeln und semantischen Bedingungen zugeordnet. Eine *semantische Regel* hat die Form einer Zuweisung und beschreibt, wie Werte von p–lokalen Attributen aus Werten anderer p–lokaler Attribute berechnet werden. Somit beschreibt die Menge der semantischen Regeln, die einer Produktion zugeordnet ist, einen lokalen Informationstransport. Eine *semantische Bedingung* ist ein Prädikat, welches von den Werten der p–lokalen Attribute erfüllt werden muß.

Durch das Verkleben von Produktionen zu einem Ableitungsbaum t der kontextfreien Grammatik G_0, werden die den Produktionen zugeordneten *lokalen Informationstransporte* zu einem *globalen Informationstransport* über t zusammengefügt. Auf diese Weise kann Information von einem Knoten des Ableitungsbaumes zu einem anderen transportiert werden.

Wegen dieser Möglichkeit, Informationen über Ableitungsbäume zu transportieren, können Attributgrammatiken dazu benutzt werden, um

- formale Sprachen zu definieren, die auf kontextfreien Sprachen basieren, aber zusätzlich kontextsensitive Aspekte berücksichtigen, und

- Übersetzungen von kontextfreien Sprachen in semantische Bereiche zu definieren.

Zu diesen beiden Anwendungen wollen wir nun vier einfache Beispiele geben.

Beispiel 1.1

Wir möchten eine Attributgrammatik definieren, welche die Sprache

$$L = \{a^n b^n c^n \mid n \geq 1\}$$

beschreibt. Es ist bekannt, daß L kontextsensitiv, aber nicht kontextfrei ist. Die Beschreibung von L könnte in zwei Phasen geschehen:

1. Man generiere eine beliebig lange Sequenz von a's, dann eine beliebig lange Sequenz von b's und schließlich eine beliebig lange Sequenz von c's.

2. Man bestimme die Längen len_1, len_2 bzw. len_3 der drei Sequenzen und überprüfe, ob $len_1 = len_2 = len_3$ ist.

Phase 1 kann durch die folgenden Produktionen einer kontextfreien Grammatik beschrieben werden, wobei große Symbole die Nichtterminalsymbole sind:

$$
\begin{aligned}
p_1 &: Z \to ABC \\
p_2 &: A \to aA \\
p_3 &: A \to a \\
p_4 &: B \to bB \\
p_5 &: B \to b \\
p_6 &: C \to cC \\
p_7 &: C \to c
\end{aligned}
$$

Um die Phase 2 zu beschreiben, ordnet man jedem Nichtterminalsymbol das Attribut len (für: *length*) zu; als Werte kann len natürliche Zahlen annehmen. Für einen konkreten Ableitungsbaum t und einen konkreten Knoten x, der z.B. mit A beschriftet ist, soll der Wert des Attributs len am Knoten x genau die Länge der a–Sequenz sein, die in t unter x steht. Diese Idee läßt sich durch folgende semantische Regeln realisieren:

Den Produktionen p_2, p_4 und p_6 wird jeweils die semantische Regel

$$\langle len, 0 \rangle = \langle len, 1 \rangle + 1$$

zugeordnet. Da das Attribut len in diesen Produktionen zwei verschiedenen Vorkommen von Nichtterminalsymbolen zugeordnet ist, müssen wir auch die beiden Attributvorkommen unterscheiden. Deshalb fügen wir die Position des entsprechenden Nichtterminalsymbols dem Attributnamen hinzu; dabei hat das Nichtterminalsymbol auf der linken Seite die Position 0; bei der Bestimmung der Position eines Nichtterminalsymbols auf der rechten Seite werden die Terminalsymbole nicht mitgezählt. Den Produktionen p_3, p_5 und p_7 wird jeweils die semantische Regel

$$\langle len, 0 \rangle = 1$$

zugeordnet. Man erkennt in der rechten Seite dieser semantischen Regeln Konstanten und Operationen aus einem semantischen Bereich: 1 bezeichnet die natürliche Zahl Eins, $+$ bezeichnet die Addition zweier natürlicher Zahlen.

Den Produktionen p_2 bis p_7 werden keine semantischen Bedingungen zugeordnet. Für einen konkreten Ableitungsbaum können nun die Längen der a–, b– und c–Sequenzen durch Zusammenfügen des lokalen Informationstransports zu einem globalen Informationstransport berechnet werden (Abbildung 1.1 zeigt den Ableitungsbaum von $aaabbbccc$ mit den Attributwerten und mit Pfeilen, die den Informationstransport angeben).

Was jetzt noch fehlt, ist der Test auf Gleichheit der Längen. Dieser Test wird durch eine semantische Bedingung beschrieben, welche wir der Produktion p_1 zuordnen:

$$q(\langle len, 1\rangle, \langle len, 2\rangle, \langle len, 3\rangle)$$

wobei q ein Prädikat ist, so daß für alle natürlichen Zahlen n_1, n_2 und n_3 gilt:

$$q(n_1, n_2, n_3) \text{ ist wahr g.d.w. } n_1 = n_2 = n_3.$$

Das Prädikat q mit seinen drei Argumenten ist in Abbildung 1.1 ebenfalls (durch dick gepunktete Linien) angegeben.

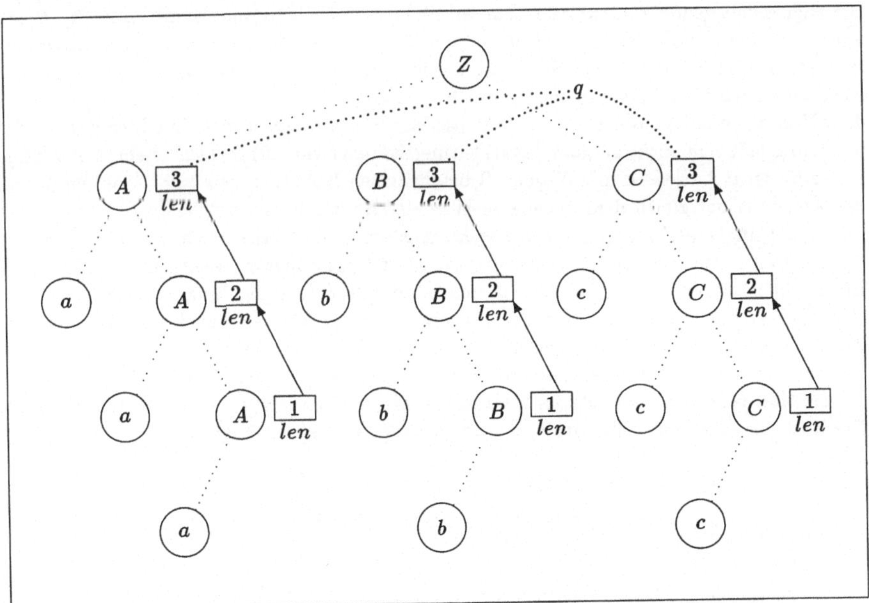

Abb. 1.1: Ableitungsbaum von $aaabbbccc$ mit Attributwerten und Informationstransport.

Nun betrachten wir die Menge aller Ableitungsbäume t, bei denen an jedem Knoten die Werte der Attribute berechnet wurden und bei denen diese Werte die semantische Bedingung erfüllen. Dann ist $L = \{a^n b^n c^n \mid n \geq 1\}$ genau die Menge der Fronten dieser Bäume.

□

Im ersten Beispiel wurden die Informationen nur von den Blättern des Ableitungsbaumes in Richtung Wurzel weitergegeben. Die Attribute, mit denen man Informationstransporte in dieser Richtung realisieren kann, heißen *synthetische Attribute*. Im folgenden Beispiel wird Information auch in der anderen Richtung transportiert; dafür setzt man *inherite Attribute* ein.

Beispiel 1.2

Sei L die Menge der Hollerith–Zahlen. Eine Hollerith–Zahl hat die Form

number H **string**

wobei **number** eine natürliche Zahl ist und **string** eine Zeichenreihe über Buchstaben ist. Hier nehmen wir an, daß die Zahl als Binärzahl dargestellt ist, und die Zeichenreihe aus den Buchstaben a und b besteht. Zusätzlich gilt, daß **number** die Länge der Zeichenreihe angibt. Es ist klar, daß L keine kontextfreie Sprache ist. Sie läßt sich aber mit Hilfe der folgenden Attributgrammatik beschreiben.

Die zugrundeliegende kontextfreie Grammatik hat die Nichtterminalsymbole Z, N, B, S und C und die Terminalsymbole H, 0, 1, a und b. Man beachte, daß H ein Terminalsymbol ist und somit als Position auf der rechten Seite der ersten Produktion nicht mitgezählt wird. Den Nichtterminalsymbolen N und B ist das synthetische Attribut *val* zugeordnet, dem Nichtterminalsymbol S ist das inherite Attribut *len* zugeordnet. Die Idee der Attributierung läßt sich leicht anhand des Ableitungsbaums t von $101Haabab$ (siehe Abbildung 1.2) erläutern. An jedem mit N oder B beschrifteten Knoten x von t gilt, daß der Wert des Attributs *val* gleich dem dezimalen Wert der Binärzahl ist, welche an der Front des an x entspringenden Teilbaums von t steht. Aus dieser Idee lassen sich sofort die semantischen Regeln für die Produktionen (p_2, p_3, p_4 und p_5) ableiten, welche den Aufbau der Binärzahl beschreiben. An der Produktion p_1, durch welche die Binärzahl und die Zeichenreihe verbunden werden, wird der dezimale Wert der Binärzahl als Information an die Zeichenreihe übergeben. Bei jeder Anwendung der Strukturregel p_6 für den Aufbau von Zeichenreihen, wird der übergebene dezimale Wert dekrementiert. Schließlich wird an der Produktion p_7, welche den letzten Buchstaben der Zeichenreihe signalisiert, mit Hilfe des Prädikats *is_equal_one?* überprüft, ob der aktuelle Wert gleich 1 ist.

$$p_1: \quad Z \;\rightarrow\; NHS$$

$$\text{sem. Regel:} \quad \langle len, 2\rangle = \langle val, 1\rangle$$
$$\text{sem. Bed.:} \quad -$$

$$p_2: \quad N \;\rightarrow\; NB$$

$$\text{sem. Regel:} \quad \langle val, 0\rangle = 2 * \langle val, 1\rangle + \langle val, 2\rangle$$
$$\text{sem. Bed.:} \quad -$$

$$p_3: \quad N \;\to\; B$$

$$\text{sem. Regel:} \quad \langle val, 0\rangle = \langle val, 1\rangle$$
$$\text{sem. Bed.:} \quad -$$

$$p_4: \quad B \;\to\; 0$$

$$\text{sem. Regel:} \quad \langle val, 0\rangle = 0$$
$$\text{sem. Bed.:} \quad -$$

$$p_5: \quad B \;\to\; 1$$

$$\text{sem. Regel:} \quad \langle val, 0\rangle = 1$$
$$\text{sem. Bed.:} \quad -$$

$$p_6: \quad S \;\to\; CS$$

$$\text{sem. Regel:} \quad \langle len, 2\rangle = \langle len, 0\rangle - 1$$
$$\text{sem. Bed.:} \quad -$$

$$p_7: \quad S \;\to\; C$$

$$\text{sem. Regel:} \quad -$$
$$\text{sem. Bed.:} \quad is\_equal\_one? \; (\langle len, 0\rangle)$$

$$p_8: \quad C \;\to\; a$$

$$\text{sem. Regel:} \quad -$$
$$\text{sem. Bed.:} \quad -$$

$$p_9: \quad C \;\to\; b$$

$$\text{sem. Regel:} \quad -$$
$$\text{sem. Bed.:} \quad -$$

$\square$

Attributgrammatiken sind ein wesentliches Hilfsmittel im Compilerbau und dort insbesondere in der semantischen Analysephase. Unser drittes Beispiel beschäftigt sich mit einer Teilaufgabe dieser semantischen Analyse, nämlich der Überprüfung, ob die im Anweisungsteil eines Programms auftretenden Variablen auch deklariert wurden.

Beispiel 1.3
Wir definieren eine kleine imperative Programmiersprache, bei der die oben angegebene Bedingung erfüllt ist, d.h. jede Variable, die im Anweisungsteil benutzt wird, ist auch deklariert. Hier beschränken wir uns der Einfachheit halber auf die Variablen a, b und c. Die zugrundeliegende kontextfreie Grammatik hat die Nichtterminalsymbole *Prog*, *Decl_list*, *Statem_list*, *Statem* und *Var*.

Das Nichtterminalsymbol *Decl_list* besitzt das synthetische Attribut *declared*; den Nichtterminalsymbolen *Statem_list* und *Statem* ist das inherite Attribut *env* zugeordnet; dem Nichtterminalsymbol *Var* ist das synthetische Attribut *name* zugeordnet.

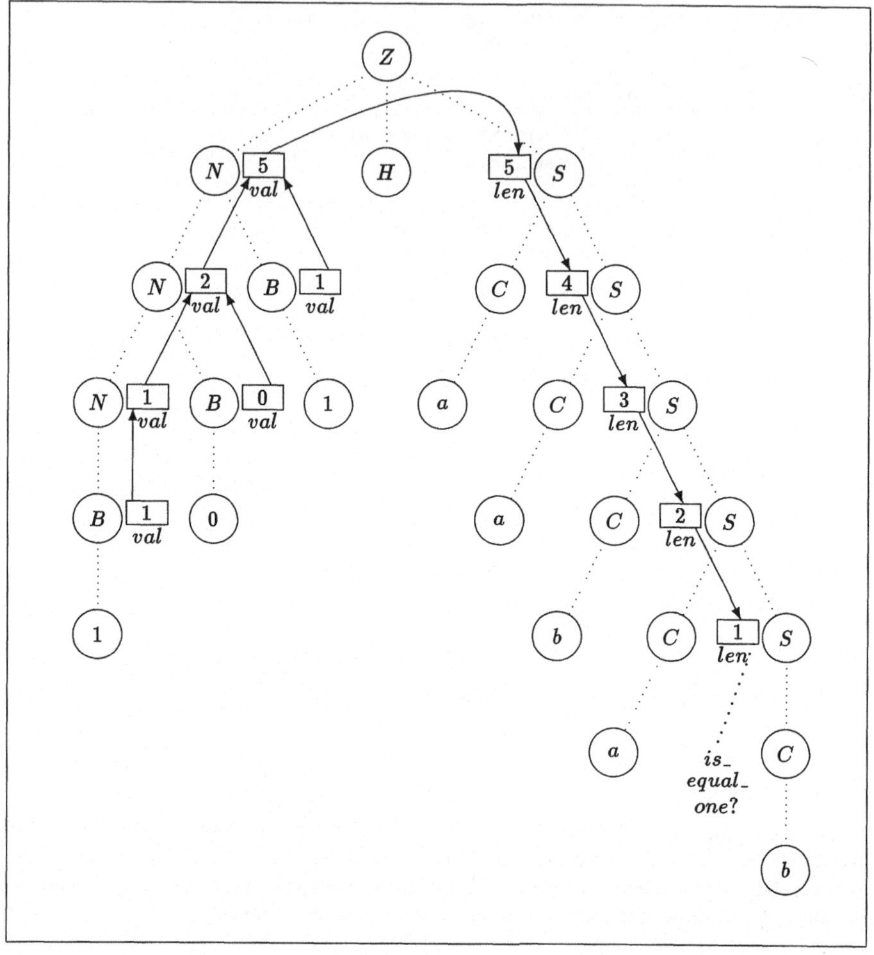

Abb. 1.2: Ableitungsbaum von 101H *aabab* mit Informationstransport.

Der Wertebereich von *env* und *declared* ist die Menge aller Teilmengen von {a, b, c}; der Wertebereich von *name* ist die Menge {a, b, c}.

Die zweistellige Operation *insert* fügt das erste Argument in die Menge ein, die durch das zweite Argument gegeben wird. Mit Hilfe der einstelligen Operation *make_into_set* wird aus dem Argument eine einelementige Menge erzeugt.

Das dreistellige Prädikat *is_declared?* überprüft, ob die ersten beiden Argumente in der Menge enthalten sind, die durch das dritte Argument gegeben ist.

Der Attributierung liegt die Idee zugrunde, daß im Attribut *declared* die Menge der deklarierten Variablen aufgesammelt wird und diese dem Anweisungsteil als inherite Information zur Verfügung gestellt wird. Bei der Produktion p_4 zur Strukturierung des Anweisungsteils wird diese Information hinuntergereicht. An jedem Statement wird dann mit Hilfe des Prädikats *is_declared?* überprüft, ob die dort vorgefundenen Variablen auch deklariert wurden.

p_1: $Prog \rightarrow$ **prog** **decl** *Decl_list* ; **begin** *Statem_list* **end**

sem. Regel: $\langle env, 2 \rangle = \langle declared, 1 \rangle$

sem. Bed.:   —

p_2: $Decl\_list \rightarrow Var$; $Decl\_list$

sem. Regel: $\langle declared, 0 \rangle = insert(\langle name, 1 \rangle, \langle declared, 2 \rangle)$

sem. Bed.:   —

p_3: $Decl\_list \rightarrow Var$

sem. Regel: $\langle declared, 0 \rangle = make\_into\_set\ (\langle name, 1 \rangle)$

sem. Bed.:   —

p_4: $Statem\_list \rightarrow Statem$; $Statem\_list$

sem. Regeln: $\langle env, 1 \rangle = \langle env, 0 \rangle$
$\langle env, 2 \rangle = \langle env, 0 \rangle$

sem. Bed.:   —

p_5: $Statem\_list \rightarrow Statem$

sem. Regel: $\langle env, 1 \rangle = \langle env, 0 \rangle$

sem. Bed.:   —

p_6: $Statem \rightarrow Var := Var$

sem. Regel: —

sem. Bed.: $is\_declared?\ (\langle name, 1 \rangle, \langle name, 2 \rangle, \langle env, 0 \rangle)$

p_7: $Var \rightarrow$ a

sem. Regel: $\langle name, 0 \rangle = a$

sem. Bed.:   —

p_8: $Var \rightarrow$ b

sem. Regel: $\langle name, 0 \rangle = b$

sem. Bed.:   —

p_9: $Var \rightarrow$ c

sem. Regel: $\langle name, 0 \rangle = c$

sem. Bed.:   —

Der Ableitungsbaum von

```
prog decl a; b; begin a:=b; a:=c end
```

mit globalem Informationstransport ist in Abbildung 1.3 dargestellt. □

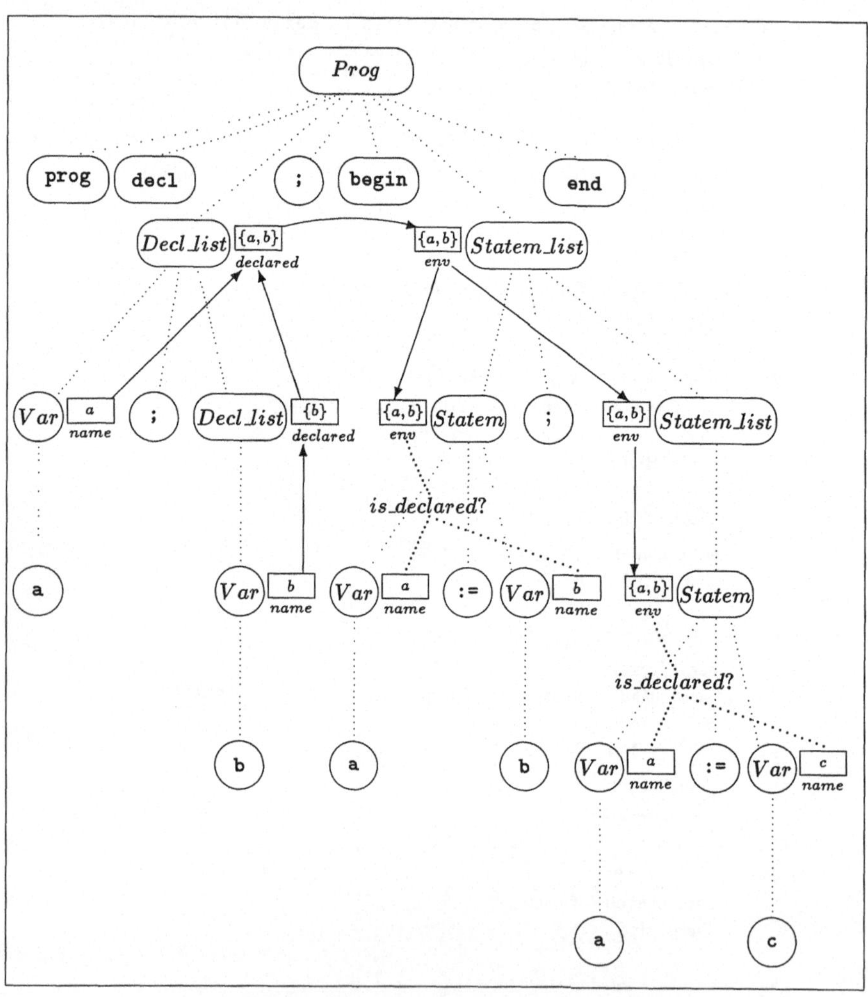

Abb. 1.3: Ableitungsbaum mit Informationstransport.

Als viertes und letztes Beispiel wollen wir mit Hilfe einer Attributgrammatik eine Übersetzung beschreiben, und zwar sollen Binärzahlen in Dezimalzahlen übersetzt werden. Dabei können wir auf semantische Bedingungen völlig verzichten.

Beispiel 1.4
Die zugrundeliegende kontextfreie Grammatik hat die Nichtterminalsymbole Z, L und B für *Zahl*, *Liste von Bits* bzw. *Bit*. Die Zuordnung von Attributen zu Nichtterminalsymbolen ist durch folgende Tabelle festgelegt.

	synthetische Attribute	inherite Attribute
Z	v	–
L	v, l	s
B	v	s

Das Attribut v steht für *value* und enthält die Dezimaldarstellung der Binärzahl, die sich unter dem entsprechenden Nichtterminalsymbol befindet. Das Attribut l steht für *length* und enthält die Länge einer Liste von Bits. Schließlich steht s für *scale*; es enthält die Position eines Bits innerhalb einer Liste von Bits, wobei das links vom Punkt stehende Bit die Position 0 hat (bei geeigneter Definition des Begriffs „Position" rechts vom Punkt).

$$p_1: \quad Z \quad \to \quad L \cdot L$$
$$\text{sem. Regeln:} \quad \langle v, 0 \rangle = \langle v, 1 \rangle + \langle v, 2 \rangle$$
$$\langle s, 1 \rangle = 0$$
$$\langle s, 2 \rangle = -\langle l, 2 \rangle$$

$$p_2: \quad Z \quad \to \quad L$$
$$\text{sem. Regeln:} \quad \langle v, 0 \rangle = \langle v, 1 \rangle$$
$$\langle s, 1 \rangle = 0$$

$$p_3: \quad L \quad \to \quad LB$$
$$\text{sem. Regeln:} \quad \langle v, 0 \rangle = \langle v, 1 \rangle + \langle v, 2 \rangle$$
$$\langle l, 0 \rangle = \langle l, 1 \rangle + 1$$
$$\langle s, 1 \rangle = \langle s, 0 \rangle + 1$$
$$\langle s, 2 \rangle = \langle s, 0 \rangle$$

$$p_4: \quad L \quad \to \quad B$$
$$\text{sem. Regeln:} \quad \langle v, 0 \rangle = \langle v, 1 \rangle$$
$$\langle l, 0 \rangle = 1$$
$$\langle s, 1 \rangle = \langle s, 0 \rangle$$

$$p_5: \quad B \quad \to \quad 1$$
$$\text{sem. Regel:} \quad \langle v, 0 \rangle = 2^{\langle s, 0 \rangle}$$

$$p_6: \quad B \quad \to \quad 0$$
$$\text{sem. Regel:} \quad \langle v, 0 \rangle = 0$$

Abbildung 1.4 enthält den Ableitungsbaum von 10.11 mit Informationstransport. Wie man hier gut erkennt, kann der Informationstransport durchaus auf „verschlungenen" Pfaden verlaufen.

□

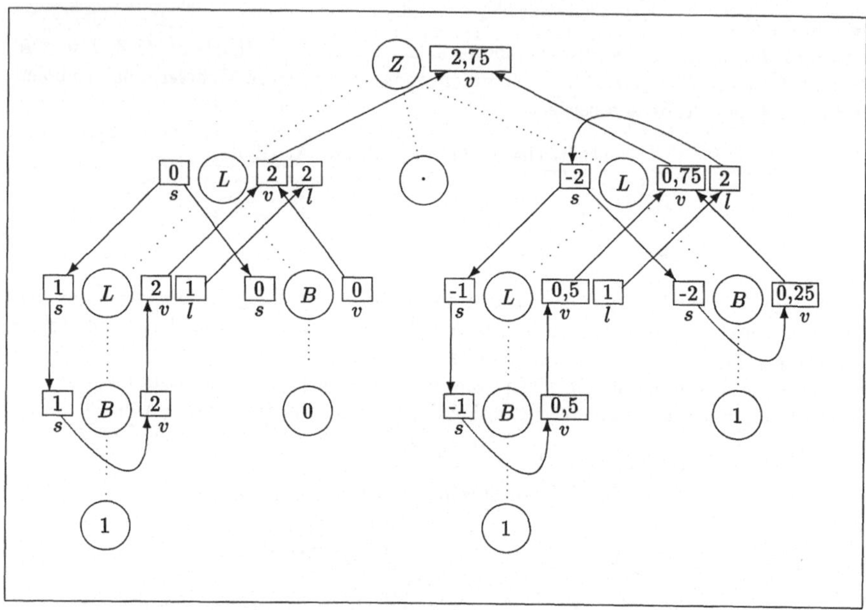

Abb. 1.4: Ableitungsbaum von 10.11 mit Informationstransport.

Bibliographische Anmerkungen

Attributgrammatiken wurden 1968 von D. E. Knuth erfunden und in [Knu68] vorgestellt (siehe auch [Knu90]). Inzwischen gibt es mehrere hundert Veröffentlichungen zum Thema Attributgrammatiken. Hier möchten wir nur auf die Übersichtsarbeiten bzw. Konferenzbände [DJL88], [DJ90], [AM91] und [Lor84] verweisen. Eine Bibliographie (Stand 1992) ist unter ftp://ftp.inria.fr/local/bib/AGbib gespeichert.

In dem Übersichtartikel [Paa95] setzt Paakki auf dem Grundkonzept der Attributgrammatiken auf und beschreibt eine Vielzahl von Erweiterungen, die durch den Einsatz des Grundkonzepts im Software–Engineering motiviert sind. In [Boy96] werden Attributgrammatiken behandelt, bei denen die rechte Seite der semantischen Regeln if–then–else Konstrukte sind, die nicht strikt interpretiert werden.

Das Konzept der Attributgrammatiken wird ebenfalls in einigen Lehrbüchern über Programmiersprachen, Compilerbau und syntaxbasierte Programmierwerkzeuge aufgegriffen und eingesetzt (z.B. [AU62], [AU73], [ASU86], [LMW86], [Kas90], [WM92] oder [Sch95]). Die Beispiele 1.2, 1.3 und 1.4 sind aus [Cha90], [Boc76] bzw. [Knu68] entnommen.

Kapitel 2

Präliminarien

In diesem Kapitel wollen wir grundlegende Begriffe, Notationen und Definitionen einführen, die in den folgenden Kapiteln benötigt werden. Die Darstellungen sind teilweise knapp gehalten und setzen beim Leser ein Grundwissen insbesondere über Mengen, Relationen, Funktionen und formale Sprachen (insbesondere kontextfreie Sprachen) voraus. Die Konzepte der K–sortierten Menge und der abstrakten Syntaxbäume werden dagegen ausführlicher behandelt und durch Beispiele begleitet.

2.1 Allgemeine Notationen und Begriffe

Wir bezeichnen die Menge der natürlichen Zahlen (einschließlich 0) mit $I\!N$ und die Menge $I\!N - \{0\}$ mit $I\!N_+$. Für alle $m \in I\!N$ bezeichnen wir die Menge $\{1, \ldots, m\}$ mit $[m]$, also entspricht $[0]$ der leeren Menge $\emptyset$. Ist M eine beliebige Menge, so bezeichnet $card(M)$ die Mächtigkeit von M, $\mathcal{P}(M)$ die Potenzmenge von M und $\mathcal{P}_f(M)$ die Menge aller endlichen Teilmengen von M. Ist M eine nichtleere Teilmenge von $I\!N$, so bezeichnen $max(M)$ und $min(M)$ das Maximum bzw. das Minimum von M.

Im folgenden seien M und $M_1, \ldots, M_n$ mit $n \in I\!N$ beliebige Mengen. Das kartesische Produkt von $M_1, \ldots, M_n$ wird mit $M_1 \times \ldots \times M_n$ bezeichnet.
$\underbrace{M \times \ldots \times M}_{n-\text{mal}}$ wird für $n \in I\!N$ mit M^n abgekürzt. Dann ist $M^0 = \{()\}$.

Im folgenden sei $\to$ eine binäre Relation über einer beliebigen Menge M. Es bezeichnet $\to^0$ die Identität über M und $\to^{n+1}$ für $n \in I\!N$ die $(n+1)$–fache Komposition von $\to$, also die induktiv definierte Menge $\{(m, m'') \in M \times M \mid$ es existiert $m' \in M$ mit $(m, m') \in \to^n$ und $(m', m'') \in \to\}$. Außerdem bezeichnen wir mit $\to^*$ und $\to^+$ die transitive, reflexive Hülle von $\to$ bzw. die transitive Hülle von $\to$. Es gilt also $\to^* = \bigcup_{n \in I\!N} \to^n$ und $\to^+ = \bigcup_{n \in I\!N_+} \to^n$. Ist $(m_1, m_2) \in \to$, so schreiben wir dafür $m_1 \to m_2$ (analog für $\to^n$, $\to^*$ und $\to^+$). Ist $M' \subseteq M$, dann bezeichnet $\to \lceil M' \rceil$ die Restriktion der Relation $\to$ auf die Menge M'. Ein Element $m \in M$ heißt *maximal* (*bezüglich* $\to$), falls es kein $m' \in M$ mit $m \to m'$ gibt.

Falls $m \to^* m'$ für $m, m' \in M$ und m' maximal bzgl. $\to$ ist, so wird m' *Normalform von m* (*bezüglich* $\to$) genannt. Im allgemeinen kann ein Element $m \in M$ keine oder mehr als eine

Normalform besitzen. Falls die Normalform von m bezüglich $\to$ existiert und eindeutig ist, so wird sie mit $nf(\to, m)$ bezeichnet. Eine Relation $\to$ heißt *konfluent*, falls es für alle $m, m_1, m_2 \in M$ mit $m \to^* m_1$ und $m \to^* m_2$ ein $m' \in M$ mit $m_1 \to^* m'$ und $m_2 \to^* m'$ gibt. Eine Relation $\to$ heißt *noethersch* oder *terminierend*, falls es keine unendliche Sequenz $m_1 \to m_2 \to m_3 \to \ldots$ gibt. Ohne Beweis sei erwähnt, daß für alle $m \in M$ die Normalform von m existiert und eindeutig ist, falls $\to$ noethersch und konfluent ist.

Eine Funktion ist ein Tripel (M, M', f), wobei M und M' zwei Mengen sind und $f \subseteq M \times M'$, so daß es für jedes $m \in M$ genau ein $m' \in M'$ gibt mit $(m, m') \in f$. Statt (M, M', f) und $(m, m') \in f$ schreiben wir wie üblich $f : M \to M'$ bzw. $f(m) = m'$. Ist $f : M \longrightarrow M'$ eine Funktion, so ist die Funktion $f[m/m'] : M \longrightarrow M'$ definiert durch:

$$f[m/m'](\hat{m}) := \begin{cases} m' & \text{, falls } \hat{m} = m \\ f(\hat{m}) & \text{, falls } \hat{m} \neq m \end{cases}$$

Falls Σ ein Alphabet (also eine endliche Menge) ist, dann bezeichnet Σ^* die Menge der Wörter (Strings) über Σ. Das leere Wort wird mit ε bezeichnet. Ist v ein Wort und sind $u_1, \ldots, u_n$ und $v_1, \ldots, v_n$ zwei Listen von Wörtern, so daß sich für alle $i, j \in [n]$ mit $i \neq j$ die Wörter u_i und u_j in v nicht überlappen, so bezeichnet $v[u_1/v_1, \ldots, u_n/v_n]$ das Wort, das man aus v durch Ersetzung jedes Vorkommens von u_i durch v_i für alle $i \in [n]$ gewinnt. Dieses Wort wird auch mit $v[u_i/v_i\,; \, i \in [n]]$ bezeichnet. $|v|$ bezeichnet die Länge eines Worts v über einem Alphabet, das aus dem Kontext hervorgeht.

Ist Σ ein Alphabet und gilt $L \subseteq \Sigma^*$, so nennen wir L eine (*formale*) *Sprache* über Σ.

2.2   Kontextfreie Grammatiken und Ableitungsbäume

Eine *kontextfreie Grammatik* ist ein Tupel $G_0 = (N, \Sigma, Z, P)$, wobei

- N die endliche Menge der *Nichtterminalsymbole*,

- Σ die endliche Menge der *Terminalsymbole*,

- $Z \in N$ das *Startsymbol* und

- P eine endliche Menge von *Produktionen* der Form $X_0 \to w_0 X_1 w_1 \ldots X_n w_n$ mit $n \geq 0$, $X_i \in N$ und $w_i \in \Sigma^*$ für alle $i \in [n] \cup \{0\}$ ist.

Im Verlauf des Textes werden wir uns meistens auf die obige Darstellung von Produktionen beziehen, in der aufeinanderfolgende Terminalsymbole auf der rechten Seite von Produktionen als ein Terminalwort w_i angesehen werden. Diese Darstellung wird sich hier als sinnvoll herausstellen, weil es uns in den meisten Fällen nur auf die Nichtterminalsymbole ankommt. Wird die obige Darstellung für eine Produktion verwendet, so wird im folgenden oft auf die explizite Quantifizierung der X_i und w_i verzichtet und obige Quantifizierung zugrundegelegt.

Sei $G_0 = (N, \Sigma, Z, P)$ eine kontextfreie Grammatik. Die *Ableitungsrelation* von G_0, die wir mit $\Rightarrow_{G_0}$ bezeichnen, ist die kleinste binäre Relation $\Rightarrow \subseteq (\Sigma \cup N) \times (\Sigma \cup N)$, für die gilt: Für $\xi_1, \xi_2 \in (\Sigma \cup N)^*$ gilt $\xi_1 \Rightarrow \xi_2$, falls zwei Wörter $\xi, \xi' \in (\Sigma \cup N)^*$ und eine Produktion $X \to \zeta$ in P existieren, so daß $\xi_1 = \xi X \xi'$ und $\xi_2 = \xi \zeta \xi'$. Ist G_0 aus dem Kontext bekannt, so wird $\Rightarrow_{G_0}$ mit $\Rightarrow$ abgekürzt. Die Sequenz $\xi_0 \Rightarrow \xi_1 \Rightarrow \ldots \Rightarrow \xi_n$ mit $\xi_0 = Z$ und $\xi_n \in \Sigma^*$ heißt *Ableitung (von ξ_n)*. Die *von G_0 erzeugte Sprache* ist die Menge $L(G_0) = \{ w \in \Sigma^* \mid Z \Rightarrow^*_{G_0} w \}$. Zwei kontextfreie Grammatiken G_0 und G'_0 heißen *äquivalent*, falls $L(G_0) = L(G'_0)$ gilt.

Ist $G_0 = (N, \Sigma, Z, P)$ eine kontextfreie Grammatik und tritt das Startsymbol Z in keiner rechten Seite einer Produktion in P auf, so heißt G_0 *startsepariert*. Ohne Beweis sei hier erwähnt, daß man durch Einführung eines neuen Startsymbols Z' jede kontextfreie Grammatik in eine äquivalente startseparierte kontextfreie Grammatik transformieren kann.

Sei $G_0 = (N, \Sigma, Z, P)$ eine kontextfreie Grammatik. Die Menge der *Ableitungsbäume von G_0* ist folgendermaßen induktiv definiert, wobei wir für alle $X \in N$ einen Ableitungsbaum, dessen Wurzel mit X beschriftet ist, einen *X-Ableitungsbaum von G_0* nennen:

Ist $X_0 \to w_0 X_1 w_1 \ldots X_n w_n$ mit $n \geq 0$, $X_i \in N$ und $w_i = a_{i,1} \ldots a_{i,r_i} \in \Sigma^*$ für alle $i \in [n] \cup \{0\}$ (mit $|w_i| = r_i \in I\!\!N$ und $a_{i,j} \in \Sigma$ für alle $j \in [r_i]$) eine Produktion aus P und ist für alle $i \in [n]$ der Baum t_i ein X_i-Ableitungsbaum von G_0, so ist $X_0(a_{0,1}, \ldots, a_{0,r_0}, t_1, a_{1,1}, \ldots, a_{1,r_1}, \ldots, t_n, a_{n,1}, \ldots, a_{n,r_n})$ ein X_0-Ableitungsbaum von G_0. Man kann also anschaulich sagen, daß durch Verklebung von (Vorkommen von) Produktionen ein Ableitungsbaum entsteht.

In Abbildung 2.1 ist dieser X_0-Ableitungsbaum in graphischer Form dargestellt. Wir werden im folgenden insbesondere in Beispielen Ableitungsbäumen graphisch darstellen.

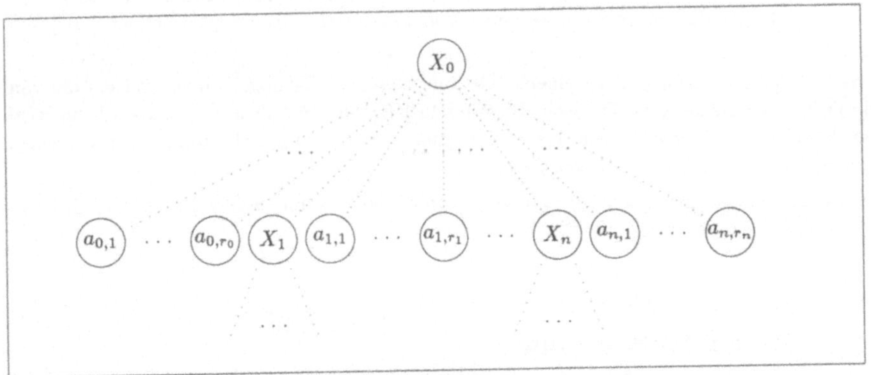

Abb. 2.1: X_0-Ableitungsbaum.

Die Menge der Z-Ableitungsbäume von G_0 wird im folgenden einfach als die Menge der Ableitungsbäume von G_0 bezeichnet.

Die graphische Notation ermöglicht auch die folgenden Sprechweisen und Notationen:

Sei im folgenden $G_0 = (N, \Sigma, Z, P)$ eine kontextfreie Grammatik und t ein X-Ableitungsbaum von G_0 mit $X \in N$. Die Menge der *Knoten von t* bezeichnen wir durch $\underline{node}(t)$, die *Wurzel von t* (also der Knoten x von t, der keinen Vorgängerknoten besitzt) wird durch $\underline{root}(t)$ bezeichnet. Hat ein Knoten x keine Nachfolgerknoten, so wird er als *Blatt* bezeichnet. Für einen Knoten $x \in \underline{node}(t)$ kürzen wir die *Beschriftung von x* mit $\underline{label}_t(x)$ ab. Der *Teilbaum von t mit Wurzel x* wird durch $t(x)$ bezeichnet. Die Menge der *inneren Knoten von t* ist die Menge derjenigen Knoten $x \in \underline{node}(t)$, für die $\underline{label}_t(x) \in N$ gilt, und wird mit $\underline{inode}(t)$ bezeichnet. Enthält G_0 keine Produktionen der Form $X_0 \to \varepsilon$, so entspricht $\underline{inode}(t)$ der Menge derjenigen Knoten von t, die keine Blätter sind. Nur falls in G_0 solche „Epsilon–Produktionen" vorkommen, kann es in Ableitungsbäumen von G_0 Blätter geben, die mit Nichtterminalsymbolen beschriftet sind und somit als innere Knoten angesehen werden.

Sei $x \in \underline{inode}(t)$ und $j \in I\!N_+$, dann bezeichnet $x.-1$ den Vorgängerknoten von x (falls x nicht die Wurzel ist), $x.0$ den Knoten x selbst und $x.j$ den j–ten Nachfolgerknoten von x, der mit einem Nichtterminalsymbol beschriftet ist (sofern dieser existiert). Bei der Bestimmung der Position eines mit einem Nichtterminalsymbol beschrifteten Nachfolgerknotens werden die mit Terminalsymbolen beschrifteten Knoten also nicht berücksichtigt.

Offensichtlich läßt sich jeder Knoten $x \in \underline{inode}(t)$ eindeutig durch eine Sequenz $j_1.j_2.\ \ldots\ .j_k$ von natürlichen Zahlen $j_1, j_2, \ldots, j_k$ mit $k \geq 0$ und $j_i \geq 1$ für alle $i \in [k]$ beschreiben (in der die Punkte nur zur eindeutigen Trennung der Zahlen dienen): die Sequenz entspricht dem Pfad von der Wurzel von t zum Knoten x. Die Sequenz $j_1.j_2.\ \ldots\ .j_k$ heißt *Dewey–Notation* von x. Insbesondere hat die Wurzel von t die Dewey–Notation ε.

Sei $x_0 \in \underline{inode}(t)$ für einen Ableitungsbaum t von G_0. Seien $x_1, \ldots, x_n$ mit $n \geq 0$ alle (von links nach rechts gelesenen) Nachfolgerknoten von x_0 und sei $\underline{label}_t(x_i) = X_i$ mit $X_0 \in N$ und $X_i \in N \cup \Sigma$ für $1 \leq i \leq n$. Dann ist $X_0 \longrightarrow X_1 \ldots X_n$ eine Produktion aus P; wir sagen, daß dies die *am Knoten x_0 angewandte Produktion* ist und bezeichnen sie durch $\underline{prod}_t(x_0)$.

Weiterhin bezeichnen wir für einen Teilbaum t eines Ableitungsbaumes von G_0 die von links nach rechts gelesene Folge der Blattbeschriftungen von t als $yield(t)$, diese Folge wird auch *Front* von t genannt. Ein Ableitungsbaum t von G_0 entspricht dann der graphischen Darstellung einer Ableitung von $yield(t)$.

Falls für alle Ableitungsbäume t_1 und t_2 von G_0 gilt: wenn $yield(t_1) = yield(t_2)$, dann $t_1 = t_2$, so nennen wir G_0 *eindeutig*.

2.3　K–sortierte Mengen, K–Rangalphabete und K–sortierte Bäume

Sei K eine endliche Menge, deren Elemente wir im folgenden als Sorten betrachten.

Beispiel 2.1

1. Die Menge $K_1 = \{nat, int, bool\}$ ist die Menge der drei Sorten *nat*, *int* und *bool*.

2. Die Menge $K_2 = \{Z, B, C\}$ ist ebenfalls eine Menge von Sorten.　　　　　　□

Sei K eine Menge von Sorten. Eine K-*sortierte Menge* ist ein Paar $(\Omega, sort)$, wobei Ω eine Menge und $sort : \Omega \longrightarrow K$ eine Funktion ist. Für jede Sorte $\kappa \in K$ sei $\Omega^\kappa = \{a \in \Omega \mid sort(a) = \kappa\}$. Ist $sort$ aus dem Kontext ersichtlich oder wird von der konkreten Definition von $sort$ abstrahiert, so schreiben wir statt $(\Omega, sort)$ einfach Ω.

Beispiel 2.2 (Fortsetzung von Beispiel 2.1)

1. Ist $\Omega_1 = \{\bar{0}, \bar{1}, \bar{2}, \ldots\} \cup \{\ldots, -2, -1, 0, 1, 2, \ldots\} \cup \{true, false\}$ eine Menge und gilt $sort_1 : \Omega_1 \longrightarrow K_1$ mit

$$
\begin{aligned}
sort_1(\bar{n}) \quad &= \quad nat \quad &&\text{für alle } \bar{n} \in \{\bar{0}, \bar{1}, \bar{2}, \ldots\}, \\
sort_1(n) \quad &= \quad int \quad &&\text{für alle } n \in \{\ldots, -2, -1, 0, 1, 2, \ldots\}, \\
sort_1(true) \quad &= \quad bool, \\
sort_1(false) \quad &= \quad bool,
\end{aligned}
$$

   dann ist $(\Omega_1, sort_1)$ eine K_1-sortierte Menge.

2. Ist $\Omega_2 = \{Z \to BaC,\ B \to bB,\ B \to b,\ C \to ab\}$ eine Menge und gilt $sort_2 : \Omega_2 \longrightarrow (K_2^* \times K_2)$ mit

$$
\begin{aligned}
sort_2(Z \to BaC) \quad &= \quad (BC, Z), \\
sort_2(B \to bB) \quad &= \quad (B, B), \\
sort_2(B \to b) \quad &= \quad (\varepsilon, B), \\
sort_2(C \to ab) \quad &= \quad (\varepsilon, C),
\end{aligned}
$$

   dann ist $(\Omega_2, sort_2)$ eine $(K_2^* \times K_2)$-sortierte Menge. $\qquad\qquad\qquad\square$

Ein K-*Rangalphabet* ist eine endliche $(K^* \times K)$-sortierte Menge. Ist $(\Omega, sort)$ ein K-Rangalphabet und gilt $sort(\sigma) = (\kappa_1 \ldots \kappa_k, \kappa_0)$ für $\sigma \in \Omega$, $k \in I\!N$ und $\kappa_i \in K$ für alle $i \in [k] \cup \{0\}$, so bezeichnen wir dies auch mit $\sigma^{(\kappa_1 \ldots \kappa_k, \kappa_0)}$.

Beispiel 2.3 (Fortsetzung von Beispiel 2.2)

$(\Omega_2, sort_2)$ ist ein K_2-Rangalphabet.

Statt $sort_2(Z \to BaC) = (BC, Z)$ wird auch $Z \to BaC^{(BC,Z)}$ geschrieben. $\qquad\square$

Sei Ω ein K-Rangalphabet und M eine K-sortierte Menge. Die *Menge der K-sortierten Terme über Ω und M*, die wir mit $T_\Omega(M)$ bezeichnen, ist die kleinste K-sortierte Teilmenge $T \subseteq (\Omega \cup M \cup \{(,),,\})^*$ mit:

- für jedes $\kappa \in K$ gilt $M^\kappa \subseteq T^\kappa$,

- für jedes $\kappa \in K$ gilt $\Omega^{(\varepsilon,\kappa)} \subseteq T^\kappa$,

- für jedes $\sigma \in \Omega^{(\kappa_1 \ldots \kappa_k, \kappa_0)}$ mit $k \in I\!N_+$, $\kappa_i \in K$ für alle $i \in [k] \cup \{0\}$ und Terme $t_1 \in T^{\kappa_1}, \ldots, t_k \in T^{\kappa_k}$ gilt $\sigma(t_1, \ldots, t_k) \in T^{\kappa_0}$.

Ist $M = \emptyset$, so schreiben wir auch einfach T_Ω statt $T_\Omega(M)$.

Beispiel 2.4 (Fortsetzung von Beispiel 2.3)

Die Menge $T_{\Omega_2}(M)$ der K_2–sortierten Terme über $(\Omega_2, sort_2)$ und $M = M^B = \{m\}$ enthält zum Beispiel

- das Element m^B,

- das Element $(B \to b)^B$,

- das Element $(B \to bB(B \to b))^B$ und

- das Element $(Z \to BaC(m, C \to ab))^Z$.   □

2.4   Rangalphabete und Bäume über Rangalphabeten

Ist $K = \{\kappa\}$ eine einelementige Menge von Sorten und $(\Omega, sort)$ ein K–Rangalphabet, so bezeichnen wir $(\Omega, sort)$ einfach als *Rangalphabet* und verwenden statt $(\Omega, sort)$ die Bezeichnung $(\Omega, rank)$, wobei die Funktion $rank : \Omega \longrightarrow I\!N$ jedem Symbol aus Ω seinen *Rang* (oder: seine *Stelligkeit*) zuordnet, d.h. für alle $\sigma \in \Omega$ gilt: $rank(\sigma) = n$ genau dann, wenn $sort(\sigma) = (\underbrace{\kappa \ldots \kappa}_{n-\text{mal}}, \kappa)$.

Ist $(\Omega, rank)$ ein Rangalphabet und gilt $rank(\sigma) = n$ für $\sigma \in \Omega$, so bezeichnen wir dies auch mit $\sigma^{(n)}$. Für alle $n \in I\!N$ sei $\Omega^{(n)} = \{\sigma \in \Omega \mid rank(\sigma) = n\}$. Ist $rank$ aus dem Kontext ersichtlich oder wird von der konkreten Definition von $rank$ abstrahiert, so schreiben wir statt $(\Omega, rank)$ einfach Ω. Da also Rangalphabete spezielle K-Rangalphabete sind, ist die Menge der K-sortierten Terme über Ω und M auch schon für den Fall definiert, daß Ω ein Rangalphabet ist. Dann nennen wir die Menge einfach *Menge der Terme über Ω und M*.

Ist Ω ein Rangalphabet, M eine Menge und $\varphi : M \longrightarrow T_\Omega(M)$ eine Funktion, so definieren wir die homomorphe Fortsetzung $\bar\varphi : T_\Omega(M) \longrightarrow T_\Omega(M)$ von φ auf Terme wie folgt:

- Für alle $m \in M$ gilt $\bar\varphi(m) = \varphi(m)$.

- Für alle $\sigma^{(n)} \in \Omega$ mit $n \in I\!N$ und $t_1, \ldots, t_n \in T_\Omega(M)$ gilt
  $\bar\varphi(\sigma(t_1, \ldots, t_n)) = \sigma(\bar\varphi(t_1), \ldots, \bar\varphi(t_n))$.

Wie üblich lassen sich Terme als Bäume darstellen. Deshalb verwenden wir für Terme über Rangalphabeten einige Begriffe, die im Zusammenhang mit Ableitungsbäumen definiert wurden: Sei Ω ein Rangalphabet, M eine Menge und $t \in T_\Omega(M)$ ein Term. Für einen Knoten x von t (d.h. der Baumdarstellung des Terms t) kürzen wir die *Beschriftung von x* mit $\underline{label}_t(x)$ ab. Für $j \in I\!N_+$ bezeichnet $x.j$ den j–ten Nachfolgerknoten von x (sofern dieser existiert). Auf diese Weise kann jeder Knoten x von t – wie bereits erwähnt – durch seine Dewey–Notation bezeichnet werden.

2.5 Abstrakte Syntaxbäume

Mit Hilfe des Konzeptes eines K–Rangalphabetes lassen sich nun Ableitungen von kontextfreien Grammatiken in einer Form beschreiben, bei der von den Terminalsymbolen abstrahiert wird. Diese sogenannten abstrakten Syntaxbäume entstehen aus Ableitungsbäumen, indem die mit Terminalsymbolen beschrifteten Knoten weggelassen werden und die Beschriftung der übrigen Knoten durch die an ihnen angewandte Produktion ersetzt wird. Ist t ein Ableitungsbaum einer kontextfreien Grammatik, so bezeichnen wir den zugehörigen abstrakten Syntaxbaum mit $abstract(t)$. In der Abbildung 2.2 ist ein Beispielableitungsbaum und der aus ihm entstehende abstrakte Syntaxbaum dargestellt.

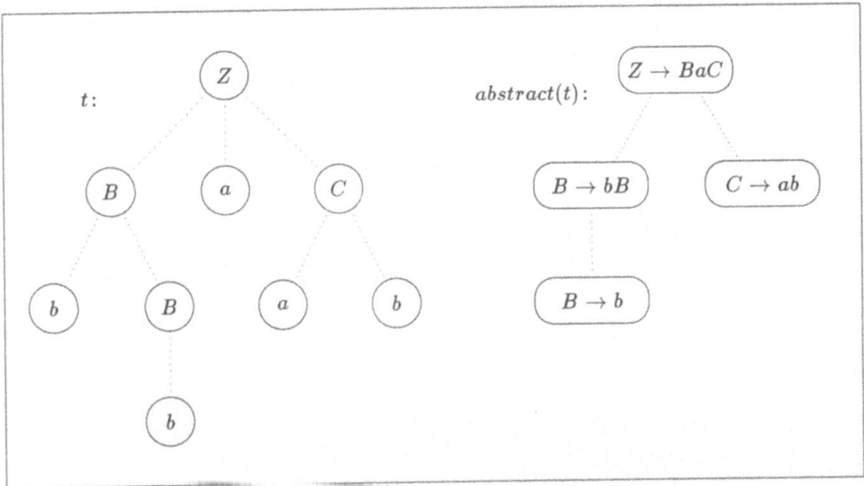

Abb. 2.2: Ableitungsbaum t und abstrakter Syntaxbaum $abstract(t)$.

Ein abstrakter Syntaxbaum, dessen Wurzelknoten mit der Produktion $p = (X_0 \to w_0 X_1 w_1 \ldots X_n w_n)$ beschriftet ist, ist von der Sorte X_0, seine Teilbäume haben die Sorten $X_1, \ldots,$ X_{n-1} bzw. X_n. Somit muß die Produktion p die Sorte $(X_1 \ldots X_n, X_0)$ haben. Daher bilden die Produktionen ein N–Rangalphabet, wobei N die Menge der Nichtterminalsymbole der kontextfreien Grammatik ist:

Sei $G_0 = (N, \Sigma, Z, P)$ eine kontextfreie Grammatik. Die Menge der *abstrakten Syntaxbäume von* G_0 ist die Menge der N–sortierten Bäume über dem N–Rangalphabet $(P, sort)$, wobei für alle Produktionen $(X_0 \to w_0 X_1 w_1 \ldots X_n w_n) \in P$ gilt:

$$sort(X_0 \to w_0 X_1 w_1 \ldots X_n w_n) = (X_1 \ldots X_n, X_0)$$

Beispiel 2.5 (Fortsetzung von Beispiel 2.4)

Wird Ω_2 als Menge P der Produktionen einer kontextfreien Grammatik G_0 mit $\Sigma = \{a, b\}$ und $N = \{Z, B, C\}$ aufgefaßt, so sind die Baumdarstellungen

- des Terms $B \to b$,

- des Terms $B \to bB(B \to b)$ und

- des Terms $Z \to BaC(B \to b, C \to ab)$

abstrakte Syntaxbäume von G_0. $\square$

Teil I

Grundlagen

In diesem Teil wollen wir die wichtigsten Definitionen im Zusammenhang mit Attribut-grammatiken vorstellen und eine Reihe von Attributauswertern angeben und miteinander vergleichen.

Kapitel 3

Die wichtigsten Definitionen

Als erstes werden wir das Grundkonzept der Attributgrammatik formal definieren und an einem Beispiel erläutern. Danach ordnen wir jeder Attributgrammatik eine Sprache und zwei Übersetzungen zu. Dann werden wir an einem Beispiel sehen, daß der globale Informationstransport zirkulär sein kann und somit den Attributen an den Knoten eines Ableitungsbaumes kein eindeutiger Wert zugeordnet werden kann. Durch einen Zirkularitätstest können wir entscheiden, ob eine vorgelegte Attributgrammatik diese unangenehme Eigenschaft hat.

3.1 Attributgrammatik, Dekoration, Sprache und Übersetzung

In der Literatur treten viele verschiedene Definitionen des Konzepts der Attributgrammatiken auf. Abstrahiert man aber von diesen nur syntaktischen Unterschieden, so wird stets dasselbe Konzept sichtbar. Wir geben die Definition sofort in der sogenannten Bochmann–Normalform an.

Die Definitionen dieses Abschnitts werden wir an einem Beispiel (Überprüfung der Deklariertheit von Variablen; siehe Beispiel 1.3) illustrieren.

Definition 3.1 (Attributgrammatik)

Eine Attributgrammatik ist ein 5–Tupel $G = (G_0, D, B, R, C)$, wobei folgendes gilt:

- $G_0 = (N, \Sigma, Z, P)$ ist eine kontextfreie Grammatik (wie in Abschnitt 2.2 definiert)

- $D = (K, \Omega, \Phi, \Psi, \varphi)$ ist ein *semantischer Bereich*; dabei ist

  - K eine endliche Menge, deren Elemente wir als Sorten bezeichnen,

  - Ω eine K–sortierte Menge, die sogenannte *Wertmenge,*

  - Φ ein K–Rangalphabet (also eine endliche $(K^* \times K)$–sortierte Menge), deren Elemente *Operationssymbole* heißen,

  - Ψ eine endliche K^*–sortierte Menge, deren Elemente *Prädikatssymbole* heißen,

- φ ist eine Funktion mit $\Phi \cup \Psi$ als Argumentbereich, wobei für alle $f \in \Phi^{(\kappa_1 \ldots \kappa_n, \kappa_0)}$ mit $n \in I\!N$ und $\kappa_0, \ldots, \kappa_n \in K$ gilt, daß $\varphi(f)$ eine berechenbare Operation des Typs $\Omega^{\kappa_1} \times \ldots \times \Omega^{\kappa_n} \longrightarrow \Omega^{\kappa_0}$ ist, und für alle $q \in \Psi^{(\kappa_1 \ldots \kappa_n)}$ mit $n \in I\!N$ und $\kappa_1, \ldots, \kappa_n \in K$ gilt, daß $\varphi(q) \subseteq \Omega^{\kappa_1} \times \ldots \times \Omega^{\kappa_n}$ ein berechenbares Prädikat ist; φ heißt *Interpretationsfunktion*.

- $B = (S\text{-}Att, I\text{-}Att, S, I, \alpha_0, W)$ ist eine *Attributbeschreibung*; d.h.

  - $S\text{-}Att$ und $I\text{-}Att$ sind endliche, disjunkte Mengen, deren Elemente *synthetische* bzw. *inherite Attribute* heißen.

  - $S : N \longrightarrow \mathcal{P}(S\text{-}Att)$ und $I : N \longrightarrow \mathcal{P}(I\text{-}Att)$ sind Funktionen mit der Einschränkung $I(Z) = \emptyset$.

  - $\alpha_0 \in S(Z)$ ist das *Bedeutungsattribut*;

  - $W : Att \longrightarrow K$ ist eine Funktion, die jedem Attribut $\gamma \in Att$ eine Sorte $W(\gamma) \in K$ zuordnet.

- R ist eine Familie $(R(p) \mid p \in P)$ von Mengen $R(p)$. Für alle $p \in P$ ist $R(p)$ eine endliche Menge von *semantischen Regeln*. Sei $p = (X_0 \to w_0 X_1 w_1 \ldots X_n w_n)$. Dann definiere zunächst die *Menge der Innenattributvorkommen von p*:

$$innen(p) = \{\langle \gamma, j \rangle \mid (\gamma \in S(X_j) \text{ und } j = 0) \text{ oder } (\gamma \in I(X_j) \text{ und } 1 \leq j \leq n)\},$$

die *Menge der Außenattributvorkommen von p*:

$$außen(p) = \{\langle \gamma, j \rangle \mid (\gamma \in S(X_j) \text{ und } 1 \leq j \leq n) \text{ oder } (\gamma \in I(X_j) \text{ und } j = 0)\}$$

und die *Menge der Attributvorkommen von p*:

$$A(p) = innen(p) \cup außen(p).$$

Attributvorkommen von p nennen wir auch p-lokale Attribute.

Für jedes $\langle \gamma, j \rangle \in innen(p)$ enthält $R(p)$ genau eine semantische Regel der Form

$$\langle \gamma, j \rangle = f(\langle \gamma_1, k_1 \rangle, \ldots, \langle \gamma_r, k_r \rangle)$$

mit $r \geq 0$, $\langle \gamma_i, k_i \rangle \in außen(p)$ für $1 \leq i \leq r$ und $f \in \Phi^{(W(\gamma_1) \ldots W(\gamma_r), W(\gamma))}$.

- C ist eine Familie $(C(p) \mid p \in P)$ von Mengen $C(p)$. Für alle $p \in P$ ist $C(p)$ eine endliche Menge von *semantischen Bedingungen* der Form

$$q(\langle \gamma_1, k_1 \rangle, \ldots, \langle \gamma_r, k_r \rangle)$$

mit $r \geq 0$, $\langle \gamma_i, k_i \rangle \in außen(p)$ für $1 \leq i \leq r$ und $q \in \Psi^{(W(\gamma_1) \ldots W(\gamma_r))}$. $\square$

Man beachte, daß semantische Regeln und semantische Bedingungen eigentlich nichts weiteres als Zeichenreihen, also syntaktische Objekte sind. Ihre Bedeutung legen wir später fest. Ebenso beachte man, daß Terminalsymbolen keine Attribute zugeordnet sind. In praktischen Implementierungen wird man aber von dieser Einschränkung absehen, denn dann kann der Scanner bereits in machen Fällen für die Attributauswertung benutzt werden.

Für die Attributbeschreibung B einer Attributgrammatik G werden wir auch die Notation $Att = S\text{-}Att \cup I\text{-}Att$ für die Menge aller Attribute verwenden. Die Funktion $A : N \longrightarrow \mathcal{P}(Att)$ ist definiert durch $A(X) = S(X) \cup I(X)$ für alle $X \in N$.

Im folgenden werden wir uns häufig mit Attributgrammatiken beschäftigen, die keine semantischen Bedingungen enthalten. Solche Attributgrammatiken nennen wir unkonditional.

Definition 3.2 (unkonditionale Attributgrammatik)

Eine Attributgrammatik $G = (G_0, D, B, R, C)$ heißt *unkonditional*, wenn für jede Produktion p von G_0 gilt: $C(p) = \emptyset$. $\qquad\qquad\square$

Ist $G = (G_0, D, B, R, C)$ eine unkonditionale Attributgrammatik, so schreiben wir dafür auch einfach $G = (G_0, D, B, R)$.

Nun wollen wir die Attributgrammatik aus Beispiel 1.3 noch einmal aufschreiben, aber nun formal mit allen Details. Dabei ist es hier (wie auch in vielen anderen Anwendungen) wünschenswert, semantische Regeln der Form

$$\langle \gamma, j \rangle = \langle \gamma', j' \rangle$$

zu erlauben. Diese sogenannte *Kettenregeln* können als normale semantische Regeln

$$\langle \gamma, j \rangle = id(\langle \gamma', j' \rangle)$$

aufgeschrieben werden, wobei man unterstellt, daß $id \in \Phi^{(W(\gamma'), W(\gamma))}$ und $\varphi(id)$ die Identitätsoperation über der Menge $\Omega^{W(\gamma)} = \Omega^{W(\gamma')}$ ist.

Beispiel 3.3

Hier definieren wir die in Beispiel 1.3 nur informell angegebene Attributgrammatik formal als Tupel $G = (G_0, D, B, R, C)$, wobei $G_0 = (N, \Sigma, Z, P)$ mit

$N = \{Prog, Decl\_list, Statem\_list, Statem, Var\}$,
$\Sigma = \{\ \mathtt{prog, decl, ;, begin, end, :=}\ \} \cup \{\mathtt{a, b, c}\}$,
$Z = Prog$ und
$P = \{p_1, p_2, \ldots, p_9\}$ mit

$p_1 : Prog \rightarrow$ **prog decl** $Decl\_list$; **begin** $Statem\_list$ **end**,

$p_2 : Decl\_list \rightarrow Var$; $Decl\_list$,

$p_3 : Decl\_list \rightarrow Var$,

$p_4 : Statem\_list \rightarrow Statem$; $Statem\_list$,

$p_5 : Statem\_list \rightarrow Statem$,

$p_6 : Statem \rightarrow Var := Var$,

$p_7 : Var \rightarrow$ **a**,

$p_8 : Var \rightarrow$ **b**,

$p_9 : Var \rightarrow$ **c**.

Ein Beispiel für ein Wort der von G_0 erzeugten Sprache ist

$$w = \text{\textbf{prog decl} a; b; \textbf{begin} a:=b; a:=c \textbf{end}.}$$

Der zu w gehörige Ableitungsbaum ist in Abbildung 1.3 gezeigt.

Der semantische Bereich $D = (K, \Omega, \Phi, \Psi, \varphi)$ ist definiert durch

$$K = \{ \text{STRINGS, SET-OF-STRINGS}\}$$
$$\Omega^{\text{STRINGS}} = \{\textbf{a}, \textbf{b}, \textbf{c}\}$$
$$\Omega^{\text{SET-OF-STRINGS}} = \mathcal{P}(\{\textbf{a}, \textbf{b}, \textbf{c}\})$$

$$\Phi = \{insert^{(\text{STRINGS SET-OF-STRINGS, SET-OF-STRINGS})},$$
$$make\_into\_set^{(\text{STRINGS, SET-OF-STRINGS})},$$
$$var\_a^{(\epsilon, \text{STRINGS})}, \; var\_b^{(\epsilon, \text{STRINGS})}, \; var\_c^{(\epsilon, \text{STRINGS})}\},$$

$$\Psi = \{ is\_declared?^{(\text{STRINGS STRINGS SET-OF-STRINGS})}\},$$

$$\varphi(insert) : \Omega^{\text{STRINGS}} \times \Omega^{\text{SET-OF-STRINGS}} \longrightarrow \Omega^{\text{SET-OF-STRINGS}},$$
wobei für alle $w \in \Omega^{\text{STRINGS}}$ und $M \in \Omega^{\text{SET-OF-STRINGS}}$ gilt:
$$\varphi(insert)(w, M) = M \cup \{w\},$$

$$\varphi(make\_into\_set) : \Omega^{\text{STRINGS}} \longrightarrow \Omega^{\text{SET-OF-STRINGS}},$$
wobei für alle $w \in \Omega^{\text{STRINGS}}$ gilt: $\varphi(make\_into\_set)(w) = \{w\}$

$$\varphi(is\_declared?) \subseteq \Omega^{\text{STRINGS}} \times \Omega^{\text{STRINGS}} \times \Omega^{\text{SET-OF-STRINGS}},$$
wobei für alle $w_1, w_2 \in \Omega^{\text{STRINGS}}$ und $M \in \Omega^{\text{SET-OF-STRINGS}}$ gilt:
$$\varphi(is\_declared?)(w_1, w_2, M) \quad g.\, d.\, w. \quad w_1 \in M \text{ und } w_2 \in M.$$

$$\varphi(var\_a) \in \Omega^{\text{STRINGS}} \text{ mit } \varphi(var\_a) = \textbf{a},$$

$$\varphi(var\_b) \in \Omega^{\text{STRINGS}} \text{ mit } \varphi(var\_b) = \textbf{b} \text{ und}$$

$$\varphi(var\_c) \in \Omega^{\text{STRINGS}} \text{ mit } \varphi(var\_c) = \textbf{c}.$$

Die Attributbeschreibung ist das Tupel $B = (S\text{-}Att, I\text{-}Att, S, I, \alpha_0, W)$ mit

$$
\begin{aligned}
S\text{-}Att & = \{declared, name, \alpha_0\}, \\
I\text{-}Att & = \{env\}, \\
S(Decl\_list) & = \{declared\}, \\
I(Decl\_list) & = \emptyset, \\
S(Statem\_list) & = \emptyset, \\
I(Statem\_list) & = \{env\}, \\
S(Statem) & = \emptyset, \\
I(Statem) & = \{env\}, \\
S(Var) & = \{name\}, \\
I(Var) & = \emptyset, \\
S(Prog) & = \{\alpha_0\}, \\
\\
W(declared) & = \text{SET-OF-STRINGS}, \\
W(env) & = \text{SET-OF-STRINGS}, \\
W(name) & = \text{STRINGS und} \\
W(\alpha_0) & = \text{beliebiges } \kappa \in K.
\end{aligned}
$$

Das Bedeutungsattribut α_0 hat hier in diesem Beispiel natürlich wenig Sinn; nur der Vollständigkeit halber haben wir es aufgenommen und ihm eine Sorte zugeordnet.

Bevor wir die Familien R der semantischen Regeln und C der semantischen Bedingungen definieren, geben wir exemplarisch die Menge der Innen- und Außenattributvorkommen der Produktionen p_2 und p_4 an:

$innen(p_2) = \{\langle declared, 0\rangle\}$ und $au\beta en(p_2) = \{\langle name, 1\rangle, \langle declared, 2\rangle\}$ bzw.

$innen(p_4) = \{\langle env, 1\rangle, \langle env, 2\rangle\}$ und $au\beta en(p_4) = \{\langle env, 0\rangle\}$.

$$
\begin{aligned}
R(p_1) &: & \langle env, 2\rangle & = \langle declared, 1\rangle \\
R(p_2) &: & \langle declared, 0\rangle & = insert(\langle name, 1\rangle, \langle declared, 2\rangle) \\
R(p_3) &: & \langle declared, 0\rangle & = make\_into\_set(\langle name, 1\rangle) \\
R(p_4) &: & \langle env, 1\rangle & = \langle env, 0\rangle \\
& & \langle env, 2\rangle & = \langle env, 0\rangle \\
R(p_5) &: & \langle env, 1\rangle & = \langle env, 0\rangle \\
R(p_6) &: & \emptyset \\
R(p_7) &: & \langle name, 0\rangle & = var\_a \\
R(p_8) &: & \langle name, 0\rangle & = var\_b \\
R(p_9) &: & \langle name, 0\rangle & = var\_c
\end{aligned}
$$

$C(p_1)$ bis $C(p_5)$ sind leere Mengen

$C(p_6)$: $is\_declared?(\langle name, 1\rangle, \langle name, 2\rangle, \langle env, 0\rangle)$

$C(p_7)$ bis $C(p_9)$ sind leere Mengen $\qquad\qquad\qquad\qquad\qquad\qquad\qquad$ $\square$

Mit der vorangegangenen Definition haben wir die Syntax von Attributgrammatiken festgelegt. Insbesondere wird durch die Menge $R(p)$, d.h. die Menge der semantischen Regeln der Produktion p, der Informationstransport lokal zu p festgelegt. Durch Verklebung von (Vorkommen von) Produktionen zu einem Ableitungsbaum werden die entsprechenden lokalen Informationstransporte zu einem globalen Informationstransport verknüpft.

Um dies formaler beschreiben zu können, benötigen wir zunächst zwei weitere Begriffe. In der Definition der Attributgrammatiken haben wir jedem Nichtterminalsymbol eine Menge von Attributen zugeordnet. Nun kann in einem Ableitungsbaum t ein Nichtterminalsymbol X an verschiedenen Knoten auftreten; daher müssen wir auch diese Attributinstanzen geeignet unterscheiden. Sei im folgenden $G = (G_0, D, B, R, C)$ eine Attributgrammatik.

Definition 3.4 (Attributinstanz)

Sei $x \in \underline{inode}(t)$ für einen X–Ableitungsbaum t von G_0 mit $X \in N$. Die *Menge der Attributinstanzen am Knoten* x ist die Menge $A(x) = \{\langle \gamma, x \rangle \mid \gamma \in A(\underline{label}_t(x))\}$. Die *Menge der Attributinstanzen von* t ist die Menge

$$A(t) = \bigcup_{x \in \underline{inode}(t)} A(x).$$

                                                      □

Wie in Kapitel 2 beschrieben läßt sich jeder Knoten $x \in \underline{inode}(t)$ durch die Dewey-Notation $j_1 \cdot j_2 \ldots \cdot j_k$ darstellen; dabei bleiben bei der Bestimmung der einzelnen j_i's die Terminalsymbole unberücksichtigt.

Beispiel 3.5 (Fortsetzung von Beispiel 3.3)

Die Menge der Attributinstanzen des Ableitungsbaumes t aus Abbildung 1.3 (zuzüglich $\langle \alpha_0, \varepsilon \rangle$) lautet:

$$
\begin{aligned}
A(t) = \{ \quad &\langle \alpha_0, \varepsilon \rangle, \\
&\langle declared, 1 \rangle, \langle declared, 12 \rangle, \\
&\langle env, 2 \rangle, \langle env, 21 \rangle, \langle env, 22 \rangle, \langle env, 221 \rangle, \\
&\langle name, 11 \rangle, \langle name, 121 \rangle, \langle name, 211 \rangle, \\
&\langle name, 212 \rangle, \langle name, 2211 \rangle, \langle name, 2212 \rangle \ \}
\end{aligned}
$$

                                                      □

Durch den globalen Informationstransport über einen Ableitungsbaum t werden sukzessive den Attributinstanzen von t Werte zugeordnet; dabei muß der Wert einer Attributinstanz von der Sorte sein, die dem entsprechenden Attribut durch die Funktion W zugeordnet ist. Man könnte auch sagen, daß dadurch der Baum t dekoriert wird und daß das Ergebnis des Informationstransports eine Dekoration ist.

Definition 3.6 (Dekoration)

Sei t ein Ableitungsbaum von G_0. Eine *Dekoration von* t ist eine totale Funktion

$$\underline{val}_t : A(t) \longrightarrow \Omega,$$

so daß für jede Attributinstanz $\langle \gamma, x \rangle \in A(t)$ gilt: $\underline{val}_t(\langle \gamma, x \rangle) \in \Omega^{W(\gamma)}$.   □

Beispiel 3.7 (Fortsetzung von Beispiel 3.5)

Die folgende Funktion $\underline{val}_t$ entspricht der Dekoration des Ableitungsbaumes t aus Abbildung 1.3:

$$
\begin{aligned}
\underline{val}_t(\langle \alpha_0, \varepsilon \rangle) &= \text{beliebiges Element aus } \Omega^{W(\alpha_0)} \\
\underline{val}_t(\langle declared, 1 \rangle) &= \{a, b\} \\
\underline{val}_t(\langle declared, 12 \rangle) &= \{b\} \\
\underline{val}_t(\langle env, 2 \rangle) &= \{a, b\} \\
\underline{val}_t(\langle env, 21 \rangle) &= \{a, b\} \\
\underline{val}_t(\langle env, 22 \rangle) &= \{a, b\} \\
\underline{val}_t(\langle env, 221 \rangle) &= \{a, b\} \\
\underline{val}_t(\langle name, 11 \rangle) &= a \\
\underline{val}_t(\langle name, 121 \rangle) &= b \\
\underline{val}_t(\langle name, 211 \rangle) &= a \\
\underline{val}_t(\langle name, 212 \rangle) &= b \\
\underline{val}_t(\langle name, 2211 \rangle) &= a \\
\underline{val}_t(\langle name, 2212 \rangle) &= c
\end{aligned}
$$

$\square$

Wenn die Wertmenge Ω hinreichend groß ist, so kann es für einen Ableitungsbaum t natürlich beliebig viele Dekorationen geben. Aber wir möchten nur eine Dekoration als die von uns gewünschte, als die zulässige Dekoration anerkennen. Es ist klar, daß die Attributwerte in dieser zulässigen Dekoration die Attributwerte die semantischen Regeln und semantischen Bedingungen erfüllen müssen. Vor der Formalisierung dieser Forderung müssen diese Regeln und Bedingungen in den globalen Zusammenhang eingefügt werden.

Definition 3.8 (semantische Gleichung, semantischer Test)

Sei $x \in \underline{inode}(t)$ und sei $p = (X_0 \to w_0 X_1 w_1 \ldots X_n w_n)$ die am Knoten x angewandte Produktion, d.h. $p = \underline{prod}_t(x)$.

Wenn $R(p)$ die semantische Regel

$$
\langle \gamma, j \rangle = f(\langle \gamma_1, j_1 \rangle, \ldots, \langle \gamma_k, j_k \rangle)
$$

enthält, dann heißt

$$
\langle \gamma, x.j \rangle = f(\langle \gamma_1, x.j_1 \rangle, \ldots, \langle \gamma_k, x.j_k \rangle)
$$

eine *semantische Gleichung von t.*

Wenn $C(p)$ die semantische Bedingung

$$
q(\langle \gamma_1, j_1 \rangle, \ldots, \langle \gamma_k, j_k \rangle)
$$

enthält, dann heißt

$$
q(\langle \gamma_1, x.j_1 \rangle, \ldots, \langle \gamma_k, x.j_k \rangle)
$$

ein *semantischer Test von t.*

$\square$

Beispiel 3.9 (Fortsetzung von Beispiel 3.7)

Im folgenden stellen wir jeweils eine semantische Regel und eine semantische Bedingung der Attributgrammatik G und alle sich daraus ergebenden semantischen Gleichungen und semantischen Tests des Ableitungsbaumes t aus Abbildung 1.3 dar:

Semantische Regel in $R(p_2)$: $\langle declared, 0 \rangle = insert(\langle name, 1 \rangle, \langle declared, 2 \rangle)$
Semantische Gleichung von t: $\langle declared, 1 \rangle = insert(\langle name, 11 \rangle, \langle declared, 12 \rangle)$

Semantische Bedingung in $C(p_6)$: $is\_declared?(\langle name, 1 \rangle, \langle name, 2 \rangle, \langle env, 0 \rangle)$
Semantische Tests von t: $is\_declared?(\langle name, 211 \rangle, \langle name, 212 \rangle, \langle env, 21 \rangle)$
                               $is\_declared?(\langle name, 2211 \rangle, \langle name, 2212 \rangle, \langle env, 221 \rangle)$

□

Das Einfügen in den globalen Kontext wird also durch einfache Transformation $j \mapsto x.j$ erreicht. Man beachte, daß semantische Gleichungen und semantische Tests auch nur Zeichenreihen sind. Jetzt können wir unsere Forderung formalisieren.

Definition 3.10 (zulässige Dekoration)

Sei t ein Ableitungsbaum von G_0 und $\underline{val}_t$ eine Dekoration von t. Die Dekoration $\underline{val}_t$ heißt *zulässig*, wenn

- für jede semantische Gleichung

$$\langle \gamma, x.j \rangle = f(\langle \gamma_1, x.j_1 \rangle, \ldots, \langle \gamma_k, x.j_k \rangle)$$

  von t gilt:

$$\underline{val}_t(\langle \gamma, x.j \rangle) = \varphi(f)(\underline{val}_t(\langle \gamma_1, x.j_1 \rangle), \ldots, \underline{val}_t(\langle \gamma_k, x.j_k \rangle)) \tag{3.1}$$

  und

- für jeden semantischen Test

$$q(\langle \gamma_1, x.j_1 \rangle, \ldots, \langle \gamma_k, x.j_k \rangle)$$

  von t gilt:

$$\varphi(q)(\underline{val}_t(\langle \gamma_1, x.j_1 \rangle), \ldots, \underline{val}_t(\langle \gamma_k, x.j_k \rangle)) = true. \tag{3.2}$$

□

In dieser Definition sind (3.1) und (3.2) nun gewöhnliche mathematische Gleichungen.

Beispiel 3.11 (Fortsetzung von Beispiel 3.9)

Die in Beispiel 3.7 angegebene Dekoration $\underline{val}_t$ ist keine zulässige Dekoration des Ableitungsbaumes t aus Abbildung 1.3, denn es gilt nicht:

$\quad \varphi(is\_declared?)(\underline{val}_t(\langle name, 2211 \rangle), \underline{val}_t(\langle name, 2212 \rangle), \underline{val}_t(\langle env, 221 \rangle))$
$= \quad \varphi(is\_declared?)(a, c, \{a, b\})$
$= \quad a \in \{a, b\} \text{ und } c \in \{a, b\}$
$= \quad true$

□

Man könnte auch sagen, daß eine zulässige Dekoration von t die Spur des Informationstransports über t ist, so als hätte man den Transport bei unendlich langer Belichtungszeit photographiert.

Nun können wir die Bedeutung einer Attributgrammatik festlegen. In der Tat gibt es mehrere Möglichkeiten: Eine Attributgrammatik kann eine Sprache beschreiben oder eine Übersetzung.

Definition 3.12 (Sprache, Übersetzung)

Sei $G = (G_0, D, B, R, C)$ eine Attributgrammatik.

1. Die von G *beschriebene Sprache* ist die Menge

$$L(G) = \{yield(t) \mid \ t \text{ ist Ableitungsbaum von } G_0 \text{ und es gibt eine}$$
$$\text{zulässige Dekoration } \underline{val}_t \text{ von } t \ \},$$

2. Die von G *beschriebene Übersetzung* ist die Menge

$$\tau(G) = \{(t, \underline{val}_t) \mid \ t \text{ ist Ableitungsbaum von } G_0 \text{ und } \underline{val}_t \text{ ist}$$
$$\text{zulässige Dekoration von } t \ \}$$

3. Die von G *beschriebene string–to–value Übersetzung* ist die Menge

$$\tau_{sv}(G) = \{(yield(t), \underline{val}_t(\langle \alpha_0, \underline{root}(t)\rangle)) \mid \ t \text{ ist Ableitungsbaum von}$$
$$G_0 \text{ und } \underline{val}_t \text{ zulässige Deko-}$$
$$\text{ration von } t \ \}. \qquad \square$$

In den Beispielen 1.1, 1.2 und 1.3 haben wir Attributgrammatiken benutzt, um Sprachen zu beschreiben; in Beispiel 1.4 haben wir eine string–to–value Übersetzung mit Hilfe einer Attributgrammatik beschrieben.

Beispiel 3.13 (Fortsetzung von Beispiel 3.11)

Für unsere in Beispiel 3.3 (und folgende) betrachtete Attributgrammatik G ist hier natürlich nur die von G beschriebene Sprache relevant. Diese läßt sich durch eine umgangssprachliche Beschreibung der Deklariertheit von Variablen wie folgt angeben:

$$L(G) = L(G_0) \cap \{w \in \Sigma^* \mid w = \mathbf{prog}\ \mathbf{decl}\ w_1\ ;\ \mathbf{begin}\ w_2\ \mathbf{end}$$
$$\text{für ein } w_1 \in \Sigma^* \text{ und ein } w_2 \in \Sigma^*$$
$$\text{und für jedes } x \in \{\mathsf{a}, \mathsf{b}, \mathsf{c}\} \text{ gilt:}$$
$$\text{wenn } x \text{ in } w_2 \text{ auftritt, dann tritt } x \text{ auch in } w_1 \text{ auf}\} \qquad \square$$

In Kapitel 4 werden wir Attributgrammatiken miteinander vergleichen. Dabei benutzen wir den Begriff Äquivalenz.

Definition 3.14 (Äquivalenz von Attributgrammatiken)

Zwei Attributgrammatiken G_1 und G_2 heißen *L–äquivalent* (*τ–äquivalent* oder *τ_{sv}–äquivalent*), wenn $L(G_1) = L(G_2)$ $\quad(\tau(G_1) = \tau(G_2)$ bzw. $\tau_{sv}(G_1) = \tau_{sv}(G_2))$ gilt. $\qquad \square$

3.2 Zirkularität

Im Abschnitt 3.1 haben wir das Ergebnis des Informationstransports über einen Ableitungsbaum t als Dekoration von t beschrieben und die Bedeutung einer Attributgrammatik auf der Grundlage von zulässigen Dekorationen definiert. Es erhebt sich die Frage, ob es für jeden Ableitungsbaum t überhaupt eine zulässige Dekoration gibt und falls dies der Fall ist, ob diese eindeutig bestimmt ist. Wie das folgende Beispiel zeigt, müssen leider beide Fragen mit nein beantwortet werden. Es ist sogar möglich, daß es für einen Ableitungsbaum unendlich viele zulässige Dekorationen gibt.

Beispiel 3.15
Betrachte die Attributgrammatik $G = (G_0, D, B, R, C)$ mit

- G_0 ist durch die Mengen $\{Z, A, B\}$ und $\{a, b\}$ von Nichtterminalsymbolen bzw. Terminalsymbolen, das Startsymbol Z und die Menge $P = \{p_1, p_2, p_3\}$ bestimmt mit $p_1 = (Z \to AB)$, $p_2 = (A \to a)$ und $p_3 = (B \to b)$;

- $D = (K, \Omega, \Phi, \Psi, \varphi)$ mit $K = \{nat\}$, $\Omega^{nat} = I\!N$, $\Phi = \{f^{(nat,nat)}\}$ und $\Psi = \emptyset$; die Definition von $\varphi(f)$ legen wir später fest;

- $B = (\{\alpha\}, \{\beta\}, S, I, \alpha, W)$ mit $S(Z) = \{\alpha\}$, $I(Z) = \emptyset$, $S(A) = S(B) = \{\alpha\}$, $I(A) = I(B) = \{\beta\}$ und $W(\alpha) = W(\beta) = nat$;

- $R: \quad R(p_1): \quad \langle\alpha, 0\rangle = \langle\alpha, 2\rangle$
  $$\langle\beta, 1\rangle = f(\langle\alpha, 2\rangle)$$
  $$\langle\beta, 2\rangle = \langle\alpha, 1\rangle$$
  $R(p_2): \quad \langle\alpha, 0\rangle = \langle\beta, 0\rangle$
  $R(p_3): \quad \langle\alpha, 0\rangle = \langle\beta, 0\rangle$

- $C: C(p_1) = C(p_2) = C(p_3) = \emptyset$

Beachte, daß G_0 nur einen Ableitungsbaum t besitzt; dieser gehört zum Wort ab.

1. Wenn das Operationssymbol f als Nachfolgeroperation auf $\Omega^{nat} = I\!N$ interpretiert wird, dann existiert keine zulässige Dekoration von t; man erkennt nämlich leicht, daß andernfalls $n = n + 1$ für ein $n \in I\!N$ sein müßte.

2. Wenn aber das Operationssymbol f als Identität auf $\Omega^{nat} = I\!N$ interpretiert wird, dann existieren unendlich viele zulässige Dekorationen von t; es kann jeder Wert aus $I\!N$ unverändert über den Ableitungsbaum transportiert werden.

3. Wenn f wie unter Punkt 2 interpretiert wird und die Wertmenge Ω^{nat} auf die Menge mit <u>einem</u> Wert beschränkt wird, z.B. $\Omega^{nat} = \{3\}$, dann gibt es genau eine zulässige Dekoration von t.

4. Wenn die Attributgrammatik G dahingehend geändert wird, daß $\Psi = \{q^{(nat)}\}$, $\varphi(q) \subseteq I\!N$ mit $\varphi(q) = \emptyset$ und $q(\langle\beta, 0\rangle)$ zum Beispiel in $C(p_2)$ liegt, dann existiert ebenfalls keine zulässige Dekoration. $\qquad\square$

Wie man am Beispiel leicht sieht, ergeben sich die unerwünschten Effekte in 1. und 2. dadurch, daß die Attributwerte über die semantischen Regeln von sich selbst abhängen, d.h. es gibt zyklische Abhängigkeitsstrukturen. Schließt man solche Zykel aus, so treten in der Tat die oben besprochenen, unerwünschten Effekte nicht mehr auf, d.h. es gibt höchstens eine zulässige Dekoration. Um zyklische Abhängigkeiten zu beschreiben und um einen Test zu konstruieren, der solche Abhängigkeiten aufspürt, benötigen wir noch einige Definitionen. In den folgenden Definitionen und im Test spielen die semantischen Bedingungen natürlich keine Rolle, denn solche Bedingungen tragen nicht zu zyklischen Abhängigkeiten bei.

Definition 3.16 (Abhängigkeit, Notwendigkeit)

Sei $G = (G_0, D, B, R, C)$ mit $G_0 = (N, \Sigma, Z, P)$ eine Attributgrammatik.

1. Sei $p = (X_0 \to w_0 X_1 w_1 \ldots X_n w_n)$ eine Produktion von G_0. Wenn $R(p)$ eine semantische Regel der Form

$$\langle \gamma, j \rangle = f(\langle \gamma_1, j_1 \rangle, \ldots, \langle \gamma_r, j_r \rangle)$$

   enthält, dann sagen wir für jedes i mit $1 \leq i \leq r$: $\langle \gamma, j \rangle$ *hängt von* $\langle \gamma_i, j_i \rangle$ *ab* oder: $\langle \gamma_i, j_i \rangle$ *ist nötig für* $\langle \gamma, j \rangle$.

2. Sei t ein Ableitungsbaum von G_0 und $x \in \underline{inode}(t)$. Wenn

$$\langle \gamma, x.j \rangle = f(\langle \gamma_1, x.j_1 \rangle, \ldots, \langle \gamma_r, x.j_r \rangle)$$

   eine semantische Gleichung ist, dann sagen wir für jedes i mit $1 \leq i \leq r$: $\langle \gamma, x.j \rangle$ *hängt von* $\langle \gamma_i, x.j_i \rangle$ *ab* oder: $\langle \gamma_i, x.j_i \rangle$ *ist nötig für* $\langle \gamma, x.j \rangle$. $\qquad\Box$

Die Abhängigkeiten, die in Produktionen oder Ableitungsbäumen vorliegen, lassen sich sehr anschaulich durch Graphen repräsentieren.

Definition 3.17 (Abhängigkeitsgraph)

Sei $G = (G_0, D, B, R, C)$ mit $G_0 = (N, \Sigma, Z, P)$ eine Attributgrammatik.

1. Sei p eine Produktion von G_0. Der *Abhängigkeitsgraph von p*, bezeichnet durch $D(p)$, ist der gerichtete Graph $(V, \to_p)$ mit den Mengen V von Knoten und $\to_p$ von Kanten. Es gilt $V = A(p)$, d.h. der Menge der Attributvorkommen von p und $\to_p \subseteq V \times V$, wobei folgendes gilt: für alle $\langle \gamma_1, i \rangle, \langle \gamma_2, j \rangle \in A(p)$ gilt

$$\langle \gamma_1, i \rangle \to_p \langle \gamma_2, j \rangle \quad \text{g.d.w.} \quad \langle \gamma_1, i \rangle \text{ ist nötig für } \langle \gamma_2, j \rangle.$$

2. Sei t ein X–Ableitungsbaum von G_0 mit $X \in N$. Der *Abhängigkeitsgraph von t*, bezeichnet durch $D(t)$, ist der gerichtete Graph $(V, \to_t)$ mit $V = A(t)$ und $\to_t \subseteq V \times V$, wobei folgendes gilt: für alle $\langle \gamma_1, x \rangle, \langle \gamma_2, y \rangle \in A(t)$ gilt

$$\langle \gamma_1, x \rangle \to_t \langle \gamma_2, y \rangle \quad \text{g.d.w.} \quad \langle \gamma_1, x \rangle \text{ ist nötig für } \langle \gamma_2, y \rangle.$$

$\qquad\Box$

Beispiel 3.18

Wir betrachten die Attributgrammatik aus Beispiel 1.4. Der Produktion $Z \rightarrow L.L$ ist der in Abbildung 3.1 gezeigte Abhängigkeitsgraph zugeordnet. Dabei zeichnen wir das Nichtterminalsymbol der linken Seite (d.h. hier Z) über die Liste der Symbole der rechten Seite (d.h. hier $L.L$). Die zuletzt genannten Symbole sind mit dem Nichtterminalsymbol der linken Seite durch gestrichelte Linien verbunden. Die Attributvorkommen der Produktion ordnen wir auf den parallelen Seiten eines Trapezes an; dabei stehen die inheriten Attributvorkommen links von dem entsprechenden Nichtterminalsymbol und die synthetischen Attributvorkommen rechts davon. Der Einfachheit halber beschriften wir hier und in den folgenden Abbildungen die Attributvorkommen jeweils nur mit ihrer ersten Komponente, also dem Namen des Attributs. Die zweite Komponente, also die Position, ist in den Abbildungen überflüssig, weil die Zuordnung zu dem entsprechenden Vorkommen eines Nichtterminalsymbols ohnehin aus der Abbildung hervorgeht.

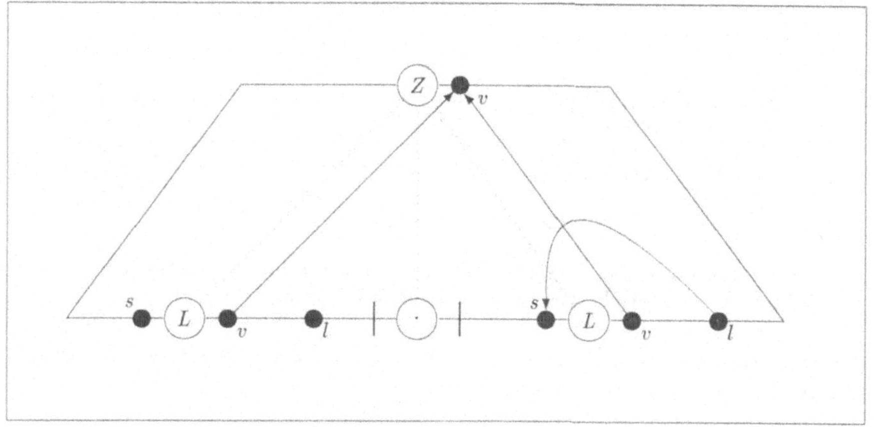

Abb. 3.1: Abhängigkeitsgraph von $Z \rightarrow L.L$.

Abbildung 3.2 zeigt den Abhängigkeitsgraph des Ableitungsbaumes zum Terminalstring 10.11. (Man vergleiche diesen Graphen mit Abbildung 1.4.) □

Definition 3.19 (Zirkularität)

Eine Attributgrammatik $G = (G_0, D, B, R, C)$ heißt *zirkulär*, wenn es einen Ableitungsbaum t von G_0 gibt, so daß $D(t)$ einen Zykel enthält, d.h. es gibt $\langle \gamma, x \rangle \in A(t)$ mit $\langle \gamma, x \rangle \rightarrow_t^+ \langle \gamma, x \rangle$. Ansonsten heißt G *nichtzirkulär*. □

Für eine zirkuläre Attributgrammatik ist es also durchaus möglich, daß es Ableitungsbäume mit einem zykelfreien Abhängigkeitsgraphen gibt.

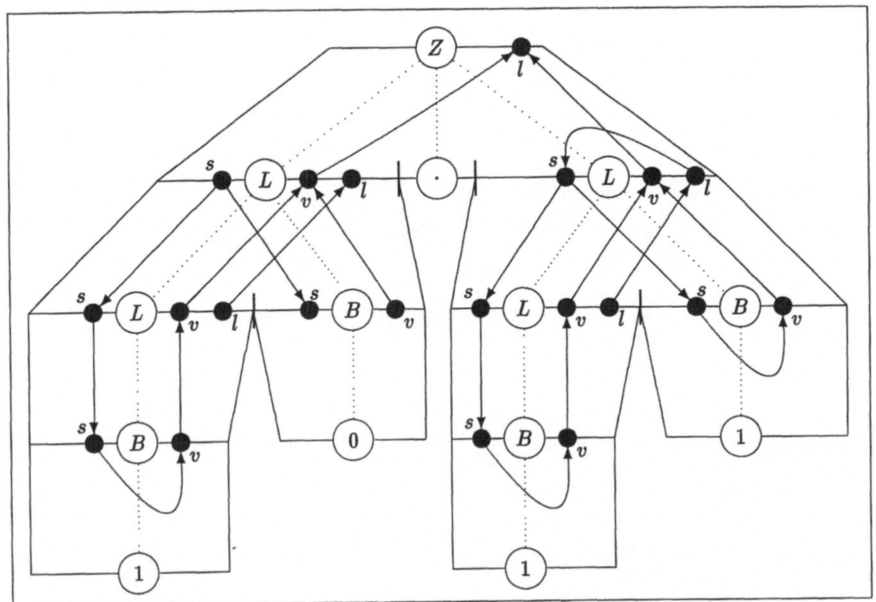

Abb. 3.2: Abhängigkeitsgraph des Ableitungsbaumes zum String 10.11.

Satz 3.20
Sei die Attributgrammatik $G = (G_0, D, B, R, C)$ nichtzirkulär.

1. Für jeden Ableitungsbaum t von G_0 gibt es *höchstens eine* zulässige Dekoration.

2. Wenn G unkonditional ist, dann gibt es für jeden Ableitungsbaum t von G_0 *genau eine* zulässige Dekoration. $\qquad\qquad\square$

Ist die einer Attributgrammatik G zugrundeliegende kontextfreie Grammatik G_0 nicht eindeutig, so können zu einem Wort w aus der von G_0 erzeugten Sprache verschiedene Ableitungsbäume existieren. Ist G nichtzirkulär, so gibt es nach obigem Satz zwar für jeden dieser Ableitungsbäume höchstens eine (bzw. genau eine) zulässige Dekoration, aber die von G beschriebene string–to–value Übersetzung ist nach wie vor im allgemeinen eine Relation und keine Funktion von Wörtern aus Σ^* auf Werte aus $\Omega^{W(\alpha_0)}$.

Wie kann man nun feststellen, ob eine vorgelegte Attributgrammatik zirkulär oder nichtzirkulär ist? Dazu wollen wir im folgenden einen Algorithmus konstruieren: den Zirkularitätstest. Bevor wir diesen Test angeben, stellen wir einige Vorüberlegungen an. Sei G eine zirkuläre Attributgrammatik. Dann gibt es einen Ableitungsbaum t von G_0 und $D(t)$ enthält einen Zykel. Nun betrachten wir den kleinsten Teilbaum t' von t, in dem ein vollständiger Zykel auftritt (siehe Abbildung 3.3). Sei z.B. $p = (A \to BC)$ die an der Wurzel von t' angewandte Produktion und seien t_1 und t_2 die beiden Teilbäume von t'.

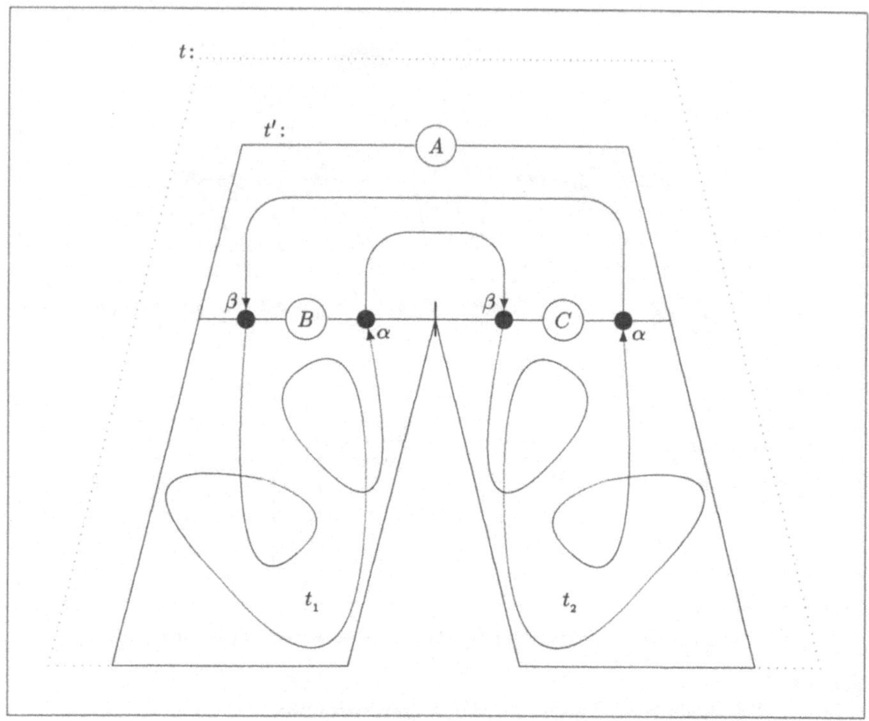

Abb. 3.3: Ableitungsbaum t mit zirkulärem Abhängigkeitsgraph $D(t)$.

In $D(t_1)$ und $D(t_2)$ können also wegen der Minimalitätseigenschaft von t' keine Zykel auftreten. Der Zirkularitätstest könnte also derart gestaltet werden, daß für jede Produktion p und (passenden) Ableitungsbäume t_1 und t_2 überprüft wird, ob durch Zusammenfügen von $D(p)$, $D(t_1)$ und $D(t_2)$ ein Zykel entsteht (wie in Abbildung 3.3) oder nicht.

Aber im Zirkularitätstest können natürlich nicht unendlich viele Ableitungsbäume t_1 und t_2 für diese Überprüfung in Betracht gezogen werden. Das ist aber auch nicht erforderlich; denn entscheidend für die Frage, ob durch Zusammenfügen der drei Graphen $D(p)$, $D(t_1)$ und $D(t_2)$ ein Zykel entsteht, ist nur,

- ob in $D(t_1)$ und in $D(t_2)$ Folgen von gerichteten Kanten (d.h. Pfade) existieren, die von inheriten zu synthetischen Attributen der Wurzel von t_1 bzw. t_2 führen (Abhängigkeit unter Wurzelattributen von t_1 bzw. t_2) und

- ob diese Pfade die Abhängigkeiten in $D(p)$ zu einem Zykel zusammenschließen.

Wir brauchen also verschiedene Ableitungsbäume t_1 und t_1' *nicht* zu unterscheiden, sofern t_1 und t_1' dieselben Abhängigkeiten unter Wurzelattributen aufweisen.

Offensichtlich haben wir durch diesen Abstraktionsschritt die Menge aller Ableitungsbäume in Äquivalenzklassen aufgeteilt. Jede Äquivalenzklasse kann durch einen Graphen beschrieben werden, dessen Knoten Attribute sind und dessen Kanten von inheriten Attributen zu synthetischen Attributen verlaufen. Da es nur endlich viele solcher Graphen gibt, kann es auch nur endlich viele in der besprochenen Hinsicht verschiedene Ableitungsbäume geben. Das ist der Schlüssel zum Zirkularitätsalgorithmus. Zunächst müssen wir noch einige Begriffe formalisieren.

Definition 3.21 (*is*–Graph eines Nichtterminalsymbols)

Sei $G = (G_0, D, B, R, C)$ eine Attributgrammatik und $X \in N$ ein Nichtterminalsymbol von G_0. Ein *is–Graph von* X ist ein gerichteter Graph $(A(X), \to_X)$ mit $\to_X \subseteq I(X) \times S(X)$. $\square$

Definition 3.22 (*is*–Graph eines Ableitungsbaumes)

Sei $G = (G_0, D, B, R, C)$ mit $G_0 = (N, \Sigma, Z, P)$ eine Attributgrammatik, sei t ein X–Ableitungsbaum von G_0 mit $X \in N$ und $D(t) = (A(t), \to_t)$ der Abhängigkeitsgraph von t. Der *is–Graph von* t, bezeichnet durch $is(t)$, ist der *is*–Graph $(A(X), \to_X)$ von X, wobei für $\beta \in I(X)$ und $\alpha \in S(X)$ gilt: $\beta \to_X \alpha \quad$ gdw. $\quad \langle \beta, \varepsilon \rangle \to_t^+ \langle \alpha, \varepsilon \rangle$. $\square$

Diese Definition realisiert die angesprochene Äquivalenzrelation $\sim_X$ auf X–Ableitungsbäumen, wobei für alle X–Ableitungsbäume t_1, t_1' die Beziehung $t_1 \sim_X t_1'$ genau dann gilt, wenn $is(t_1) = is(t_1')$.

Definition 3.23 (Kollektion der *is*–Graphen)

Sei $G = (G_0, D, B, R, C)$ mit $G_0 = (N, \Sigma, Z, P)$ eine Attributgrammatik. Für alle $X \in N$ ist $is\text{–}set(X)$, die *Kollektion der is–Graphen* von X, definiert durch $is\text{–}set(X) = \{is(t) \mid t$ ist X–Ableitungsbaum$\}$. $\square$

Man beachte, daß $is\text{–}set(X)$ eine endliche Menge ist, weil auch $A(X)$ eine endliche Menge ist. Genauer gilt $card(is\text{–}set(X)) \leq 2^{card(I(X)) \cdot card(S(X))}$, weil es $card(I(X)) \cdot card(S(X))$ mögliche Kanten zwischen inheriten und synthetischen Attributen von X gibt und somit $2^{card(I(X)) \cdot card(S(X))}$ mögliche *is*–Graphen von X.

Das Zusammenfügen von $D(p)$ und *is*–Graphen der Teilbäume wird in der folgenden Definition formalisiert.

Definition 3.24 (erweiterter Abhängigkeitsgraph)

Sei $G = (G_0, D, B, R, C)$ mit $G_0 = (N, \Sigma, Z, P)$ eine Attributgrammatik. Sei $p = (X_0 \to w_0 X_1 w_1 \ldots X_n w_n)$ eine Produktion von G_0 und sei für jedes $i \in [n]$, D_i ein *is*–Graph von X_i. Dann bezeichnet $D(p)[D_1, \ldots, D_n]$ den *erweiterten Abhängigkeitsgraphen* $(A(p), \to)$, wobei $\langle \gamma_1, j \rangle \to \langle \gamma_2, k \rangle$ g.d.w. eine der beiden folgenden Bedingungen erfüllt ist:

1. $\langle \gamma_1, j \rangle \to_p \langle \gamma_2, k \rangle$ und $\to_p$ ist die Kantenrelation von $D(p)$

2. $k = j \geq 1$ und $\gamma_1 \to_j \gamma_2$ und $\to_j$ ist die Kantenrelation von D_j. $\square$

Unsere informellen Vorüberlegungen können nun durch folgendes zentrales Lemma formalisiert werden.

Lemma 3.25

Sei $G = (G_0, D, B, R, C)$ mit $G_0 = (N, \Sigma, Z, P)$ eine Attributgrammatik. G ist zirkulär g.d.w. es eine Produktion $p = (X_0 \to w_0 X_1 w_1 \ldots X_n w_n)$ in G_0 und is–Graphen $D_1, \ldots, D_n$ mit $D_i \in is\text{-}set(X_i)$ für $i \in [n]$ gibt, so daß $D(p)[D_1, \ldots, D_n]$ einen Zykel enthält.

Beweis:

$\Leftarrow$: klar. $\Rightarrow$: G sei zirkulär. Dann gibt es einen Ableitungsbaum t von G_0 und es gibt $\langle \gamma, x \rangle \in A(t)$ mit $\langle \gamma, x \rangle \to_t^+ \langle \gamma, x \rangle$. Sei $t' = t(y)$ mit $y \in \underline{inode}(t)$ der kleinste Teilbaum von t, der auch diesen Zykel enthält (siehe Abbildung 3.4). Der Wurzelknoten y des Teilbaums t' werde mit $y = \xi_1. \ldots .\xi_i$ erreicht und der Knoten mit der betrachteten Attributinstanz $\langle \gamma, x \rangle$ habe (in t) die Dewey–Notation $x = \xi_1. \ldots .\xi_i.\xi_{i+1}. \ldots .\xi_k$ (in Abbildung 3.4 gilt: $\xi_{i+1} = 1$). Sei $p = (X_0 \to w_0 X_1 w_1 \ldots X_n w_n)$ die am Knoten y angewandte Produktion. Dann gibt es ein $m \geq 1$ und $\mu_1, \ldots, \mu_m$ mit $\mu_j \in [n]$ und $\beta_1, \alpha_1, \ldots, \beta_m, \alpha_m$, wobei für alle $j \in [m]$ gilt:

$$\beta_j \in I(\underline{label}_t(y.\mu_j)),$$

$$\alpha_j \in S(\underline{label}_t(y.\mu_j)).$$

(In Abbildung 3.4 ist $n = 3$, $m = 2$, $\mu_1 = 1$ und $\mu_2 = 3$.) Folglich gilt $\underline{label}_t(y.\mu_j) = X_{\mu_j}$. Da G zirkulär ist, können die β_j, α_j so gewählt sein, daß gilt:

$$
\begin{array}{lclcl}
\langle \gamma, x \rangle & \underset{\text{in } t(y.\mu_1)}{\to_t^*} & \langle \alpha_1, y.\mu_1 \rangle & \underset{\text{in } p}{\to_t} & \langle \beta_2, y.\mu_2 \rangle \quad \underset{\text{in } t(y.\mu_2)}{\to_t^+} \\[2em]
& & & \cdots & \\[1em]
& & \langle \alpha_i, y.\mu_i \rangle & \underset{\text{in } p}{\to_t} & \langle \beta_{i+1}, y.\mu_{i+1} \rangle \quad \underset{\text{in } t(y.\mu_{i+1})}{\to_t^+} \\[2em]
& & & \cdots & \\[1em]
& & \langle \alpha_m, y.\mu_m \rangle & \underset{\text{in } p}{\to_t} & \langle \beta_1, y.\mu_1 \rangle \quad \underset{\text{in } t(y.\mu_1)}{\to_t^+} \\[2em]
\langle \gamma, x \rangle & & & &
\end{array}
$$

Also müssen für alle $j \in [m]$ Kanten $\beta_j \to_{X_{\mu_j}} \alpha_j$ in $is(t(y.\mu_j))$ existieren. Also enthält wenigstens ein erweiterter Abhängigkeitsgraph $D(p)[is(t_1), \ldots, is(t_n)]$ einen Zykel, wobei $is(t_j) \in is\text{-}set(X_j)$ für $j \in [n]$. $\qquad\qquad\qquad\qquad\square$

Das heißt, um die Zirkularität von G feststellen zu können, müssen alle Mengen $is\text{-}set(X)$ berechnet werden. In dem zugehörigen Algorithmus benutzen wir eine Hilfskonstruktion, welche für eine Produktion $p = (X_0 \to w_0 X_1 w_1 \ldots X_n w_n)$ und bereits berechnete is–Graphen $D_1, \ldots, D_n$ (von $X_1, \ldots, X_n$) den Graphen $D(p)[D_1, \ldots, D_n]$ in einen is–Graphen von X_0 transformiert.

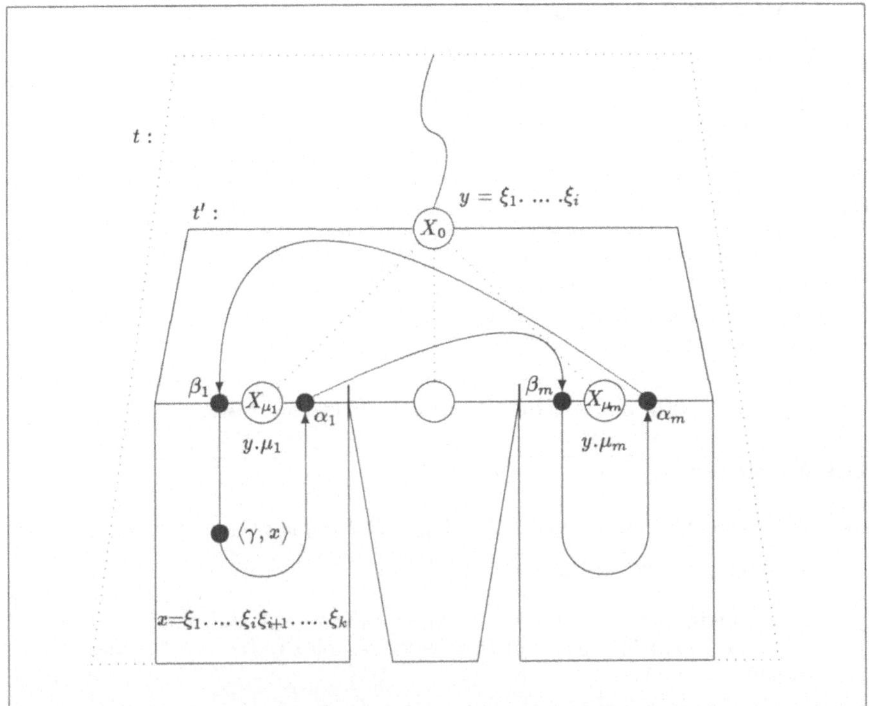

Abb. 3.4: Zirkulärer Abhängigkeitsgraph.

Definition 3.26 (*is*–Graph eines Graphen)

Sei $G = (G_0, D, B, R, C)$ mit $G_0 = (N, \Sigma, Z, P)$ eine Attributgrammatik, sei $p = (X_0 \rightarrow w_0 X_1 w_1 \ldots X_n w_n)$ eine Produktion aus P und sei $D = (A(p), \rightarrow)$ ein Graph. Der *is*–*Graph* von D, bezeichnet durch $is(D)$, ist der *is*–Graph $(A(X_0), \rightarrow_{X_0})$ von X_0 mit $\beta \rightarrow_{X_0} \alpha$ g.d.w. $\langle \beta, 0 \rangle \rightarrow^+ \langle \alpha, 0 \rangle$. $\square$

Nun können wir den Zirkularitätstest ausführen, indem zunächst alle *is–sets* ausgerechnet werden und danach Lemma 3.25 angewandt wird.

Beispiel 3.27

Hier führen wir für eine Attributgrammatik G den Zirkularitätstest durch. Da es dabei nur auf die *Abhängigkeiten* unter Attributen, nicht aber auf die Berechnung der Werte ankommt, verzichten wir auf die Angabe des semantischen Bereichs. Die übrigen Komponenten der Attributgrammatik G geben wir in Form von Abhängigkeitsgraphen an (siehe Abbildung 3.7).

Der Algorithmus zur Berechnung der *is–sets* läuft wie folgt ab:

$\$[Z] = \$[A] = \$[B] = \$[C] = \emptyset$.

Algorithmus zur Berechnung der *is–sets*

Eingabe: Attributgrammatik $G = (G_0, D, B, R, C)$ mit $G_0 = (N, \Sigma, Z, P)$
Ausgabe: für jedes $X \in N$ die Menge *is–set*(X)
Variable: \$$[X]$ Menge von *is*–Graphen von $X \in N$

for jedes $X \in N$ **do** \$$[X] := \emptyset$;
repeat
      for jedes $p = (X_0 \to w_0 X_1 w_1 \ldots X_n w_n) \in P$ **and**
         jedes $D_1, \ldots, D_n$ mit $D_1 \in$ \$$[X_1], \ldots, D_n \in$ \$$[X_n]$
      do \$$[X_0] :=$ \$$[X_0] \cup \{is(D(p)[D_1, \ldots, D_n])\}$
until es gibt keine Änderung einer Menge \$$[X]$ bzgl. des vorangegangenen Durchlaufs;
for jedes $X \in N$ **do** *is–set*$(X) :=$ \$$[X]$.

Abb. 3.5: Algorithmus zur Berechnung der *is–sets*.

Zirkularitätstest

Gegeben sei eine Attributgrammatik $G = (G_0, D, B, R, C)$ mit $G_0 = (N, \Sigma, Z, P)$.

1. Berechne *is–set*(X) für jedes $X \in N$.

2. Überprüfe für jede Produktion $p = (X_0 \to w_0 X_1 w_1 \ldots X_n w_n)$ und für jede Folge $D_1, \ldots, D_n$ von *is*–Graphen mit $D_i \in$ *is–set*(X_i), ob $D(p)[D_1, \ldots, D_n]$ einen Zykel enthält.

3. Ist einer der Tests in Punkt 2 positiv, so ist G zirkulär; sonst ist G nichtzirkulär.

Abb. 3.6: Zirkularitätstest.

Der Algorithmus schreibt keine explizite Reihenfolge vor, in der die Produktionen in der inneren **for**-Schleife durchlaufen werden müssen. Wir wählen in diesem Beispiel in jedem Durchlauf durch die **repeat**-Schleife die durch die Numerierung der Produktionen gegebene Reihenfolge. Weiterhin wählen wir für die *is*-Graphen eine Darstellung, in der zusätzlich zu den eigentlichen Graphen das zugehörige Nichtterminalsymbol vermerkt ist und die Attribute wie in den Abhängigkeitsgraphen auf einer waagerechten Linie angeordnet werden.

Der erste Durchlauf durch die **repeat**-Schleife liefert:

1. \$$[Z] = \emptyset$ unverändert (weil \$$[A]$ und \$$[B]$ noch leer sind)

2. \$$[B] = \emptyset$ unverändert (weil \$$[C]$ noch leer ist)

3. \$$[C] = \emptyset \cup \{is(D(p_3)[\,])\} = \left\{ \ \begin{array}{c} {}^{\beta}\!\bullet\!-\!\!\textcircled{C}\!-\!\bullet_{\alpha_1}\!\bullet_{\alpha_2} \end{array} \ \right\}$

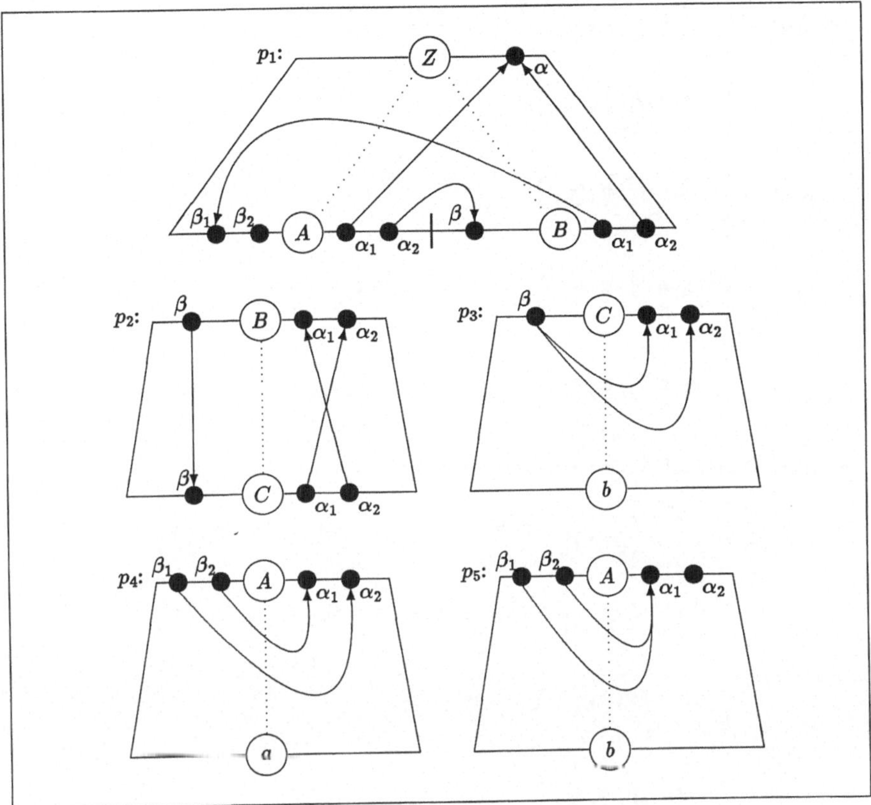

Abb. 3.7: Abhängigkeitsgraphen der Attributgrammatik G.

4. $\$[A] = \emptyset \cup \{is(D(p_4)[\,])\} = \{\ \ldots\ \}$

5. $\$[A] = \{\ \ldots\ \} \cup \{is(D(p_5)[\,])\}$

$\qquad = \{\ \ldots\ \} \cup \{\ \ldots\ \}$

Der zweite Durchlauf durch die **repeat**-Schleife liefert:

1. $\$[Z] = \emptyset$ unverändert (weil $\$[B]$ noch leer ist)

2. $\$[B] = \emptyset \cup \left\{ is\left(D(p_2) \left[\;\overset{\beta}{\bullet}\!\!-\!\!\bigcirc\!\!C\!\!-\!\!\bullet_{\alpha_1}\bullet_{\alpha_2} \right] \right) \right\}$

$= \left\{ \overset{\beta}{\bullet}\!\!-\!\!\bigcirc\!\!B\!\!-\!\!\bullet_{\alpha_1}\bullet_{\alpha_2} \right\}$

3. $\$[C] = \left\{ \overset{\beta}{\bullet}\!\!-\!\!\bigcirc\!\!C\!\!-\!\!\bullet_{\alpha_1}\bullet_{\alpha_2} \right\}$

4. $\$[A] = \left\{ \overset{\beta_1\,\beta_2}{\bullet}\!\!-\!\!\bigcirc\!\!A\!\!-\!\!\bullet_{\alpha_1}\bullet_{\alpha_2} \right\} \cup \left\{ \overset{\beta_1\,\beta_2}{\bullet}\!\!-\!\!\bigcirc\!\!A\!\!-\!\!\bullet_{\alpha_1}\bullet_{\alpha_2} \right\}$

5. $\$[A] = \left\{ \overset{\beta_1\,\beta_2}{\bullet}\!\!-\!\!\bigcirc\!\!A\!\!-\!\!\bullet_{\alpha_1}\bullet_{\alpha_2} \right\} \cup \left\{ \overset{\beta_1\,\beta_2}{\bullet}\!\!-\!\!\bigcirc\!\!A\!\!-\!\!\bullet_{\alpha_1}\bullet_{\alpha_2} \right\}$

Der dritte Durchlauf durch die **repeat**–Schleife liefert:

1. $\$[Z] = \emptyset \cup \left\{ is\left(D(p_1) \left[\;\overset{\beta_1\,\beta_2}{\bullet}\!\!-\!\!\bigcirc\!\!A\!\!-\!\!\bullet_{\alpha_1}\bullet_{\alpha_2} \;,\; \overset{\beta}{\bullet}\!\!-\!\!\bigcirc\!\!B\!\!-\!\!\bullet_{\alpha_1}\bullet_{\alpha_2} \right] \right) \right\}$

$\cup \left\{ is\left(D(p_1) \left[\;\overset{\beta_1\,\beta_2}{\bullet}\!\!-\!\!\bigcirc\!\!A\!\!-\!\!\bullet_{\alpha_1}\bullet_{\alpha_2} \;,\; \overset{\beta}{\bullet}\!\!-\!\!\bigcirc\!\!B\!\!-\!\!\bullet_{\alpha_1}\bullet_{\alpha_2} \right] \right) \right\}$

$= \left\{ \;-\!\!\bigcirc\!\!Z\!\!-\!\!\bullet_{\alpha} \right\}$

2. $\$[B] = \left\{ \overset{\beta}{\bullet}\!\!-\!\!\bigcirc\!\!B\!\!-\!\!\bullet_{\alpha_1}\bullet_{\alpha_2} \right\}$

3. $\$[C] = \left\{ \overset{\beta}{\bullet}\!\!-\!\!\bigcirc\!\!C\!\!-\!\!\bullet_{\alpha_1}\bullet_{\alpha_2} \right\}$

4. $\$[A] = \left\{ \overset{\beta_1\,\beta_2}{\bullet}\!\!-\!\!\bigcirc\!\!A\!\!-\!\!\bullet_{\alpha_1}\bullet_{\alpha_2} \right\} \cup \left\{ \overset{\beta_1\,\beta_2}{\bullet}\!\!-\!\!\bigcirc\!\!A\!\!-\!\!\bullet_{\alpha_1}\bullet_{\alpha_2} \right\}$

5. $\$[A] = \left\{ \overset{\beta_1\,\beta_2}{\bullet}\!\!-\!\!\bigcirc\!\!A\!\!-\!\!\bullet_{\alpha_1}\bullet_{\alpha_2} \right\} \cup \left\{ \overset{\beta_1\,\beta_2}{\bullet}\!\!-\!\!\bigcirc\!\!A\!\!-\!\!\bullet_{\alpha_1}\bullet_{\alpha_2} \right\}$

Der vierte Durchlauf durch die **repeat**–Schleife verändert die im dritten Durchlauf berechneten Mengen nicht mehr. Also sind die *is–sets* folgende Mengen:

$$is\text{--}set(Z) = \left\{ \quad \longrightarrow \!\!\bigcirc\!\!\!Z \;\; \bullet_\alpha \quad \right\}$$

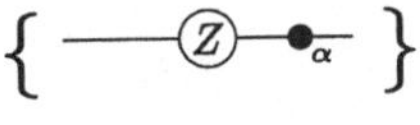

$$is\text{--}set(A) = \left\{ {}^{\beta_1}\!\!\bullet\,{}^{\beta_2}\!\!\bullet\,\bigcirc\!\!A\,\bullet_{\alpha_1}\bullet_{\alpha_2} \right\} \cup \left\{ {}^{\beta_1}\!\!\bullet\,{}^{\beta_2}\!\!\bullet\,\bigcirc\!\!A\,\bullet_{\alpha_1}\bullet_{\alpha_2} \right\}$$

$$is\text{--}set(B) = \left\{ {}^{\beta}\!\!\bullet\,\bigcirc\!\!B\,\bullet_{\alpha_1}\bullet_{\alpha_2} \right\}$$

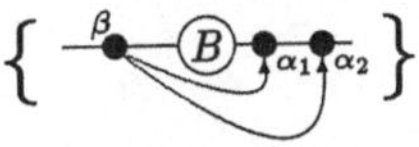

$$is\text{--}set(C) = \left\{ {}^{\beta}\!\!\bullet\,\bigcirc\!\!C\,\bullet_{\alpha_1}\bullet_{\alpha_2} \right\}$$

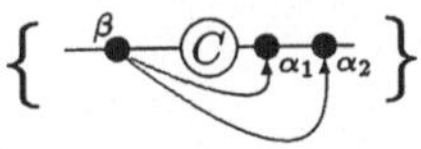

Überprüft man nun $D(p)[D_1, \ldots, D_n]$ für alle Produktionen p und für alle passenden Folgen $D_1, \ldots, D_n$ von is–Graphen, so stellt man fest, daß

$$D(p_1)\left[{}^{\beta_1}\!\!\bullet\,{}^{\beta_2}\!\!\bullet\,\bigcirc\!\!A\,\bullet_{\alpha_1}\bullet_{\alpha_2} \;,\; {}^{\beta}\!\!\bullet\,\bigcirc\!\!B\,\bullet_{\alpha_1}\bullet_{\alpha_2} \right]$$

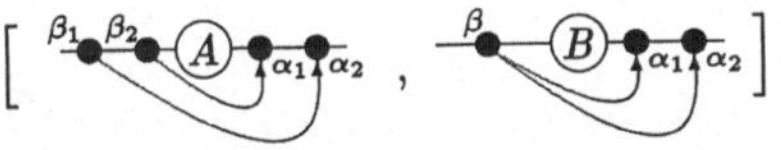

einen Zykel enthält. Damit ist G zirkulär. In Abbildung 3.8 ist auch der zugehörige Ableitungsbaum mit zirkulärem Abhängigkeitsgraph dargestellt. $\qquad\qquad\square$

Wir erwähnen, daß der Zirkularitätstest ein schwieriger Algorithmus ist; er hat exponentielle Laufzeit. In der Tat läßt sich zeigen, daß es keinen besseren Algorithmus gibt, d.h. es gibt eine Konstante $c > 0$, so daß für alle $n \geq 0$ und für jeden korrekten Zirkularitätstest, welcher Attributgrammatiken der Größe n als Eingabe verwendet, gilt, daß dieser Zirkularitätstest mindestens $2^{cn/log(n)}$ Schritte benötigt.

Für den Rest des Buches betrachten wir nur noch nichtzirkuläre Attributgrammatiken; die Klasse dieser Attributgrammatiken bezeichnen wir mit AG.

3.3 Übungsaufgaben

Aufgabe 1
Gegeben sei die folgende Attributgrammatik $G = (G_0, D, B, R, \emptyset)$:

- $G_0 = (N, \Sigma, Z, P)$ mit
  $N = \{Z, A, B\}$, $\Sigma = \{a, b, c\}$ und $P = \{p_1, p_2, p_3, p_4, p_5, p_6\}$, wobei:

$$
\begin{aligned}
p_1 &= Z \rightarrow A\,a\,B \\
p_2 &= B \rightarrow A\,B \\
p_3 &= A \rightarrow B \\
p_4 &= A \rightarrow a \\
p_5 &= A \rightarrow c \\
p_6 &= B \rightarrow b
\end{aligned}
$$

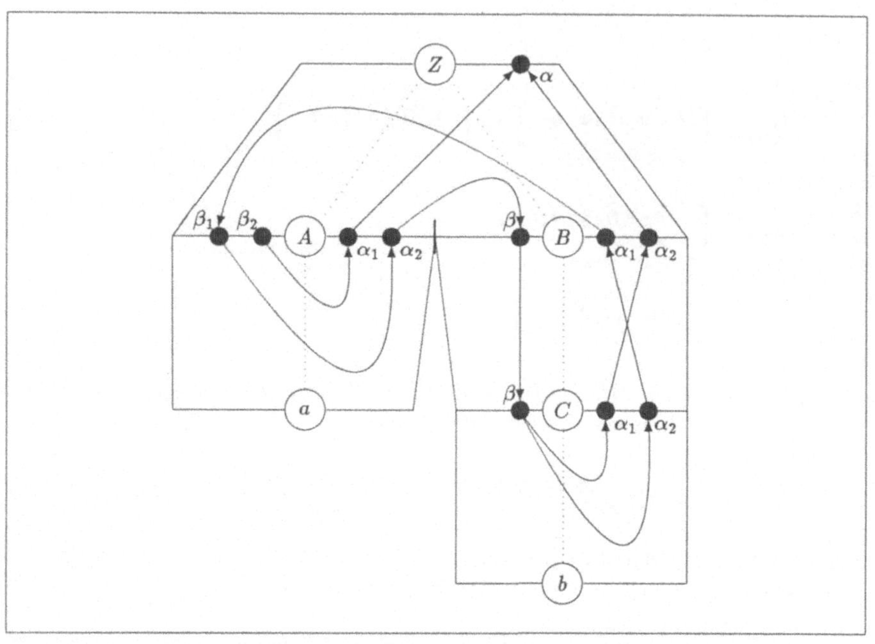

Abb. 3.8: Ableitungsbaum mit zirkulärem Abhängigkeitsgraph.

- $D = (K, \Omega, \Phi, \Psi, \varphi)$ mit

$$
\begin{aligned}
K &= \{nat\}, \\
\Omega^{nat} &= \{I\!N\}, \\
\Phi &= \{f^{(nat,nat)}, g^{(nat\,nat,nat)}, h^{(\varepsilon,nat)}\} \text{ und} \\
\Psi &= \emptyset, \text{ wobei}
\end{aligned}
$$

$$
\begin{aligned}
\varphi(f) : I\!N &\longrightarrow I\!N && \text{mit } \varphi(f)(n) = 3 \cdot n \text{ für alle } n \in I\!N, \\
\varphi(g) : I\!N \times I\!N &\longrightarrow I\!N && \text{mit } \varphi(g)(n, m) = 2 \cdot n + m \text{ für alle } n, m \in I\!N \text{ und} \\
\varphi(h) &\in I\!N && \text{mit } \varphi(h)() = 1
\end{aligned}
$$

- $B = (S\text{-}Att, I\text{-}Att, S, I, \alpha, W)$ mit

$$
\begin{aligned}
S\text{-}Att &= \{\alpha, \alpha_1, \alpha_2\} \\
I\text{-}Att &= \{\beta\} \\
S(Z) &= \{\alpha\} \\
S(A) &= \{\alpha_1, \alpha_2\} \\
S(B) &= \{\alpha_1, \alpha_2\} \\
I(A) &= \{\beta\} \\
I(B) &= \{\beta\} \\
W(\gamma) &= nat \text{ für alle } \gamma \in Att
\end{aligned}
$$

- $R = (R(p) \mid p \in P)$ mit

$$R(p_1): \quad \langle \alpha, 0 \rangle \;=\; g(\langle \alpha_2, 1 \rangle, \langle \alpha_2, 2 \rangle)$$
$$\langle \beta, 1 \rangle \;=\; f(\langle \alpha_1, 2 \rangle)$$
$$\langle \beta, 2 \rangle \;=\; f(\langle \alpha_1, 1 \rangle)$$

$$R(p_2): \quad \langle \alpha_1, 0 \rangle \;=\; \langle \alpha_1, 1 \rangle$$
$$\langle \alpha_2, 0 \rangle \;=\; g(\langle \alpha_2, 1 \rangle, \langle \alpha_2, 2 \rangle)$$
$$\langle \beta, 1 \rangle \;=\; f(\langle \alpha_1, 2 \rangle)$$
$$\langle \beta, 2 \rangle \;=\; \langle \beta, 0 \rangle$$

$$R(p_3): \quad \langle \alpha_1, 0 \rangle \;=\; \langle \alpha_1, 1 \rangle$$
$$\langle \alpha_2, 0 \rangle \;=\; \langle \alpha_2, 1 \rangle$$
$$\langle \beta, 1 \rangle \;=\; \langle \beta, 0 \rangle$$

$$R(p_4): \quad \langle \alpha_1, 0 \rangle \;=\; f(\langle \beta, 0 \rangle)$$
$$\langle \alpha_2, 0 \rangle \;=\; h$$

$$R(p_5): \quad \langle \alpha_1, 0 \rangle \;=\; h$$
$$\langle \alpha_2, 0 \rangle \;=\; f(\langle \beta, 0 \rangle)$$

$$R(p_6): \quad \langle \alpha_1, 0 \rangle \;=\; f(\langle \beta, 0 \rangle)$$
$$\langle \alpha_2, 0 \rangle \;=\; h$$

(a) Zeichnen Sie für jede Produktion $p \in P$ den Abhängigkeitsgraphen $D(p)$.

(b) Konstruieren Sie einen Ableitungsbaum t von G_0 für das Wort *bbacb* und zeichnen Sie den Abhängigkeitsgraphen $D(t)$.

(c) Berechnen Sie eine zulässige Dekoration $\underline{val}_t$ von t.

Aufgabe 2

Sei $G_0 = (\{Z\}, \{a\}, Z, P)$ mit $P = \{Z \to ZZ, \quad Z \to a\}$ eine (nicht eindeutige) kontextfreie Grammatik.

Erweitern Sie G_0 jeweils <u>formal</u> zu Attributgrammatiken G_1 und G_2, die die folgenden string–to–value Übersetzungen beschreiben:

(a) $\tau_{sv}(G_1) = \{(yield(t), size(t)) \mid t \text{ Ableitungsbaum von } G_0\}$,
wobei $size(t)$ die Anzahl der Knoten des Ableitungsbaumes t von G_0 ist.

(b) $\tau_{sv}(G_2) = \{(yield(t), t) \mid t \text{ Ableitungsbaum von } G_0\}$

Aufgabe 3

Die folgende kontextfreie Grammatik G_0 beschreibt den kontextfreien Anteil einer einfachen Programmiersprache, in der Deklarationen und Anweisungen beliebig gemischt werden dürfen:

$G_0 = (N, \Sigma, PROGRAM, P)$ mit
$N = \{PROGRAM, ITEMLIST, ITEM, IDENT\}$, $\Sigma = \{begin, end, ;, , var, :=, a, \ldots, z\}$
und P enthält die folgenden Regeln:

$$
\begin{aligned}
PROGRAM &\rightarrow begin\ ITEMLIST\ end \\
ITEMLIST &\rightarrow ITEM \\
ITEMLIST &\rightarrow ITEM\ ;\ ITEMLIST \\
ITEM &\rightarrow var\ IDENT \\
ITEM &\rightarrow IDENT\ :=\ IDENT \\
IDENT &\rightarrow a \\
&\ \ \vdots \\
IDENT &\rightarrow z
\end{aligned}
$$

Erweitern Sie diese Grammatik zu einer Attributgrammatik, deren Bedeutungsattribut aussagt, ob alle in Wertzuweisungen verwendeten Bezeichner deklariert sind. Führen Sie dies jeweils unter einer der folgenden Bedingungen durch:

(a) Jeder Bezeichner muß vor seiner ersten Verwendung deklariert sein.

(b) Jeder Bezeichner muß (irgendwo) im Programm deklariert sein.

Aufgabe 4 (aus [Eng85])
Sei $G_0 = (N, \Sigma, Z, P)$ eine kontextfreie Grammatik mit $N = \{Z, X\}$, $\Sigma = \{a, b, c\}$ und $P = \{Z \rightarrow X,\quad X \rightarrow X\,X\,X,\quad X \rightarrow a,\quad X \rightarrow b,\quad X \rightarrow c\}$.

Erweitern Sie G_0 zu einer Attributgrammatik $G = (G_0, D, B, R, C)$ mit
$B = (S\text{-}Att, I\text{-}Att, S, I, \alpha_0, W)$ und $A(X) = S(X) \cup I(X) = \{left, middle, right\}$,
wobei für jeden Ableitungsbaum t von G_0 und jeden Knoten $x \in \underline{inode}(t)$, der mit X beschriftet ist, gilt:

- $\underline{val_t}(\langle middle, x \rangle) = yield(t')$ und t' ist der Teilbaum von t mit Wurzel x.

- $\underline{val_t}(\langle left, x \rangle) \circ \underline{val_t}(\langle middle, x \rangle) \circ \underline{val_t}(\langle right, x \rangle) = yield(t)$, wobei $\circ$ die Konkatenation von Strings bezeichnet.

Aufgabe 5
Geben Sie <u>formal</u> eine Attributgrammatik G an, die die Sprache $L(G) = \{ww \mid w \in \{a, b\}^*\}$ beschreibt.

Für den semantischen Bereich dürfen Sie die Menge der Strings und die Operationen „Erzeugung eines leeren Strings", „Test auf einen leeren String", „Hinzufügen eines Symbols am Ende eines Strings", „Entfernen eines Symbols am Anfang eines nichtleeren Strings", „Test auf das erste Symbol eines nichtleeren Strings" verwenden.

Aufgabe 6
Geben Sie <u>formal</u> eine Attributgrammatik G an, die die Sprache $L(G) = \{a^{(n^2)} \mid n \in I\!N\}$ beschreibt.

Für den semantischen Bereich dürfen Sie die Menge der natürlichen Zahlen und die Operationen „Erzeugung von Zahlen", Inkrementierung, Addition und „Test auf Gleichheit zweier Zahlen" verwenden.

Zur Lösung der Aufgabe können Sie zum Beispiel die Beziehung $(n + 1)^2 = n^2 + 2n + 1$ benutzen.

Aufgabe 7

Geben Sie eine Attributgrammatik G mit $\tau_{sv}(G) = \{(a^n, 2^n) \mid n \in I\!N\} \subseteq \{a\}^* \times I\!N$ an.

Für den semantischen Bereich dürfen Sie die Menge der natürlichen Zahlen, die Konstante 0, die Inkrementierung und die Dekrementierung um 1, sowie den Test auf 0 verwenden.

Aufgabe 8

Gegeben sei eine Attributgrammatik $G = (G_0, D, B, R, C)$ mit

- $G_0 = (\{Z, X\}, \{a\}, Z, \{Z \to X, \quad X \to X, \quad X \to a\})$,

- $D = (\{\kappa\}, \Omega, \Phi, \Psi, \varphi)$ und

- $B = (S\text{-}Att, \emptyset, S, I, \alpha, W)$ wobei

$$
\begin{aligned}
S(X) &= S\text{-}Att \\
S(Z) &= \{\alpha\} \\
I(X) &= \emptyset \\
W(\gamma) &= \kappa \text{ für alle } \gamma \in Att.
\end{aligned}
$$

Geben Sie eine Attributgrammatik $G' = (G_0, D, B', R', C')$ an, mit

- $B' = (\{\alpha'\}, I\text{-}Att', S', I', \alpha', W')$ wobei

$$
\begin{aligned}
S'(X) &= \{\alpha'\} \\
S'(Z) &= \{\alpha'\} \\
I'(X) &= I\text{-}Att' \\
W'(\gamma) &= \kappa \text{ für alle } \gamma \in Att',
\end{aligned}
$$

so daß G und G' τ_{sv}–äquivalent sind. Diese Äquivalenz brauchen Sie nicht zu beweisen. Beachten Sie, daß G_0 und D in G' gegenüber G unverändert sind.

Aufgabe 9

Beweisen Sie den Satz 3.20.

Aufgabe 10

Gegeben sei die Attributgrammatik aus Aufgabe 1. Führen Sie den Zirkularitätstest für diese Attributgrammatik aus.

Aufgabe 11

Gegeben sei die folgende Attributgrammatik $G = (G_0, D, B, R, \emptyset)$:

- $G_0 = (N, \Sigma, Z, P)$ mit
  $N = \{Z, A, B\}$, $\Sigma = \{a, b, c\}$ und $P = \{p_1, p_2, p_3, p_4, p_5\}$, wobei:

$$
\begin{aligned}
p_1 &= Z \to A\,B \\
p_2 &= A \to a \\
p_3 &= A \to b \\
p_4 &= B \to c\,B \\
p_5 &= B \to c
\end{aligned}
$$

- $D = (K, \Omega, \Phi, \Psi, \varphi)$ mit $K = \{\kappa\}$, $\Phi = \{f^{(\kappa,\kappa)}, g^{(\kappa\,\kappa,\kappa)}, u^{(\,,\kappa)}\}$ und $\Psi = \emptyset$.
  Ω und φ werden nicht angegeben, weil sie für diese Aufgabe nicht relevant sind.

- $B = (S\text{-}Att, I\text{-}Att, S, I, \alpha_1, W)$ mit

$$
\begin{aligned}
S\text{-}Att &= \{\alpha_1, \alpha_2\} \\
I\text{-}Att &= \{\beta_1, \beta_2\} \\
S(Z) &= \{\alpha_1\} \\
S(A) &= \{\alpha_1, \alpha_2\} \\
S(B) &= \{\alpha_1, \alpha_2\} \\
I(A) &= \{\beta_1, \beta_2\} \\
I(B) &= \{\beta_1, \beta_2\} \\
W(\gamma) &= \kappa \text{ für alle } \gamma \in Att
\end{aligned}
$$

- $R = (R(p) \mid p \in P)$ mit

$$
\begin{aligned}
R(p_1): \quad \langle\alpha_1, 0\rangle &= g(\langle\alpha_1, 2\rangle, \langle\alpha_2, 2\rangle) \\
\langle\beta_1, 1\rangle &= f(\langle\alpha_1, 2\rangle) \\
\langle\beta_2, 1\rangle &= f(\langle\alpha_2, 2\rangle) \\
\langle\beta_1, 2\rangle &= f(\langle\alpha_2, 1\rangle) \\
\langle\beta_2, 2\rangle &= f(\langle\alpha_1, 1\rangle)
\end{aligned}
$$

$$
\begin{aligned}
R(p_2): \quad \langle\alpha_1, 0\rangle &= u \\
\langle\alpha_2, 0\rangle &= f(\langle\beta_1, 0\rangle)
\end{aligned}
$$

$$
\begin{aligned}
R(p_3): \quad \langle\alpha_1, 0\rangle &= f(\langle\beta_2, 0\rangle) \\
\langle\alpha_2, 0\rangle &= u
\end{aligned}
$$

$$
\begin{aligned}
R(p_4): \quad \langle\alpha_1, 0\rangle &= f(\langle\beta_2, 0\rangle) \\
\langle\alpha_2, 0\rangle &= f(\langle\alpha_1, 1\rangle) \\
\langle\beta_1, 1\rangle &= f(\langle\beta_1, 0\rangle) \\
\langle\beta_2, 1\rangle &= f(\langle\beta_1, 0\rangle)
\end{aligned}
$$

$$
\begin{aligned}
R(p_5): \quad \langle\alpha_1, 0\rangle &= f(\langle\beta_2, 0\rangle) \\
\langle\alpha_2, 0\rangle &= u
\end{aligned}
$$

Führen Sie den Zirkularitätstest für die Attributgrammatik G aus.

3.4   Bibliographische Anmerkungen

Die Notationen und die Form der Definitionen dieses Kapitels sind sehr von [Eng85] inspiriert. Die Bochmann-Normalform geht auf [Boc76] zurück. Eine sehr schöne Darstellung von Abhängigkeitsgraphen (mittels R–Steckern und L–Steckern) befindet sich in [LMW86]. Der Beweis, daß der Zirkularitätstest inherent exponentiell ist, findet sich in [JOR75, Jaz81].

Kapitel 4

Auswertungsstrategien: visits, sweeps und passes

4.1 Attributauswerter

Im vorangegangenen Kapitel haben wir Attributgrammatiken definiert und für nichtzirkuläre Attributgrammatiken gezeigt, daß es zu jedem Ableitungsbaum t höchstens eine zulässige Dekoration von t gibt. Da wir uns hier auf unkonditionale Attributgrammatiken, d.h. Attributgrammatiken ohne semantische Bedingungen beschränken, gibt es für t genau eine zulässige Dekoration. Ein Programm P_{AA}, welches zu einem vorgelegten Ableitungsbaum die zulässige Dekoration berechnet, nennen wir *Attributauswerter*.

Attributauswerter lassen sich grob einteilen in solche, die dynamisch konstruiert werden, und solche, die statisch konstruiert werden (siehe Abbildung 4.1). Für die Konstrukti-

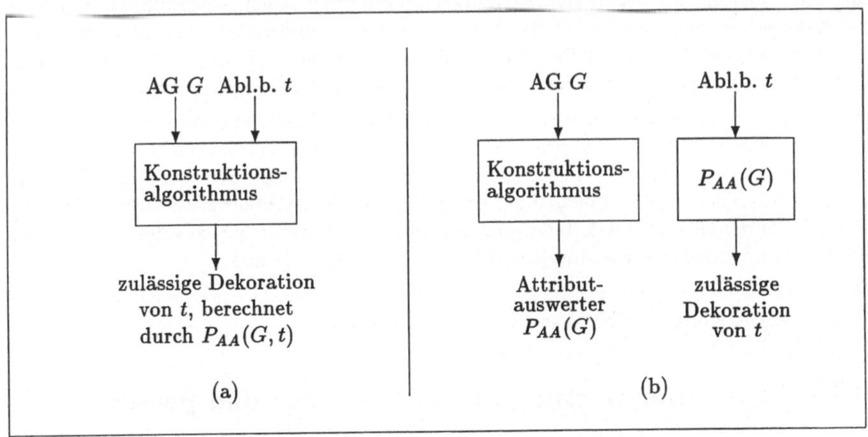

Abb. 4.1: (a) Dynamisch und (b) statisch konstruierter Auswerter.

on eines *dynamisch konstruierten Attributauswerter* müssen eine Attributgrammatik G und ein konkreter Ableitungsbaum t vorliegen; für diesen Baum wird dann ein spezielles Programm $P_{AA}(G, t)$ konstruiert, welches die Werte der Attributinstanzen von t berechnet. Für einen anderen Baum t' kann $P_{AA}(G, t)$ dann nicht mehr verwendet werden. Einen dynamisch konstruierten Attributauswerter kann man z.B. auf der Grundlage des topologischen Sortierens aller Attributinstanzen bezüglich der Abhängigkeitsrelation $\rightarrow_t$ aufstellen. Wir wollen hier auf dynamisch konstruierte Attributauswerter nicht näher eingehen.

Für die Konstruktion eines *statisch konstruierten Attributauswerter* muß nur die Attributgrammatik G bekannt sein. Aus G wird ein Programm $P_{AA}(G)$ konstruiert, welches nun einen beliebigen Ableitungsbaum t als Eingabe nimmt und die Werte der Attributinstanzen von t berechnet. $P_{AA}(G)$ kann also für alle Ableitungsbäume der zugrundeliegenden kontextfreien Grammatik benutzt werden.

Am Anfang des Ablaufs von $P_{AA}(G)$ sind die Werte aller Attributinstanzen des Ableitungsbaumes unbekannt. Der Ablauf von $P_{AA}(G)$ besteht aus einer Reise von einem Knoten des Ableitungsbaumes zu einem benachbarten Knoten; man spricht von einem *tree–traversal*. Wenn sich $P_{AA}(G)$ am Knoten x aufhält, dann wählt das Programm einige der Attributinstanzen am Knoten x aus, die mit Hilfe von semantischen Gleichungen berechnet werden können. Diese Berechnung gelingt in solchen Fällen, in denen die Werte der Attributinstanzen auf der rechten Seite der relevanten semantischen Gleichung bereits bekannt sind. Also können am Anfang des tree-traversals nur diejenigen Attributinstanzen berechnet werden, die von keinen anderen Attributinstanzen abhängen. Der *tree–traversal* wird solange durchgeführt, bis die Werte aller Attributinstanzen berechnet sind.

Nun gibt es verschiedene Sorten statischer Attributauswerter. Jede Sorte Y definiert dann eine Klasse $AG(Y)$ von nichtzirkulären Attributgrammatiken, so daß es für jede Attributgrammatik der Klasse $AG(Y)$ einen Attributauswerter der Sorte Y gibt. Im folgenden Abschnitt 4.2 wollen wir sechs verschiedene Sorten statisch konstruierter Attributauswerter und die zugehörigen Klassen von Attributgrammatiken systematisch einführen, und zwar die Klassen der pure multi–visit Attributgrammatiken, pure multi–sweep Attributgrammatiken, pure multi–pass Attributgrammatiken, simple multi–visit Attributgrammatiken, simple multi–sweep Attributgrammatiken und simple multi–pass Attributgrammatiken.

In Abschnitt 4.3 geben wir Beispiele für die verschiedenen Attributauswerter an und vergleichen Klassen von Attributgrammatiken in einem Inklusionsdiagramm. In Abschnitt 4.4 zeigen wir, daß kein Unterschied in der Ausdrucksstärke bzgl. string–to–value Übersetzung zwischen der pure Version und der simple Version der Attributauswerter besteht. Also sind z.B. pure multi–visit Attributgrammatiken bezüglich der string–to-value Übersetzung genauso ausdrucksstark wie simple multi–visit Attributgrammatiken.

Wir möchten bereits jetzt auf die Kapitel 7 und 9 hinweisen, in denen noch zwei weitere statisch konstruierte Attributauswerter definiert werden.

4.2   Attributauswertung in visits, sweeps und passes

Wir werden sechs verschiedene Attributauswerter in einem einheitlichen Rahmen beschreiben und daraus Teilklassen der Klasse AG der nichtzirkulären Attributgrammatiken definieren. Dabei beginnen wir mit einem sehr allgemeinen, nichtdeterministischen Attributauswerter; dieser wählt zu jedem Zeitpunkt seines Ablaufs nichtdeterministisch (a) welche Attribute berechnet werden und (b) wie der tree–traversal fortgesetzt wird, d.h. zu welchem benachbarten Knoten der Attributauswerter springt.

Genauer gesagt läuft der tree–traversal nach folgendem Schema ab: Beim Erreichen eines Knotens x wird zunächst nichtdeterministisch eine Teilmenge der inheriten Attribute $I(\underline{label}_t(x))$ ausgewählt und die zugehörigen Attributinstanzen am Knoten x berechnet. Dann erfolgt die nichtdeterministische Auswahl einer Sequenz von Nachfolgern von x und die Durchführung von Besuchen gemäß dieser Sequenz. Nach Abarbeiten der Besuchssequenz wird nichtdeterministisch eine Teilmenge der synthetischen Attribute $S(\underline{label}_t(x))$ ausgewählt und die zugehörigen Attributinstanzen am Knoten x berechnet. Zum Schluß wird der Knoten x verlassen und zum Vorgänger $x. - 1$ (falls vorhanden) zurückgekehrt.

Aus diesem allgemeinen Attributauswerter leiten wir dann durch Einschränkungen der Nichtdeterminismen (a) und (b) und der Flexibilität des tree–traversals verschiedene Attributauswerter ab. Attributauswerter, bei denen feststeht, welche Attribute berechnet werden und wie der tree–traversal fortgesetzt wird (d.h. die Nichtdeterminismen (a) und (b) sind aufgehoben), heißen *simple*; sind die Nichtdeterminismen (a) und (b) vorhanden, so heißen die Attributauswerter *pure*. Ist die Flexibilität des tree–traversals nicht eingeschränkt, so heißt der Attributauswerter *visit*–orientiert. Hierzu betrachten wir zwei Einschränkungen: (i) der induzierte tree–traversal ist eine Sequenz von depth–first traversals (*sweeps*); (ii) der induzierte tree–traversal ist eine Sequenz von depth–first left–to–right traversals (*passes*). Tabelle 4.1 zeigt die sechs Klassen in einer Übersicht.

		Nichtdeterminismus (a) und (b)	
		vorhanden	nicht vorhanden
Flexibilität	visit–orientiert	pure visit	simple visit
des tree–	sweep–orientiert	pure sweep	simple sweep
traversals	pass–orientiert	pure pass	simple pass

Tab. 4.1: Übersicht über Attributauswerter.

In Abbildung 4.2 zeigen wir den allgemeinsten Attributauswerter, den pure visit evaluator. Er ist in einem PASCAL–ähnlichen Pseudocode geschrieben. Wir nehmen an, daß ein Ableitungsbaum bereits zur Verfügung gestellt wurde. Jedem inneren Knoten x von t ist ein Zähler $c(x)$ zugeordnet, der zählt, wie oft dieser Knoten beim tree–traversal (von seinem Vorgänger $x. - 1$) besucht wurde; solche Besuche nennen wir *visits*.

Der wesentliche Teil des pure-visit evaluators ist eine rekursive Prozedur V–*evaluate*, die einen inneren Knoten des Ableitungsbaumes als Parameter hat; die Nichtdeterminismen (a) und (b) befinden sich in den Zeilen 2. und 5. bzw. 3. Der Ausdruck „berechne *einige* inherite (oder synthetische) Attributinstanzen von x" bedeutet, daß man nichtdeterministisch eine Teilmenge von $I(\underline{label}_t(x))$ (bzw. von $S(\underline{label}_t(x))$) auswählt und die Werte der so beschriebenen Attributinstanzen auszurechnen versucht. Wenn diese Berechnung für eine Attributinstanz nicht möglich ist, weil einige

Pure visit evaluator

procedure $V\text{–}evaluate$ $(x : \underline{inode}(t))$;
    sei $p = (X_0 \to w_0 X_1 w_1 \ldots X_n w_n)$ die an x angewandte Produktion;
    sei p' die an $x. - 1$ (falls vorhanden) angewandte Produktion;
    begin
        1. $c(x) := c(x) + 1$;
        2. berechne *einige* inherite Attributinstanzen von x;
        3. *rate* eine Sequenz $v = (v(1), \ldots, v(m_p))$
            mit $m_p \geq 0$ und $1 \leq v(j) \leq n$ für alle $j \in \{1, \ldots, m_p\}$;
        4. **for** $i := 1$ **to** m_p **do**
            $V\text{–}evaluate$ $(x.v(i))$;
        5. berechne *einige* synthetische Attributinstanzen von x
    end

{ Hauptprogramm }
begin
      for every $x \in \underline{inode}(t)$ **do** $c(x) := 0$;
      rate $k_0 \geq 1$;
      while $c(\underline{root}(t)) < k_0$ **do** $V\text{–}evaluate(\underline{root}(t))$ **end**
end

Abb. 4.2: Pure visit evaluator.

Argumente in der entsprechenden semantischen Gleichung noch nicht berechnet sind, so blockiert *dieser* Ablauf des Programms. Man beachte, daß es für eine *andere* Auswahl von Attributinstanzen in den Zeilen 2. und 5. oder eine *andere* Auswahl einer Besuchssequenz in der Zeile 3. aber durchaus zu einem erfolgreichen Ablauf kommen kann. Man beachte auch, daß für die Berechnung der inheriten Attribute am Knoten x die am Vorgänger $x. - 1$ von x angewandte Produktion p' bekannt sein muß. Abbildung 4.3 verdeutlicht diese lokalen Zusammenhänge.

Die erste Klasse von Attributgrammatiken, die wir definieren wollen, stützt sich auf den pure visit evaluator, legt aber eine Obergrenze für die Anzahl der möglichen Besuche zu einem Knoten fest. (Zur Erinnerung: Wir wollen uns auf unkonditionale Attributgrammatiken beschränken.)

Definition 4.1 (Pure visit Attributgrammatik)

1. Eine Attributgrammatik $G = (G_0, D, B, R)$ heißt *pure k–visit* für ein $k \geq 1$, wenn es für jeden Ableitungsbaum t von G_0 einen Ablauf des pure–visit evaluators gibt, der alle Attributinstanzen von t berechnet, und nach Ablauf des pure visit evaluators für jeden Knoten $x \in \underline{inode}(t)$ der Zähler $c(x) \leq k$ ist.

2. Eine Attributgrammatik G heißt *pure multi–visit*, wenn es ein $k \geq 1$ gibt, so daß G pure k–visit ist.
$\qquad\qquad\qquad\qquad\qquad\qquad\qquad\qquad\qquad\qquad\qquad\qquad\qquad\qquad\qquad\qquad\qquad$ □

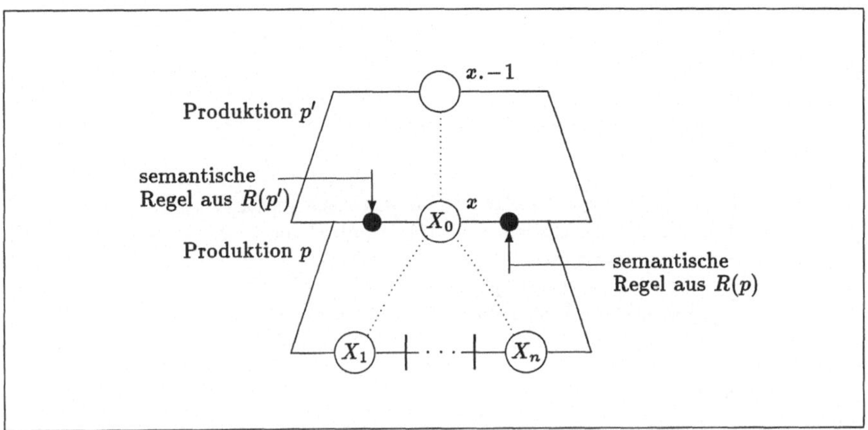

Abb. 4.3: Berechnung von inheriten und synthetischen Attributinstanzen.

Die Klasse der pure k–visit Attributgrammatiken (und pure multi–visit Attributgrammatiken) wird mit $AG(pk\text{-}visit)$ (bzw. $AG(pm\text{-}visit)$) bezeichnet. Nach Definition 4.1 gilt

$$AG(pm\text{-}visit) = \bigcup_{k \geq 1} AG(pk\text{-}visit)$$

und für alle $k \geq 1$

$$AG(pk\text{-}visit) \subseteq AG(p(k+1)\text{-}visit).$$

Wir werden am Ende dieses Abschnitts die Striktheit dieser Inklusion nachweisen.

Man beachte, daß in der Definition nur die Existenz *eines* Ablaufs gefordert ist, d.h. es
wird im allgemeinen viele Abläufe geben, die nicht die beiden gewünschten Eigenschaften
haben; man vergleiche diese Situation etwa mit dem Erkennen einer kontextfreien Sprache
mit Hilfe eines nichtdeterministischen Kellerautomaten.

Nun schränken wir die Flexibilität des tree–traversals in zwei Stufen ein und erhalten aus
dem pure visit evaluator zunächst den pure sweep evaluator und aus dem pure sweep
evaluator schließlich den pure pass evaluator. Beim pure k–sweep evaluator ist die Flexibilität hinsichtlich der Wahl der Reihenfolge der Besuche von einem Knoten x zu seinen
Nachfolgern folgendermaßen eingeschränkt: Jeder Nachfolger wird genau einmal besucht,
allerdings kann die Reihenfolge nichtdeterministisch gewählt werden. Diese Form der Besuchsreihenfolge heißt *sweep*. Da der pure sweep evaluator nach der Berechnung von inheriten Attributinstanzen an einem Knoten x zunächst alle Nachfolger von x besucht und
danach erst wieder Geschwister von x, heißt der entstehende Baumlauf auch *depth–first
tree traversal*.

Pure k–sweep evaluator

procedure S-*evaluate* $(x : \underline{inode}(t))$;
    sei $p = (X_0 \to w_0 X_1 w_1 \ldots X_n w_n)$ die an x angewandte Produktion;
    sei p' die an $x. - 1$ (falls vorhanden) angewandte Produktion;
    begin
        1. –
        2. berechne *einige* inherite Attributinstanzen von x;
        3. *rate* eine Permutation $v = (v(1), \ldots, v(n))$ von $(1, 2, \ldots, n)$;
        4. **for** $i := 1$ **to** n **do**
            S-*evaluate* $(x.v(i))$;
        5. berechne *einige* synthetische Attributinstanzen von x
    end

{ Hauptprogramm }
begin
    for $c := 1$ **to** k **do** S-*evaluate*$(\underline{root}(t))$ **end**
end

Abb. 4.4: Pure k–sweep evaluator.

Der pure k–sweep evaluator sieht also wie in Abbildung 4.4 dargestellt aus, wobei $k \geq 1$ die Anzahl der sweeps (d.h. depth–first traversals) durch den Ableitungsbaum ist; man kann hier auf den Zähler an jedem Knoten verzichten. Da jeder innere Knoten eines Ableitungsbaums im Gegensatz zum pure visit evaluator genau k mal besucht wird, haben wir den globalen Wert k in die Bezeichnung des pure sweep evaluators integriert.

Definition 4.2 (Pure sweep Attributgrammatik)

1. Eine Attributgrammatik $G = (G_0, D, B, R)$ heißt *pure k–sweep* für ein $k \geq 1$, wenn es für jeden Ableitungsbaum t von G_0 einen Ablauf des pure k–sweep evaluators gibt, der alle Attributinstanzen von t berechnet.

2. Eine Attributgrammatik G heißt *pure multi–sweep*, wenn es ein $k \geq 1$ gibt, so daß G pure k–sweep ist. $\qquad\square$

Die Klasse der pure k–sweep Attributgrammatiken (und pure multi–sweep Attributgrammatiken) wird mit $AG(pk\text{-}sweep)$ (bzw. $AG(pm\text{-}sweep)$) bezeichnet. Nach Definition 4.2 gilt

$$AG(pm\text{-}sweep) = \bigcup_{k \geq 1} AG(pk\text{-}sweep)$$

und für alle $k \geq 1$

$$AG(pk\text{-}sweep) \subseteq AG(p(k+1)\text{-}sweep).$$

Der pure k–pass evaluator schränkt den pure k–sweep evaluator dahingehend ein, daß die Besuchsreihenfolge der Nachfolger eines Knotens fest vorgegeben ist. Hier betrachten wir nur eine mögliche Reihenfolge: die Nachfolger werden der Reihe nach, von links nach rechts besucht; d.h. der tree–traversal ist ein depth–first left–to–right traversal. Diese Besuchsanordnung bezeichnet man auch als *pass*. Der pure k–pass evaluator ist in Abbildung 4.5 zu finden, wobei $k \geq 1$ die Anzahl der passes ist, die von der Wurzel des Ableitungsbaumes gestartet werden.

Pure k–pass evaluator

procedure *P-evaluate* $(x : \underline{inode}(t))$;
     sei $p = (X_0 \rightarrow w_0 X_1 w_1 \ldots X_n w_n)$ die an x angewandte Produktion;
     sei p' die an $x. - 1$ (falls vorhanden) angewandte Produktion;
     begin
          1. –
          2. berechne *einige* inherite Attributinstanzen von x;
          3. sei $v = (1, 2, \ldots, n)$ die visit–Sequenz;
          4. **for** $i := 1$ **to** n **do**
               P-evaluate $(x.v(i))$;
          5. berechne *einige* synthetische Attributinstanzen von x
     end

{ Hauptprogramm }
begin
     for $c := 1$ **to** k **do** *P-evaluate*$(\underline{root}(t))$ **end**
end

Abb. 4.5: Pure k–pass evaluator.

Definition 4.3 (Pure pass Attributgrammatik)

1. Eine Attributgrammatik $G = (G_0, D, B, R)$ heißt *pure k–pass* für ein $k \geq 1$, wenn es für jeden Ableitungsbaum t von G_0 einen Ablauf des pure k–pass evaluators gibt, der alle Attributinstanzen von t berechnet.

2. Eine Attributgrammatik G heißt *pure multi–pass*, wenn es ein $k \geq 1$ gibt, so daß G pure k–pass ist. $\qquad\qquad\square$

Die Klasse der pure k–pass Attributgrammatiken (und pure multi–pass Attributgrammatiken) wird mit $AG(pk\text{-}pass)$ (bzw. $AG(pm\text{-}pass)$) bezeichnet. Nach Definition 4.3 gilt

$$AG(pm\text{-}pass) = \bigcup_{k \geq 1} AG(pk\text{-}pass)$$

und für alle $k \geq 1$

$$AG(pk\text{-}pass) \subseteq AG(p(k+1)\text{-}pass).$$

Jetzt wollen wir die Nichtdeterminismen (a) und (b) eliminieren, d.h. die Auswahl der zu berechnenden Attributinstanzen und der Besuchsreihenfolge und beginnen wieder beim visit evaluator.

Zur Eliminierung von Nichtdeterminismus (a) ordnen wir jedem Nichtterminalsymbol X eine geordnete Partition $(A_1(X), \ldots, A_k(X))$ der Menge $A(X)$ aller Attribute von X zu; d.h. $A_i(X) \cap A_j(X) = \emptyset$ für alle $1 \leq i < j \leq k$ und $A(X) = \bigcup_{1 \leq i \leq k} A_i(X)$; der Index k hängt von X ab, d.h. $k = k(X)$. Wird ein Knoten x mit Beschriftung X zum j–ten mal besucht, so werden am Anfang des Besuchs alle Instanzen der inheriten Attribute von $A_j(X)$ (d.h. der Elemente aus $A_j(X) \cap I\text{-}Att$) und am Ende des Besuchs alle Instanzen der synthetischen Attribute von $A_j(X)$ (d.h. der Elemente aus $A_j(X) \cap S\text{-}Att$) berechnet.

Um nun zu deterministischen Attributauswertern zu gelangen, muß noch bei den visit–orientierten und den sweep–orientierten Attributauswertern der Nichtdeterminismus (b) aufgehoben werden. Für den visit–orientierten Attributauswerter ordnen wir dazu jeder Produktion $p = (X_0 \to w_0 X_1 w_1 \ldots X_n w_n)$ und jeder visit–Nummer j von X_0 (mit $1 \leq j \leq k(X_0)$) eine visit–Sequenz $v_{p,j} = (v_{p,j}(1), \ldots, v_{p,j}(m_{p,j}))$ zu, wobei $m_{p,j} \geq 0$ und $1 \leq v_{p,j}(i) \leq n$ für jedes $i \in \{1, \ldots, m_{p,j}\}$ gilt. Der simple visit evaluator ist in Abbildung 4.6 dargestellt.

Definition 4.4 (Simple visit Attributgrammatik)

1. Eine Attributgrammatik $G = (G_0, D, B, R)$ heißt *simple k–visit* für ein $k \geq 1$, wenn es

   (a) für jedes Nichtterminalsymbol X von G_0 eine natürliche Zahl $k(X) \leq k$ und eine geordnete Partition $(A_1(X), \ldots, A_{k(X)}(X))$ von $A(X)$ gibt und

   (b) für jede Produktion $p = (X_0 \to w_0 X_1 w_1 \ldots X_n w_n)$ und jedes $j \in [k(X_0)]$ eine natürliche Zahl $m_{p,j} \geq 0$ und eine visit–Sequenz $v_{p,j} = (v_{p,j}(1), \ldots, v_{p,j}(m_{p,j}))$ gibt,

   so daß der simple visit–evaluator für jeden Ableitungsbaum t von G_0 alle Attributinstanzen von t berechnet und nach Ablauf für jeden Knoten $x \in \underline{inode}(t)$ gilt $c(x) \leq k$.

2. Eine Attributgrammatik G heißt *simple multi–visit*, wenn es ein $k \geq 1$ gibt, so daß G simple k–visit ist. $\qquad\qquad\square$

Die Klasse der simple k–visit Attributgrammatiken (und simple multi–visit Attributgrammatiken) wird mit $AG(sk\text{-}visit)$ (bzw. $AG(sm\text{-}visit)$) bezeichnet. Nach Definition 4.4 gilt

$$AG(sm\text{-}visit) = \bigcup_{k \geq 1} AG(sk\text{-}visit)$$

Simple visit evaluator

procedure $sV\text{-}evaluate$ $(x : \underline{inode}(t))$;
  sei $p = (X_0 \to w_0 X_1 w_1 \ldots X_n w_n)$ die an x angewandte Produktion;
  sei p' die an $x. - 1$ (falls vorhanden) angewandte Produktion;
  begin
      1. $c(x) := c(x) + 1$;
      2. berechne die inherite Attributinstanz von x
         für jedes inherite Attribut in $A_{c(x)}(X_0)$;
      3. $-$
      4. **for** $i := 1$ **to** $m_{p,c(x)}$ **do**
             $sV\text{-}evaluate$ $(x.v_{p,c(x)}(i))$;
      5. berechne die synthetische Attributinstanz von x
         für jedes synthetische Attribut in $A_{c(x)}(X_0)$
  end

{ Hauptprogramm }
begin
    for every $x \in \underline{inode}(t)$ **do** $c(x) := 0$;
    while $c(\underline{root}(t)) < k(Z)$ **do** $sV\text{-}evaluate(\underline{root}(t))$ **end**
end

Abb. 4.6: Simple visit evaluator.

und für alle $k \geq 1$

$$AG(sk\text{-}visit) \subseteq AG(s(k+1)\text{-}visit).$$

Für den sweep–orientierten Attributauswerter ordnen wir zur Vermeidung des Nichtdeterminismus (b) jeder Produktion $p = (X_0 \to w_0 X_1 w_1 \ldots X_n w_n)$ und jeder visit–Nummer j von X_0 (mit $j \in [k(X_0)]$) eine visit–Sequenz $v_{p,j} = (v_{p,j}(1), \ldots, v_{p,j}(n))$ zu, welche eine Permutation von $(1, \ldots, n)$ ist. Dann sieht der simple k–sweep evaluator wie in Abbildung 4.7 aus, wobei $k \geq 1$ die Anzahl der sweeps über den Ableitungsbaum ist.

Man beachte, daß c jetzt eine globale Variable ist, die die Rolle der lokalen Zähler übernimmt. Dies ist möglich, da in *einem* sweep jeder Nachfolger *genau einmal* besucht wird.

Definition 4.5 (Simple sweep Attributgrammatik)

1. Eine Attributgrammatik $G = (G_0, D, B, R)$ heißt *simple k–sweep* für ein $k \geq 1$, wenn es

   (a) für jedes Nichtterminalsymbol X von G_0 eine geordnete Partition $(A_1(X), \ldots, A_k(X))$ von $A(X)$ gibt und

   (b) für jede Produktion $p = (X_0 \to w_0 X_1 w_1 \ldots X_n w_n)$ und jedes j mit $j \in [k]$ eine visit–Sequenz $v_{p,j} = (v_{p,j}(1), \ldots, v_{p,j}(n))$ gibt, welche eine Permutation von $(1, \ldots, n)$ ist,

---

Simple k–sweep evaluator

procedure sS–*evaluate* $(x : \underline{inode}(t))$;

    sei $p = (X_0 \rightarrow w_0 X_1 w_1 \ldots X_n w_n)$ die an x angewandte Produktion;

    sei p' die an $x. - 1$ (falls vorhanden) angewandte Produktion;

    begin

        1. –

        2. berechne die inherite Attributinstanz von x

           für jedes inherite Attribut in $A_c(X_0)$;

        3. –

        4. **for** $i := 1$ **to** n **do**

           sS–*evaluate*$(x.v_{p,c}(i))$;

        5. berechne die synthetische Attributinstanz von x

           für jedes synthetische Attribut in $A_c(X_0)$

    end

{ Hauptprogramm }

begin

    for $c := 1$ **to** k **do** sS–*evaluate*$(\underline{root}(t))$ **end**

end

Abb. 4.7: Simple k–sweep evaluator.

so daß der simple k–sweep evaluator für jeden Ableitungsbaum t von G_0 alle Attributinstanzen von t berechnet.

2. Eine Attributgrammatik G heißt *simple multi–sweep*, wenn es ein $k \geq 1$ gibt, so daß G simple k–sweep ist.   □

Die Klasse der simple k–sweep Attributgrammatiken (und simple multi–sweep Attributgrammatiken) wird mit $AG(sk\text{-}sweep)$ (bzw. $AG(sm\text{-}sweep)$) bezeichnet. Nach Definition 4.5 gilt

$$AG(sm\text{-}sweep) = \bigcup_{k \geq 1} AG(sk\text{-}sweep)$$

und für alle $k \geq 1$

$$AG(sk\text{-}sweep) \subseteq AG(s(k+1)\text{-}sweep).$$

Der simple k–pass evaluator in Abbildung 4.8 ergibt sich aus dem simple k–sweep evaluator genauso wie im pure–Fall: Die Permutation von $(1, \ldots, n)$ muß die Identität sein.

Simple k–pass evaluator

procedure sP–*evaluate* $(x : \underline{inode}(t))$;
      sei $p = (X_0 \to w_0 X_1 w_1 \ldots X_n w_n)$ die an x angewandte Produktion;
      sei p' die an $x. - 1$ (falls vorhanden) angewandte Produktion;
      begin
            1. –
            2. berechne die inherite Attributinstanz von x
               für jedes inherite Attribut in $A_c(X_0)$;
            3. –
            4. **for** $i := 1$ **to** n **do**
               sP–*evaluate* $(x.i)$;
            5. berechne die synthetische Attributinstanz von x
               für jedes synthetische Attribut in $A_c(X_0)$
      end

{ Hauptprogramm }
begin
      for $c := 1$ **to** k **do** sP–*evaluate*$(\underline{root}(t))$ **end**
end

Abb. 4.8: Simple k–pass evaluator.

Definition 4.6 (Simple pass Attributgrammatik)

1. Eine Attributgrammatik $G = (G_0, D, B, R)$ heißt *simple k–pass* für ein $k \geq 1$, wenn es für jedes Nichtterminalsymbol X von G_0 eine geordnete Partition $(A_1(X)$, $\ldots, A_k(X))$ gibt, so daß der simple k–pass evaluator für jeden Ableitungsbaum t von G_0 alle Attributinstanzen von t berechnet.

2. Eine Attributgrammatik G heißt *simple multi–pass*, wenn es ein $k \geq 1$ gibt, so daß G simple k–pass ist. $\qquad\qquad\square$

Die Klasse der simple k–pass Attributgrammatiken (und simple multi–pass Attributgrammatiken) wird mit $AG(sk\text{-}pass)$ (bzw. $AG(sm\text{-}pass)$) bezeichnet. Nach Definition 4.6 gilt

$$AG(sm\text{-}pass) = \bigcup_{k \geq 1} AG(sk\text{-}pass)$$

und für alle $k \geq 1$

$$AG(sk\text{-}pass) \subseteq AG(s(k+1)\text{-}pass).$$

Wir wollen am Ende dieses Abschnitts die Striktheit der oben angegebenen sechs Inklusionen beweisen.

Lemma 4.7 Für alle $k \geq 1$ gilt

- $AG(pk\text{-}visit) \subsetneq AG(p(k+1)\text{-}visit)$,

- $AG(pk\text{-}sweep) \subsetneq AG(p(k+1)\text{-}sweep)$,

- $AG(pk\text{-}pass) \subsetneq AG(p(k+1)\text{-}pass)$,

- $AG(sk\text{-}visit) \subsetneq AG(s(k+1)\text{-}visit)$,

- $AG(sk\text{-}sweep) \subsetneq AG(s(k+1)\text{-}sweep)$ und

- $AG(sk\text{-}pass) \subsetneq AG(s(k+1)\text{-}pass)$.

Beweis: Sei $k \geq 1$. Die Inklusionsbeziehungen gelten nach der jeweiligen Definition der Klasse von Attributgrammatiken. Die Striktheit aller Inklusionen folgt, wenn wir eine Attributgrammatik $G_{k+1} \in AG(s(k+1)\text{-}pass)$ finden, für die $G_{k+1} \notin AG(pk\text{-}visit)$ gilt. Das reicht deshalb aus, weil dann (ebenfalls nach den Definitionen der Klassen von Attributgrammatiken) folgt, daß $G_{k+1} \in AG(s(k+1)\text{-}sweep)$, $G_{k+1} \in AG(s(k+1)\text{-}visit)$, $G_{k+1} \in AG(p(k+1)\text{-}pass)$ $G_{k+1} \in AG(p(k+1)\text{-}sweep)$, $G_{k+1} \in AG(p(k+1)\text{-}visit)$, $G_{k+1} \notin AG(pk\text{-}sweep)$, $G_{k+1} \notin AG(pk\text{-}pass)$, $G_{k+1} \notin AG(sk\text{-}visit)$, $G_{k+1} \notin AG(sk\text{-}sweep)$ und $G_{k+1} \notin AG(sk\text{-}pass)$.

Der Attributgrammatik G_{k+1} liegt die kontextfreie Grammatik G_0 mit den Nichtterminalsymbolen Z und X und dem Terminalsymbol a zugrunde. Dem Symbol X seien die $k+1$ synthetischen Attribute $\alpha_1, \ldots, \alpha_{k+1}$ und die $k+1$ inheriten Attribute $\beta_1, \ldots, \beta_{k+1}$ zugeordnet. Dem Symbol Z sei das synthetische Attribut α zugeordnet. Die Produktionen von G_0 und die zugehörigen semantischen Regeln seien wie folgt definiert:

$$
\begin{array}{llll}
p_1: & Z \to X & R(p_1): & \langle \alpha, 0 \rangle = \langle \alpha_{k+1}, 1 \rangle \\
     &   &   & \langle \beta_1, 1 \rangle = 0 \\
     &   &   & \langle \beta_{i+1}, 1 \rangle = \langle \alpha_i, 1 \rangle \quad \text{für alle } i \in [k] \\
p_2: & X \to a & R(p_2): & \langle \alpha_i, 0 \rangle = \langle \beta_i, 0 \rangle \quad \text{für alle } i \in [k+1]
\end{array}
$$

Die Menge der Operationssymbole enthält nur die Konstante 0 und die Identität. Man beachte, daß G_{k+1} nur einen möglichen Ableitungsbaum t von G_0 zuläßt. Abbildung 4.9 zeigt diesen Ableitungsbaum und seinen Abhängigkeitsgraphen für den Fall $k = 1$.

Es gilt offensichtlich $G \in AG(s(k+1)\text{-}pass)$, weil für alle $i \in [k+1]$ die Attributinstanzen $\langle \beta_i, 1 \rangle$ und $\langle \alpha_i, 1 \rangle$ im i–ten pass ausgewertet werden können. Ebenso erkennt man, daß k Besuche beim Knoten 1 nicht ausreichen, um alle Attributinstanzen zu berechnen, weil für alle $i \in [k+1]$ die Attributinstanz $\langle \alpha_i, 1 \rangle$ von $\langle \beta_i, 1 \rangle$ abhängt und für alle $i \in [k]$ die Attributinstanz $\langle \beta_{i+1}, 1 \rangle$ von $\langle \alpha_i, 1 \rangle$ abhängt. Damit gilt auch $G_{k+1} \notin AG(pk\text{-}visit)$. $\quad \square$

4.3 Vergleich verschiedener Attributauswerter

Wie im Abschnitt 4.2 beschrieben, definiert jede Sorte Attributauswerter eine Klasse von Attributgrammatiken. Diesen Klassen haben wir die Bezeichnungen $AG(xy\text{-}z)$ gegeben, wobei

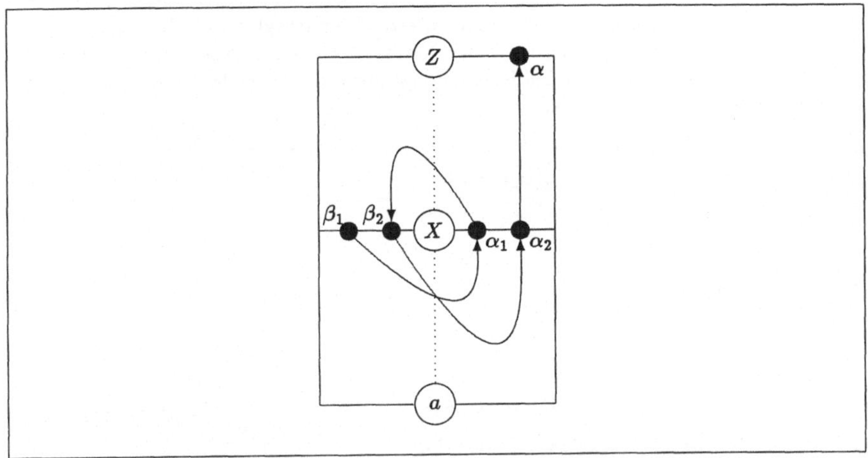

Abb. 4.9: Ableitungsbaum von G_0 mit Abhängigkeitsgraph.

- $x = p$ oder

- $x = s$

ist, je nachdem, ob die Attributgrammatiken pure oder simple sind,

- $y = m$ oder

- $y = k$ für $k \geq 1$,

je nachdem, ob die Anzahl der traversals nicht eingeschränkt ist (d.h. multi) oder auf $k \geq 1$ eingeschränkt ist, und

- $z = visit$ oder

- $z = sweep$ oder

- $z = pass$,

je nachdem, ob die Attributgrammatiken visit–orientiert, sweep–orientiert oder pass–orientiert sind. Die Klassen $AG(s1\text{-}visit)$ und $AG(s1\text{-}pass)$ werden in der Literatur auch mit $1V\text{-}AG$ bzw. $L\text{-}AG$ bezeichnet.

Betrachten wir nur die Fälle $y = 1$ und $y = m$, so ergibt die obige Klassifikation also insgesamt 12 Klassen, die in Abbildung 4.10 miteinander in Beziehung gesetzt sind. Wir werden sehen, daß das gezeigte Inklusionsdiagramm *korrekt* ist, d.h. eine aufsteigende Linie (oder eine Sequenz von aufsteigenden Linien) von Klasse A nach Klasse B die strikte

Inklusion $A \subsetneq B$ bedeutet; wenn es keine Folge von aufsteigenden Linien zwischen zwei Klassen A und B gibt, dann sind A und B unvergleichbar bzgl. $\subseteq$; die Inklusion $A \subseteq B$ bedeutet, daß jede Attributgrammatik der Klasse A auch von dem Attributauswerter berechnet werden kann, welcher die Klasse B spezifiziert. Also stellt Abbildung 4.10 ein sogenanntes *Hasse–Diagramm* dar.

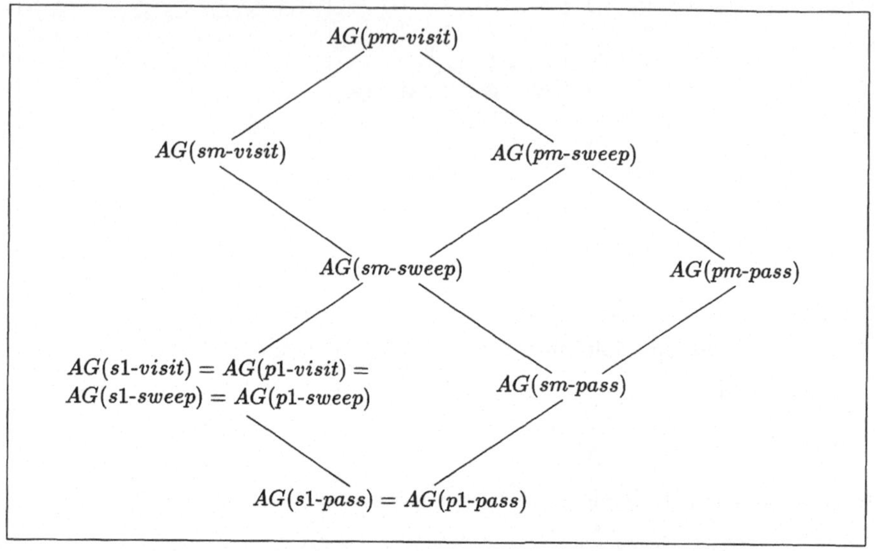

Abb. 4.10: Vergleich der Klassen von Attributgrammatiken.

Zunächst ist aus der Definition der Klassen von Attributgrammatiken leicht zu ersehen, daß alle in Abbildung 4.10 enthaltenen Inklusionen gelten. Es gilt z.B. offensichtlich, daß $AG(sm\text{-}pass) \subseteq AG(pm\text{-}pass)$ und $AG(sm\text{-}sweep) \subseteq AG(sm\text{-}visit)$.

Nun diskutieren wir die Gleichheit der Klassen $AG(s1\text{-}visit)$, $AG(p1\text{-}visit)$, $AG(s1\text{-}sweep)$ und $AG(p1\text{-}sweep)$ und die Gleichheit der Klassen $AG(s1\text{-}pass)$ und $AG(p1\text{-}pass)$.

Wenn man beim pure visit evaluator die Einschränkung $k = 1$ trifft, so darf jeder Knoten höchstens einmal besucht werden; damit läßt sich die Attributauswertung auch vom pure sweep evaluator vornehmen. Eventuell müssen die visit–Sequenzen zu sweep–Sequenzen (Permutationen der Nachfolgerknoten) verlängert werden, wenn der pure visit evaluator nicht alle Nachfolgerknoten besucht. Deshalb gilt $AG(p1\text{-}visit) = AG(p1\text{-}sweep)$ und aus demselben Grund auch $AG(s1\text{-}visit) = AG(s1\text{-}sweep)$. Ebenfalls besteht kein Unterschied zwischen den pure und simple Versionen der Attributauswerter, denn jede Attributinstanz muß beim ersten Besuch beim entsprechenden Knoten berechnet werden. Daraus ergibt sich für jedes Nichtterminalsymbol X die triviale Partition $(A(X))$. Die einzige visit–Sequenz $v_{p,1}$ für eine Produktion $p = (X_0 \rightarrow w_0 X_1 w_1 \ldots X_n w_n)$ ergibt sich aus dem Abhängigkeitsgraphen $D(p)$ durch Betrachtung des sogenannten brother–graphs von $D(p)$, den wir im folgenden für spätere Zwecke auch für Teilgraphen von $D(p)$ definieren.

Definition 4.8 (brother–graph)
Sei $G = (G_0, D, B, R)$ eine Attributgrammatik, $p = (X_0 \to w_0 X_1 w_1 \ldots X_n w_n)$ eine Produktion von G_0 und $D'(p)$ ein Teilgraph des Abhängigkeitsgraphen $D(p)$. Der *brother–graph von $D'(p)$* ist der Graph $(V, \to_b)$ mit $V = \{X_1, \ldots, X_n\}$ und $X_i \to_b X_j$ für $i, j \in [n]$ genau dann, wenn es $\alpha \in S(X_i)$ und $\beta \in I(X_j)$ gibt, so daß in $D'(p)$ eine Kante von $\langle \alpha, i \rangle$ nach $\langle \beta, j \rangle$ existiert. $\qquad\qquad\square$

Da die Attributgrammatik 1–visit ist, kann es keine Zykel im brother–graph geben. Die visit–sequenz $v_{p,1}$ ergibt sich dann durch topologische Sortierung der Knoten im brother–graph von $D(p)$. D.h. es gilt $AG(p1\text{-}sweep) = AG(s1\text{-}sweep)$ und $AG(p1\text{-}visit) = AG(s1\text{-}visit)$.

Auch für pure 1–pass evaluator und simple 1–pass evaluator gilt diese Besonderheit: Alle Attributinstanzen müssen beim ersten Besuch eines Knotens berechnet werden. Daher gilt $AG(s1\text{-}pass) = AG(p1\text{-}pass)$.

Nun wollen wir die Striktheit der Inklusionen und die Unvergleichbarkeiten von Klassen diskutieren. In der Tat reichen die folgenden vier Lemmata aus, um zu zeigen, daß Abbildung 4.10 tatsächlich ein korrektes Inklusionsdiagramm ist. Diese Behauptung werden wir im Anschluß an die vier Lemmata wieder aufgreifen.

Lemma 4.9 $AG(pm\text{-}pass) - AG(sm\text{-}visit) \neq \emptyset$

Beweis: Es gibt eine Attributgrammatik G, welche in $AG(pm\text{-}pass)$, aber nicht in $AG(sm\text{-}visit)$ liegt. Diese Attributgrammatik basiert auf der kontextfreien Grammatik G_0 mit den folgenden Produktionen und semantischen Regeln.

$$
\begin{array}{llll}
p_1 : & Z \to YY & R(p_1): & \langle \alpha, 0 \rangle = +(\langle \alpha_2, 1 \rangle, \langle \alpha_1, 2 \rangle) \\
 & & & \langle \beta_1, 1 \rangle = \langle \alpha_1, 1 \rangle \\
 & & & \langle \beta_2, 1 \rangle = 1 \\
 & & & \langle \beta_1, 2 \rangle = 1 \\
 & & & \langle \beta_2, 2 \rangle = \langle \alpha_2, 2 \rangle \\
 & & & \\
p_2 : & Y \to a & R(p_2): & \langle \alpha_1, 0 \rangle = \langle \beta_2, 0 \rangle \\
 & & & \langle \alpha_2, 0 \rangle = \langle \beta_1, 0 \rangle
\end{array}
$$

Aus dem semantischen Bereich spielen hier nur ein nullstelliges Operationssymbol 1 und ein zweistelliges Operationssymbol + eine Rolle. Offensichtlich sind den Nichtterminalsymbolen Z und Y die synthetischen Attribute α bzw. α_1 und α_1 zugeordnet; Y besitzt die inheriten Attribute β_1 und β_2.

Abbildung 4.11 zeigt den einzig möglichen Ableitungsbaum t von G_0 und seinen Abhängigkeitsgraphen.

Jeder Attributauswerter muß am ersten Nachfolger der Wurzel von t die Attributinstanzen in der Reihenfolge

$$\langle \beta_2, 1 \rangle, \quad \langle \alpha_1, 1 \rangle, \quad \langle \beta_1, 1 \rangle, \quad \langle \alpha_2, 1 \rangle$$

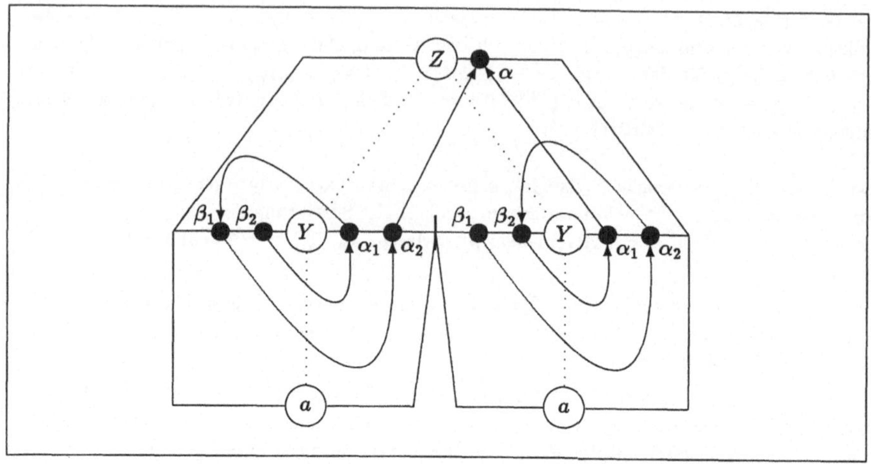

Abb. 4.11: Ableitungsbaum t von G_0 mit Abhängigkeitsgraph.

auswerten. Ebenso muß jeder Attributauswerter am zweiten Nachfolger der Wurzel von t die Attributinstanzen in der Reihenfolge

$$\langle \beta_1, 2 \rangle, \quad \langle \alpha_2, 2 \rangle, \quad \langle \beta_2, 2 \rangle, \quad \langle \alpha_1, 2 \rangle$$

auswerten. Angenommen $G \in AG(sm\text{-}visit)$. Dann gibt es insbesondere für das Nichtterminalsymbol Y eine geordnete Partition $(A_1(Y), \ldots, A_k(Y))$ der Menge $A(Y)$ der Attribute von Y, so daß beim j–ten Besuch eines mit Y beschrifteten Knotens in t gerade die Attributinstanzen der Attribute in $A_j(Y)$ berechnet werden. Eine solche Partition kann es aber nicht geben, denn wenn man die Attributabhängigkeiten noch einmal analysiert, so stellt man fest, daß beim ersten Besuch zu $\underline{root}(t).1$ die Attributinstanzen $\langle \beta_2, 1 \rangle$ und $\langle \alpha_1, 1 \rangle$ berechnet werden müssen und beim zweiten Besuch die Attributinstanzen $\langle \beta_1, 1 \rangle$ und $\langle \alpha_2, 1 \rangle$; beim ersten Besuch zum ebenfalls mit Y beschrifteten Knoten $\underline{root}(t).2$ müssen die Attributinstanzen $\langle \beta_1, 2 \rangle$ und $\langle \alpha_2, 2 \rangle$ berechnet werden und beim zweiten Besuch die Attributinstanzen $\langle \beta_2, 1 \rangle$ und $\langle \alpha_1, 1 \rangle$.

Natürlich ist $G \in AG(pm\text{-}pass)$, denn nun kann man nichtdeterministisch an jedem der beiden Knoten $\underline{root}(t).1$ und $\underline{root}(t).2$ die jeweils geeignete Menge von Attributinstanzen auswählen, die zu berechnen sind. Im ersten pass werden die Attributinstanzen $\langle \beta_2, 1 \rangle$, $\langle \alpha_1, 1 \rangle$, $\langle \beta_1, 2 \rangle$ und $\langle \alpha_2, 2 \rangle$ berechnet und im zweiten pass die Attributinstanzen $\langle \beta_1, 1 \rangle$, $\langle \alpha_2, 1 \rangle$, $\langle \beta_2, 2 \rangle$, $\langle \alpha_1, 2 \rangle$ und $\langle \alpha, \varepsilon \rangle$. $\qquad\qquad \square$

Lemma 4.10 $AG(sm\text{-}visit) - AG(pm\text{-}sweep) \neq \emptyset$

Beweis: Es gibt eine Attributgrammatik G, welche in $AG(sm\text{-}visit)$, aber nicht in $AG(pm\text{-}sweep)$ liegt. Die G zugrundeliegende kontextfreie Grammatik G_0 hat die Nichtterminalsymbole Z, X, Y und U und die Terminalsymbole a und b. Die Menge der Operationssymbole enthält nur die Konstante 0 und die Identität. Die Attribute ergeben sich aus folgender Tabelle.

NTS	synthetische Attribute	inherite Attribute
Z	α	—
X	α	β
Y	α_1, α_2	β_1, β_2
U	α	β

G enthält folgende Produktionen und semantische Regeln:

$$p_1: \quad Z \to X \qquad R(p_1): \quad \langle \alpha, 0 \rangle = \langle \alpha, 1 \rangle$$
$$\langle \beta, 1 \rangle = 0$$

$$p_2: \quad X \to XYU \qquad R(p_2): \quad \langle \beta, 1 \rangle = \langle \alpha_2, 2 \rangle$$
$$\langle \beta_1, 2 \rangle = \langle \beta, 0 \rangle$$
$$\langle \beta_2, 2 \rangle = \langle \alpha, 3 \rangle$$
$$\langle \beta, 3 \rangle = \langle \alpha_1, 2 \rangle$$
$$\langle \alpha, 0 \rangle = \langle \alpha, 1 \rangle$$

$$p_3: \quad X \to a \qquad R(p_3): \quad \langle \alpha, 0 \rangle = \langle \beta, 0 \rangle$$

$$p_4: \quad U \to a \qquad R(p_4): \quad \langle \alpha, 0 \rangle = \langle \beta, 0 \rangle$$

$$p_5: \quad Y \to b \qquad R(p_5): \quad \langle \alpha_1, 0 \rangle = \langle \beta_1, 0 \rangle$$
$$\langle \alpha_2, 0 \rangle = \langle \beta_2, 0 \rangle$$

Die Abhängigkeitsgraphen zeigen wir in Abbildung 4.12.

Nun kann man leicht einsehen, daß G eine simple multi–visit Attributgrammatik ist; in der Tat reichen zwei Besuche zu jedem Knoten eines Ableitungsbaumes aus. Die Y zugeordnete geordnete Partition von Attributen lautet $(\{\beta_1, \alpha_1\}, \{\beta_2, \alpha_2\})$, für X und U ergibt sich natürlich die Partition $(\{\beta, \alpha\})$. Die visit–Sequenzen lauten $v_{p_1,1} = (1)$, $v_{p_2,1} = (2, 3, 2, 1)$ und $v_{p_3,1} = v_{p_4,1} = v_{p_5,1} = v_{p_5,2} = ()$.

Um einzusehen, daß G keine pure multi–sweep Attributgrammatik ist, muß man zunächst beobachten, daß die Attributinstanzen eines mit Y beschrifteten Knotens wirklich nur durch zwei Besuche zu berechnen sind, ein Besuch reicht nicht. Die der Produktion p_2 zugeordnete Besuchsreihenfolge (— dies muß eine Permutation von (1,2,3) sein —) ist also (2,3,1), und diese Besuche müssen an jedem Knoten, an dem p_2 angewandt wurde, zweimal durchgeführt werden, bevor $\langle \beta, 1 \rangle$ berechnet werden kann.

Nun betrachten wir den Ableitungsbaum t zum Terminalstring $abababa$ und seinen Abhängigkeitsgraphen (siehe Abbildung 4.13).

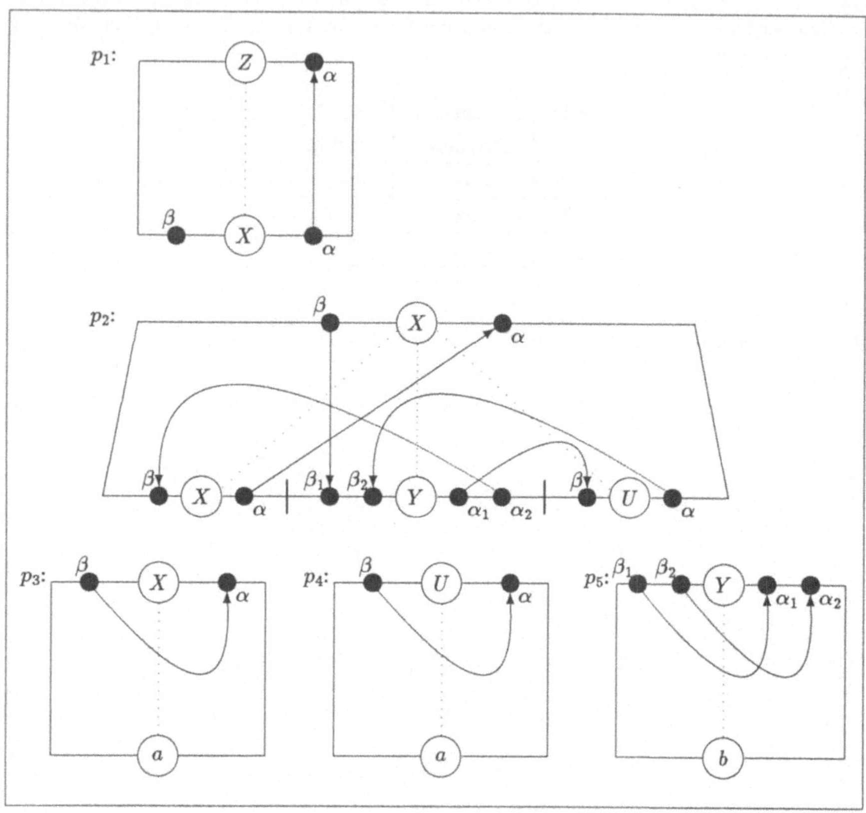

Abb. 4.12: Abhängigkeitsgraphen von G.

Betrachten wir den Ablauf des pure k–sweep Attributauswerters und berechnen immer so viele Attributinstanzen wie möglich. Dabei soll k hinreichend groß gewählt sein. Welche Attributinstanzen kann der erste sweep auswerten? Das sind die Instanzen

$$\langle \beta, 1\rangle, \quad \langle \beta_1, 1.2\rangle, \quad \langle \alpha_1, 1.2\rangle, \quad \langle \beta, 1.3\rangle, \quad \langle \alpha, 1.3\rangle.$$

Tatsächlich kann der Attributauswerter jetzt nicht noch einmal zum Knoten 1.2 zurück und die Attributinstanzen $\langle \beta_2, 1.2\rangle$ und $\langle \alpha_2, 1.2\rangle$ berechnen. Nun besucht der erste depth–first traversal die folgenden Knoten:

$$1.1, \ 1.1.2, \ 1.1.3, \ 1.1.1, \ 1.1.1.2, \ 1.1.1.3, \ 1.1.1.1, \ 1.1.1, \ 1.1, \ 1, \ root(t)$$

Dabei kann aber *keine* weitere Attributinstanz berechnet werden.

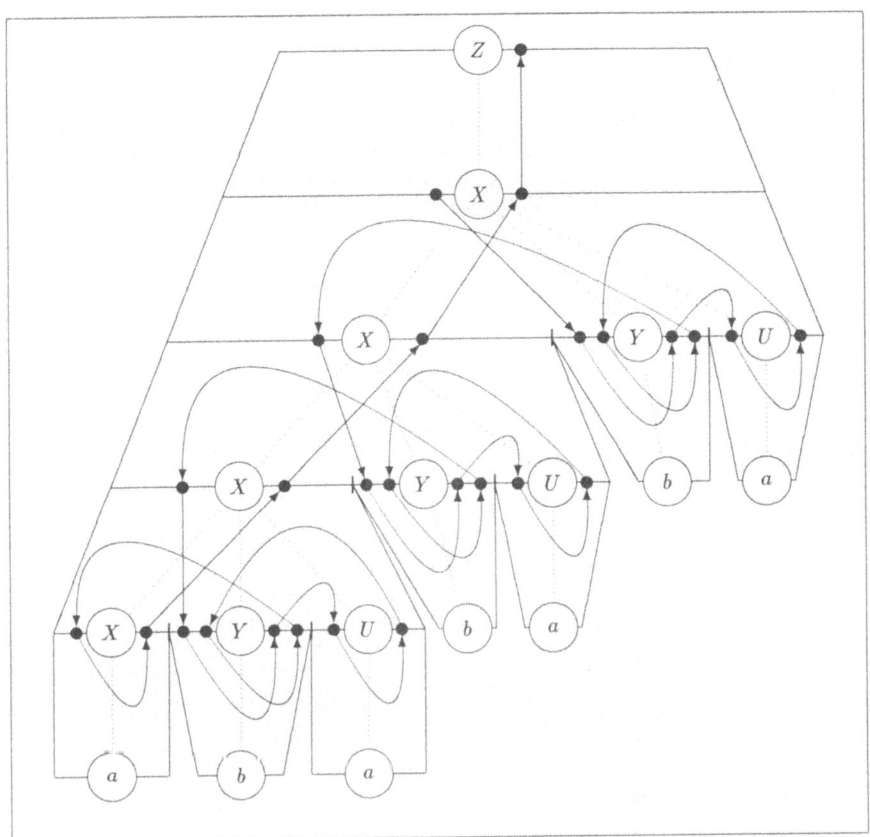

Abb. 4.13: Ableitungsbaum von G_0 zu *abababa* und sein Abhängigkeitsgraph.

Im zweiten sweep über t besucht der Attributauswerter zuerst den Knoten 1 (ohne Attributauswertung) und dann den Knoten 1.2. Dort kann nun die Attributinstanz $\langle\beta_2, 1.2\rangle$ berechnet werden, weil der Wert von $\langle\alpha, 1.3\rangle$ aus dem ersten sweep bekannt ist. Insgesamt kann der zweite sweep also folgende Attributinstanzen berechnen:

$$\langle\beta_2, 1.2\rangle,\ \langle\alpha_2, 1.2\rangle,\ \langle\beta, 1.1\rangle,\ \langle\beta_1, 1.1.2\rangle,\ \langle\alpha_1, 1.1.2\rangle,\ \langle\beta, 1.1.3\rangle,\ \langle\alpha, 1.1.3\rangle.$$

Man erkennt, daß die Anzahl der notwendigen sweeps für eine vollständige Attributauswertung von der Größe des Ableitungsbaumes abhängt. Da diese Größe (— das ist im wesentlichen die Anzahl der mit Y beschrifteten Knoten —) aber beliebig wachsen kann, läßt sich auch die Anzahl der sweeps nicht von vornherein beschränken. Eine solche Beschränkung wird aber in der Definition von $AG(pm\text{-}sweep)$ gefordert, also gilt $G \notin AG(pm\text{-}sweep).\ \square$

Lemma 4.11 $AG(\textit{s1-visit}) - AG(\textit{pm-pass}) \neq \emptyset$

Beweis: Es gibt eine Attributgrammatik G, die in $AG(\textit{s1-visit})$, aber nicht in $AG(\textit{pm-pass})$ liegt. Die zugrundeliegende kontextfreie Grammatik G_0 enthält die Nichtterminalsymbole Z, X und Y und das Terminalsymbol a. Die Menge der Operationssymbole enthält wieder nur die Konstante 0 und die Identität. Jedes Nichtterminalsymbol besitzt das inherite Attribut β und das synthetische Attribut α mit Ausnahme von Z, welches kein inheries Attribut besitzt. Die Produktionen und semantischen Regeln sind folgendermaßen bestimmt:

$$
\begin{array}{llll}
p_1: & Z \to X & R(p_1): & \langle \alpha, 0 \rangle = \langle \alpha, 1 \rangle \\
& & & \langle \beta, 1 \rangle = 0 \\[4pt]
p_2: & X \to a & R(p_2): & \langle \alpha, 0 \rangle = \langle \beta, 0 \rangle \\
p_3: & Y \to a & R(p_3): & \langle \alpha, 0 \rangle = \langle \beta, 0 \rangle \\
p_4: & X \to XY & R(p_4): & \langle \beta, 1 \rangle = \langle \alpha, 2 \rangle \\
& & & \langle \beta, 2 \rangle = \langle \beta, 0 \rangle \\
& & & \langle \alpha, 0 \rangle = \langle \alpha, 1 \rangle
\end{array}
$$

Die Abhängigkeitsgraphen sind in Abbildung 4.14 gezeigt.

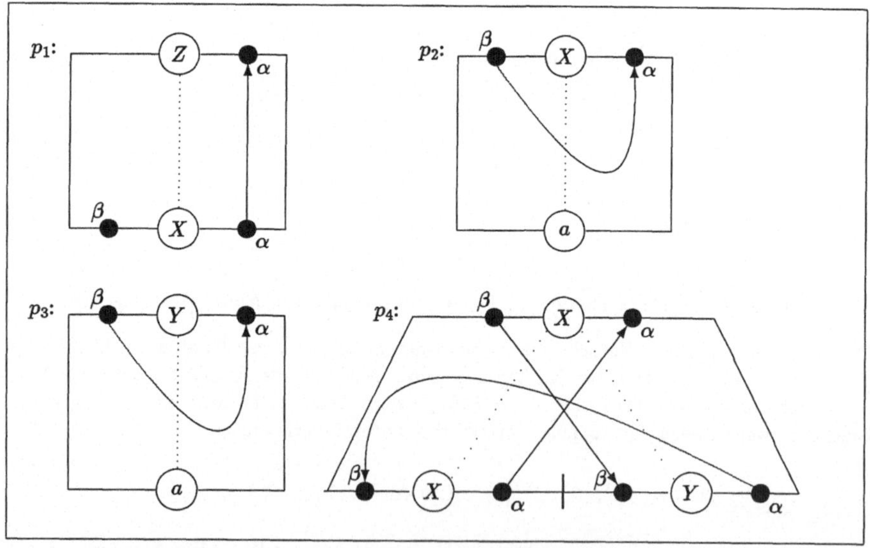

Abb. 4.14: Abhängigkeitsgraphen von G.

Wenn für Z die Partition $(\{\alpha\})$, für X und Y die Partition $(\{\beta, \alpha\})$ und für die Produktion p_4 die visit–Sequenz $v_{p_4,1} = (2, 1)$ festgelegt wird, so ist direkt einsichtig, daß alle Attributinstanzen jedes Ableitungsbaumes durch den simple visit evaluator bei Beschränkung auf

$k = 1$ berechnet werden können. In Abbildung 4.15 zeigen wir den Ableitungsbaum des Terminalstrings *aaa* mit seinem Abhängigkeitsgraphen. Es ist klar, in welcher Reihenfolge die Attributinstanzen ausgewertet werden.

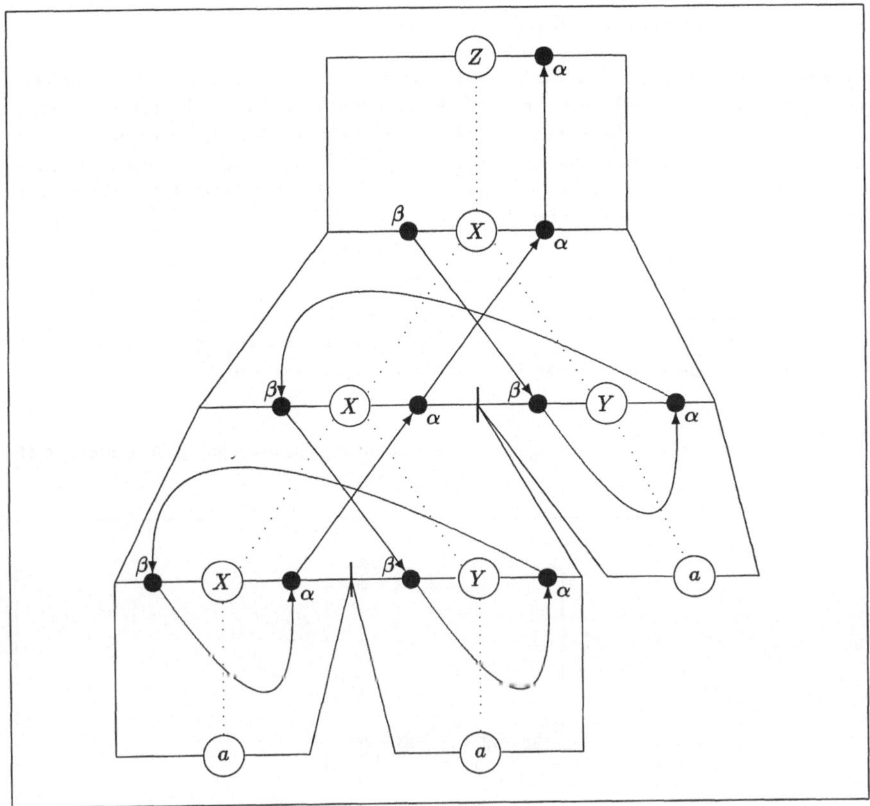

Abb. 4.15: Ableitungsbaum von G_0 zu *aaa* mit Abhängigkeitsgraph.

Allerdings ist $G \notin AG(pm\text{-}pass)$, denn nach dem ersten pass können für den in Abbildung 4.15 gezeigten Ableitungsbaum nur die Attributinstanzen

$$\langle \beta, 1 \rangle, \quad \langle \beta, 12 \rangle, \quad \langle \alpha, 12 \rangle$$

berechnet werden; der ganze Durchlauf durch den Teilbaum mit Wurzel 11 liefert keine Werte für Attributinstanzen. Im zweiten pass können dann die Attributinstanzen

$$\langle \beta, 11 \rangle, \quad \langle \beta, 112 \rangle, \quad \langle \alpha, 112 \rangle$$

berechnet werden. Auch hier kann man sehen, daß die Anzahl der für eine vollständige Attributauswertung notwendigen passes mit der Größe des Ableitungsbaumes wächst. Also gilt $G \notin AG(pm\text{-}pass)$. $\qquad\qquad\qquad\square$

Lemma 4.12 $AG(sm\text{-}pass) - AG(s1\text{-}visit) \neq \emptyset$

Beweis: Es gibt eine Attributgrammatik G, die in $AG(sm\text{-}pass)$, aber nicht in $AG(s1\text{-}visit)$ liegt. Die zugrundeliegende kontextfreie Grammatik G_0 hat die Nichtterminalsymbole Z und X und das Terminalsymbol a. Die Menge der Operationssymbole enthält wieder nur die Konstante 0 und die Identität. Z und X haben die Attribute α (synthetisch) bzw. β_1, β_2 (inherit) und α_1, α_2 (synthetisch). Die Produktionen und semantischen Regeln sind folgendermaßen bestimmt:

$$
\begin{aligned}
p_1 : \quad Z \;\to\; X \qquad\qquad R(p_1) : \quad & \langle \alpha, 0 \rangle = \langle \alpha_2, 1 \rangle \\
& \langle \beta_1, 1 \rangle = 0 \\
& \langle \beta_2, 1 \rangle = \langle \alpha_1, 1 \rangle \\[4pt]
p_2 : \quad X \;\to\; a \qquad\qquad R(p_2) : \quad & \langle \alpha_1, 0 \rangle = \langle \beta_1, 0 \rangle \\
& \langle \alpha_2, 0 \rangle = \langle \beta_2, 0 \rangle
\end{aligned}
$$

Der Abhängigkeitsgraph des einzig möglichen Ableitungsbaumes ist in Abbildung 4.16 gezeigt.

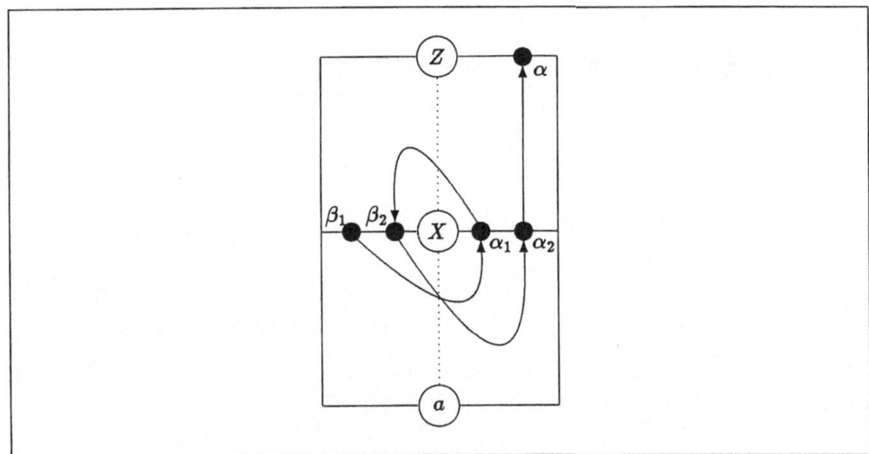

Abb. 4.16: Ableitungsbaum von G_0 mit Abhängigkeitsgraph.

Es ist klar, daß die Attributinstanzen dieses Ableitungsbaumes mit zwei passes berechnet werden können: Für Z wird die Partition $(\emptyset, \{\alpha\})$ und für X wird die Partition $(\{\beta_1, \alpha_1\}, \{\beta_2, \alpha_2\})$ gewählt. Außerdem werden die folgenden Besuchssequenzen festgelegt: $v_{p_1,1} = v_{p_1,2} = (1)$ und $v_{p_2,1} = v_{p_2,2} = ()$. Die Attributinstanzen werden dann in folgender Reihenfolge ausgewertet:

$$\langle \beta_1, 1 \rangle, \quad \langle \alpha_1, 1 \rangle, \quad \langle \beta_2, 1 \rangle, \quad \langle \alpha_2, 1 \rangle, \quad \langle \alpha, \varepsilon \rangle$$

Ebenso klar ist, daß man die Attributinstanzen am Knoten 1 nicht bei einem Besuch berechnen kann. Also gilt $G \in AG(sm\text{-}pass)$ und $G \notin AG(s1\text{-}visit)$. $\square$

Wie bereits (vor Lemma 4.8) erwähnt, folgen aus den Lemmata 4.8 bis 4.11 alle anderen Lemmata, die insgesamt notwendig sind, um zu zeigen, daß Abbildung 4.10 ein Inklusionsdiagramm ist. Wir wollen drei dieser notwendigen Lemmata herleiten und daran die Beweistechnik studieren, die auch für die Herleitung der anderen notwendigen Lemmata eingesetzt werden kann.

Lemma 4.13 $AG(sm\text{-}visit) - AG(sm\text{-}sweep) \neq \emptyset$

(und damit: $AG(sm\text{-}sweep) \subsetneqq AG(sm\text{-}visit)$)

Beweis: Angenommen $AG(sm\text{-}visit) - AG(sm\text{-}sweep) = \emptyset$.

Da $AG(sm\text{-}sweep) \subseteq AG(sm\text{-}visit)$, folgt $AG(sm\text{-}sweep) = AG(sm\text{-}visit)$.

Da $AG(sm\text{-}sweep) \subseteq AG(pm\text{-}sweep)$, folgt $AG(sm\text{-}visit) \subseteq AG(pm\text{-}sweep)$.

Dies ist aber ein Widerspruch zu $AG(sm\text{-}visit) - AG(pm\text{-}sweep) \neq \emptyset$ in Lemma 4.10. $\square$

Lemma 4.14 $AG(sm\text{-}sweep) - AG(sm\text{-}pass) \neq \emptyset$

(und damit: $AG(sm\text{-}pass) \subsetneqq AG(sm\text{-}sweep)$)

Beweis: Angenommen $AG(sm\text{-}sweep) - AG(sm\text{-}pass) = \emptyset$.

Da $AG(sm\text{-}pass) \subseteq AG(sm\text{-}sweep)$, folgt $AG(sm\text{-}pass) = AG(sm\text{-}sweep)$.

Da $AG(sm\text{-}pass) \subseteq AG(pm\text{-}pass)$ und $AG(s1\text{-}visit) \subseteq AG(sm\text{-}sweep)$, folgt $AG(s1\text{-}visit) \subseteq AG(pm\text{-}pass)$.

Dies ist aber ein Widerspruch zu $AG(s1\text{-}visit) - AG(pm\text{-}pass) \neq \emptyset$ in Lemma 4.11. $\square$

Lemma 4.15 $AG(pm\text{-}sweep) - AG(sm\text{-}sweep) \neq \emptyset$

(und damit: $AG(sm\text{-}sweep) \subsetneqq AG(pm\text{-}sweep)$)

Beweis: Angenommen $AG(pm\text{-}sweep) - AG(sm\text{-}sweep) = \emptyset$.

Da $AG(sm\text{-}sweep) \subseteq AG(pm\text{-}sweep)$, folgt $AG(sm\text{-}sweep) = AG(pm\text{-}sweep)$.

Da $AG(pm\text{-}pass) \subseteq AG(pm\text{-}sweep)$ und $AG(sm\text{-}sweep) \subseteq AG(sm\text{-}visit)$, folgt $AG(pm\text{-}pass) \subseteq AG(sm\text{-}visit)$.

Dies ist aber ein Widerspruch zu $AG(pm\text{-}pass) - AG(sm\text{-}visit) \neq \emptyset$ in Lemma 4.9. $\square$

4.4 Vergleich der Ausdrucksstärken

Einerseits haben wir in Abbildung 4.10 verschiedene Klassen von Attributgrammatiken miteinander in einem Inklusionsdiagramm verglichen. Andererseits haben wir in Abschnitt 3.1 jeder (nichtzirkulären) Attributgrammatik eine Übersetzung zugeordnet. Also induziert auch jede Klasse von Attributgrammatiken eine Klasse von Übersetzungen. Wie verhalten sich nun diese Klassen der Übersetzungen zueinander? Hier wollen wir uns ausschließlich auf string–to–value Übersetzungen beziehen.

Bei einem solchen Vergleich zwischen Klassen von string–to–value Übersetzungen müssen wir auf den folgenden Sachverhalt Rücksicht nehmen. Wenn man den semantischen Bereich einer Attributgrammatik (d.h. die verfügbare Wertmenge und die erlaubten Operationen) beliebig wählen darf, so läßt sich für jede einstellige Operation f z.B. über der Menge $\{a, b\}^*$ bereits eine Attributgrammatik G mit den Eigenschaften finden, daß $\tau_{sv}(G) = f$ und G benötigt nur ein synthetisches Attribut und keine inheriten Attribute. Das kann dadurch erreicht werden, daß die zu berechnende Operation einfach in den semantischen Bereich aufgenommen wird. Konkret besitzt die dafür notwendige zugrundeliegende kontextfreie Grammatik die Nichtterminalsymbole Z und X mit jeweils dem synthetischen Attribut α. Der semantische Bereich $D = (K, \Omega, \Phi, \emptyset, \varphi)$ ist beschrieben durch $K = \{strings\}$, $\Omega = \Omega^{strings} = \{a, b\}^*$ und $\Phi = \{\tilde{f}, const_a, const_b, conc_a, conc_b\}$, wobei $\varphi(\tilde{f}) = f$ und für jedes $x \in \{a, b\}$ ist $\varphi(const_x) \in \{a, b\}^*$ die nullstellige Operation mit Wert x und $\varphi(conc_x) : \{a, b\}^* \longrightarrow \{a, b\}^*$ die einstellige Operation mit $\varphi(conc_x)(w) = xw$ für alle $w \in \{a, b\}^*$. Die folgenden Produktionen und semantischen Regeln sind in G enthalten.

$$
\begin{array}{llll}
p_1 : & Z \to X & R(p_1) : & \langle \alpha, 0 \rangle = \tilde{f}(\langle \alpha, 1 \rangle) \\
p_2 : & X \to aX & R(p_2) : & \langle \alpha, 0 \rangle = conc_a(\langle \alpha, 1 \rangle) \\
p_3 : & X \to a & R(p_3) : & \langle \alpha, 0 \rangle = const_a \\
p_4 : & X \to bX & R(p_4) : & \langle \alpha, 0 \rangle = conc_b(\langle \alpha, 1 \rangle) \\
p_5 : & X \to b & R(p_5) : & \langle \alpha, 0 \rangle = const_b
\end{array}
$$

Mit dieser Attributgrammatik lassen sich also alle Operationen $f : \{a, b\}^* \longrightarrow \{a, b\}^*$ berechnen. Daher wäre ein Vergleich der Ausdrucksstärke zweier Klassen von Attributgrammatiken unfair, bei denen der semantische Bereich sich beliebig verändern darf. Hier nehmen wir einen ähnlichen Standpunkt wie in der Theorie der Programmschemata ein und erlauben nur dann den Vergleich, wenn die Attributgrammatiken der verschiedenen Klassen sich auf denselben semantischen Bereich beziehen. Das führt zu folgenden Definitionen.

Definition 4.16 (Ausdrucksstärken von Attributgrammatiken)

1. Sei G eine Attributgrammatik. Wenn D der semantische Bereich von G ist, so sagen wir, daß G *über D* ist.

2. Sei C eine Klasse von Attributgrammatiken und sei D ein semantischer Bereich. Die *Klasse der (string–to–value) Übersetzungen von Attributgrammatiken aus C über D*, bezeichnet durch $T_{sv}(C, D)$, ist die Menge $\{\tau_{sv}(G) \mid G \in C$ ist Attributgrammatik über $D\}$.

3. Seien C_1 und C_2 zwei Klassen von Attributgrammatiken. C_1 *und* C_2 *haben dieselbe Ausdrucksstärke*, wenn für jeden semantischen Bereich D gilt, daß $T_{sv}(C_1, D) = T_{sv}(C_2, D)$. $\square$

Für alle semantischen Bereiche D gilt natürlich

$$T_{sv}(AG(pm\text{-}pass), D) \;\subseteq\; T_{sv}(AG(pm\text{-}sweep), D) \;\subseteq\; T_{sv}(AG(pm\text{-}visit), D)$$
$$\text{und}$$
$$T_{sv}(AG(sm\text{-}pass), D) \;\subseteq\; T_{sv}(AG(sm\text{-}sweep), D) \;\subseteq\; T_{sv}(AG(sm\text{-}visit), D).$$

In der Tat sind diese Inklusionen strikt. Das heißt, es gibt semantische Bereiche D_1, D_2, D_3 und D_4, für die gilt

$$T_{sv}(AG(pm\text{-}pass), D_1) \;\subsetneq\; T_{sv}(AG(pm\text{-}sweep), D_1)$$
$$T_{sv}(AG(pm\text{-}sweep), D_2) \;\subsetneq\; T_{sv}(AG(pm\text{-}visit), D_2)$$
$$\text{und}$$
$$T_{sv}(AG(sm\text{-}pass), D_3) \;\subsetneq\; T_{sv}(AG(sm\text{-}sweep), D_3)$$
$$T_{sv}(AG(sm\text{-}sweep), D_4) \;\subsetneq\; T_{sv}(AG(sm\text{-}visit), D_4)$$

Hier möchten wir nicht auf den Beweis der Korrektheit dieser strikten Inklusionen eingehen. Vielmehr möchten wir zeigen, daß pure sweep Attributgrammatiken und simple sweep Attributgrammatiken dieselbe Ausdrucksstärke haben, d.h. es gilt $T_{sv}(AG(pm\text{-}sweep), D) = T_{sv}(AG(sm\text{-}sweep), D)$ für jeden semantischen Bereich D, es gilt sogar für jedes $k \geq 1$, daß $T_{sv}(AG(pk\text{-}sweep), D) = T_{sv}(AG(sk\text{-}sweep), D)$. Das gleiche Resultat gilt übrigens auch für die visit–orientierten und pass–orientierten Attributauswerter.

Die Inklusion $T_{sv}(AG(sk\text{-}sweep), D) \subseteq T_{sv}(AG(pk\text{-}sweep), D)$ ist trivialerweise erfüllt, weil jede simple k–sweep Attributgrammatik auch pure k–sweep ist. Im folgenden beschreiben wir informell die Konstruktion, die hinter der Inklusion $T_{sv}(AG(pk\text{-}sweep), D) \subseteq T_{sv}(AG(sk\text{-}sweep), D)$ steht, und zeigen im Anschluß die formale Konstruktion.

Gegeben ist also eine pure k–sweep Attributgrammatik $G = (G_0, D, B, R)$, zu konstruieren ist eine simple k–sweep Attributgrammatik G' (über demselben semantischen Bereich D) mit $\tau_{sv}(G) = \tau_{sv}(G')$. Betrachten wir einen Ableitungsbaum t von G_0. Dann können also alle Attributinstanzen von t mit dem pure sweep evaluator mit k sweeps ausgerechnet werden. Während des Ablaufs dieses Attributauswerters werden die Attributinstanzen an einem Knoten $x \in \underline{inode}(t)$ in einer bestimmten Reihenfolge ausgewertet. Sei $(A_1(X), \ldots, A_k(X))$ die geordnete Partition von $A(X)$ mit $X = \underline{label}_t(x)$, wobei genau die Attribute in $A_i(X)$ während des i–ten Besuchs bei x berechnet werden; diese Partition nennen wir $\Pi(x)$. (Man beachte, daß für zwei verschiedene Knoten x und x' mit $\underline{label}_t(x) = \underline{label}_t(x')$ die Partitionen $\Pi(x)$ und $\Pi(x')$ verschieden sein können.) Man könnte also die Beschriftung X des Knotens x durch die Beschriftung $[X, \Pi(x)]$ ersetzen und der pure sweep Auswerter würde sich an jedem Knoten (erfolgreich) so verhalten können, wie es die Knotenbeschriftung vorsieht.

Bei der Konstruktion einer äquivalenten simple sweep Attributgrammatik reichern wir deshalb die Produktionen von G_0 um Partitionen an und fordern, daß diese Partitionen mit dem simple sweep Attributauswerter verträglich sind.

Die Produktionen von G_0' haben also die Form

$$[X_0, \Pi_0] \to w_0[X_1, \Pi_1]w_1 \ldots [X_n, \Pi_n]w_n$$

wobei $p = (X_0 \to w_0X_1w_1 \ldots X_nw_n)$ eine Produktion von G_0 ist und für alle j mit $0 \leq j \leq n$ die Sequenz Π_j eine geordnete Partition von $A(X_j)$ ist. Die Verträglichkeit mit dem simple sweep Attributauswerter wird durch zwei Bedingungen garantiert. Die erste Bedingung besagt, daß man beim i–ten Besuch zu einem Knoten x, an dem die Produktion p angewandt wurde, nicht mehr als einmal einen der direkten Nachfolger von x besuchen darf. Dieses folgt aus der Definition eines sweeps. Die zweite Bedingung besagt, daß ein Attributvorkommen $\langle \gamma_1, j_1 \rangle$, von dem ein anderes Attributvorkommen $\langle \gamma_2, j_2 \rangle$ abhängt, nicht in einem späteren Besuch als $\langle \gamma_2, j_2 \rangle$ berechnet werden darf.

Definition 4.17 (Simple k–sweep Produktion)

Sei $G = (G_0, D, B, R)$ eine Attributgrammatik und sei $k \geq 1$. Sei $p = (X_0 \to w_0X_1w_1 \ldots X_nw_n)$ eine Produktion von G_0 und sei für jedes $j \in [n]$, $\Pi_j = (A_1(X_j), \ldots, A_k(X_j))$ eine geordnete Partition von $A(X_j)$.

Die Produktion p ist eine *simple k–sweep Produktion für* $\Pi_0, \Pi_1, \ldots, \Pi_n$, wenn die folgenden beiden Bedingungen gelten, wobei für alle $i \in [k]$ die Menge $A_i(p) = \bigcup_{0 \leq j \leq n}\{\langle \gamma, j \rangle \mid \gamma \in A_i(X_j)\}$ ist.

1. Für jedes i mit $1 \leq i \leq k$ enthält der von $A_i(p)$ induzierte Teilgraph von $D(p)$ keinen indirekten Zykel. Ein indirekter Zykel ist eine Folge

$$(\langle \gamma_1, j_1 \rangle, \langle \gamma_2, j_2 \rangle) \ldots (\langle \gamma_{r-1}, j_{r-1} \rangle, \langle \gamma_r, j_r \rangle)$$

   von Kanten in $D(p)$ mit $r \geq 2$, $j_i \in [n]$ für alle $i \in [r]$, $j_i = j_{i+1}$ für alle geradzahligen i mit $1 \leq i \leq r - 2$ und $j_r = j_1$.

2. Wenn $(\langle \gamma_1, j_1 \rangle, \langle \gamma_2, j_2 \rangle)$ eine Kante in $D(p)$ ist und $\langle \gamma_1, j_1 \rangle \in A_i(p)$ und $\langle \gamma_2, j_2 \rangle \in A_k(p)$, dann gilt $i \leq k$. $\qquad\qquad\square$

Umgekehrt genügen diese Bedingungen, um aus der pure k–sweep Attributgrammatik G eine simple k–sweep Attributgrammatik G' zu konstruieren, d.h. man muß für jede Produktion $p = (X_0 \to w_0X_1w_1 \ldots X_nw_n)$ geordnete Partitionen $\Pi_0, \Pi_1, \ldots, \Pi_n$ finden, so daß p eine simple k–sweep Produktion für $\Pi_0, \ldots, \Pi_n$ ist. Bevor wir die allgemeine Konstruktion angeben, führen wir sie zuerst an einem Beispiel vor.

Beispiel 4.18

Betrachte die Attributgrammatik G aus dem Beweis von Lemma 4.9. Dort wurde gezeigt, daß G pure multi–pass, aber nicht simple multi–visit ist. Also ist G auch pure multi–sweep und nicht simple multi–sweep. Insbesondere reichen zwei sweeps des pure sweep evaluators aus, um alle Attributinstanzen zu berechnen, d.h. $G \in AG(p2\text{-}sweep)$. Um lästiges Umblättern zu vermeiden, wiederholen wir hier den einzig möglichen Ableitungsbaum von G_0 in Abbildung 4.17.

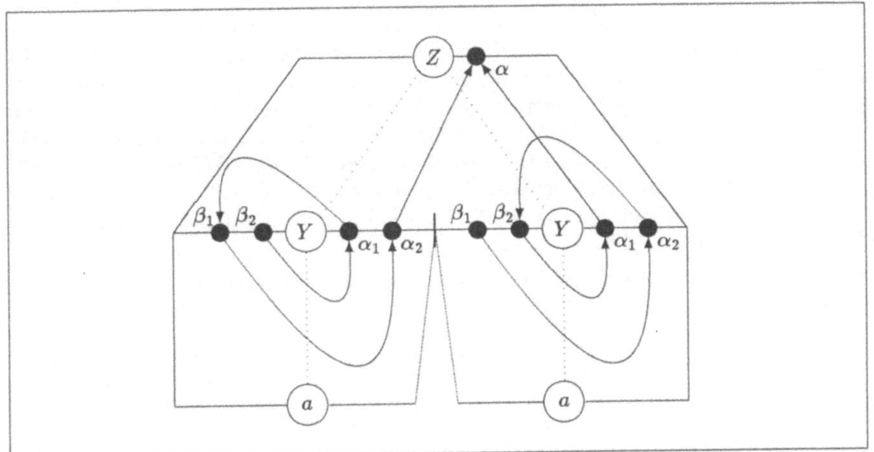

Abb. 4.17: Ableitungsbaum t von G_0 mit Abhängigkeitsgraph.

Jetzt suchen wir nach einer geordneten Partition Π_0 von $A(Y)$, so daß $p_2 = (Y \to a)$ eine simple 2–sweep Produktion für Π_0 ist, und nach geordneten Partitionen Π_0, Π_1 und Π_2 von $A(Z)$, $A(Y)$ und $A(Y)$, so daß $p_1 = (Z \to YY)$ eine simple 2–sweep Produktion für Π_0, Π_1, Π_2 ist.

Wie lautet nun eine geordnete Partition Π_0 von $A(Y)$, so daß gilt: $p_2 = (Y \to a)$ ist eine simple 2–sweep Produktion für Π_0? Dazu listen wir alle Partitionen (M_1, M_2) von $\{\beta_1, \beta_2, \alpha_1, \alpha_2\}$ auf zwei Mengen M_1 und M_2 auf, mit Ausnahme der Partitionen, bei denen $\alpha_2 \in M_1$ und $\beta_1 \in M_2$, oder $\alpha_1 \in M_1$ und $\beta_2 \in M_2$ (weil diese Partitionen der 2. Bedingung aus der Definition 4.17 widersprechen):

$$
\begin{aligned}
&(\emptyset, \{\beta_1, \beta_2, \alpha_1, \alpha_2\}), \\
&(\{\beta_1\}, \{\beta_2, \alpha_1, \alpha_2\}), \quad (\{\beta_2\}, \{\beta_1, \alpha_1, \alpha_2\}), \\
&(\{\beta_1, \beta_2\}, \{\alpha_1, \alpha_2\}), \quad (\{\beta_2, \alpha_1\}, \{\beta_1, \alpha_2\}), \quad (\{\beta_1, \alpha_2\}, \{\beta_2, \alpha_1\}), \\
&(\{\beta_1, \beta_2, \alpha_1\}, \{\alpha_2\}), \quad (\{\beta_1, \beta_2, \alpha_2\}, \{\alpha_1\}), \\
&(\{\beta_1, \beta_2, \alpha_1, \alpha_2\}, \emptyset)
\end{aligned}
$$

Da Bedingung 1 trivialerweise erfüllt ist — denn es gibt keine Nichtterminalsymbole auf der rechten Seite der Produktion p_2 und damit auch keine indirekten Zykel —, ist also jede Produktion der Form

$$[Y, \Pi] \to a,$$

wobei Π eine der o.a. Partitionen ist, eine simple 2–sweep Produktion.

Nun betrachten wir die Produktion $p_1 = (Z \to YY)$. Wie lauten die möglichen Partitionen Π_0, Π_1, Π_2 von $A(Z)$, $A(Y)$ bzw. $A(Y)$, so daß p_1 eine simple 2–sweep Produktion für

Π_0, Π_1, Π_2 ist? Für Π_0 ist $(\emptyset, \{\alpha\})$ die einzig sinnvolle Partition, denn $\langle \alpha, 0 \rangle$ hängt von $\langle \alpha_2, 1 \rangle$ und $\langle \alpha_1, 2 \rangle$ ab; die Werte dieser Attributinstanzen sind aber beim ersten Besuch bei Z noch nicht bekannt. Für Π_1 und Π_2 erfüllen die Partitionen $\Pi_1 = (\{\beta_2, \alpha_1\}, \{\beta_1, \alpha_2\})$ bzw. $\Pi_2 = (\{\beta_1, \alpha_2\}, \{\beta_2, \alpha_1\})$ die Bedingungen aus Definition 4.17. Dies gilt z.B. nicht für $\Pi_1' = (\{\beta_1, \alpha_1\}, \{\beta_2, \alpha_2\})$, denn der von $A_1(p_1)$ mit $\{\langle \beta_1, 1 \rangle, \langle \alpha_1, 1 \rangle\} \subseteq A_1(p_1)$ auf dem Abhängigkeitsgraph $D(p_1)$ induzierte Teilgraph enthält den indirekten Zykel $(\langle \alpha_1, 1 \rangle, \langle \beta_1, 1 \rangle)$. Auch $\Pi_1'' = (\{\beta_1, \alpha_2\}, \{\beta_2, \alpha_1\})$ und $\Pi_2'' = (\{\beta_2, \alpha_1\}, \{\beta_1, \alpha_2\})$ kann nicht gewählt werden. Es würde zwar kein indirekter Zykel erzeugt, aber die zweite Bedingung aus Definition 4.17 ist verletzt: $(\langle \alpha_1, 1 \rangle, \langle \beta_1, 1 \rangle)$ ist eine Kante in $D(p_1)$, $\langle \beta_1, 1 \rangle \in A_1(p_1)$ und $\langle \alpha_1, 1 \rangle \in A_2(p_1)$, aber $2 \not\leq 1$.

Man kann nun leicht nachrechnen, daß alle Kombinationen von Π_1 und Π_2 die Bedingungen erfüllen, wobei

$$\Pi_1 \in \{(\{\beta_2, \alpha_1\}, \{\beta_1, \alpha_2\}), \ (\{\alpha_1\}, \{\beta_1, \beta_2, \alpha_2\}), \ (\{\beta_2, \alpha_1, \alpha_2\}, \{\beta_1\}), \ (\{\alpha_1, \alpha_2\}, \{\beta_1, \beta_2\})\}$$

und

$$\Pi_2 \in \{(\{\beta_1, \alpha_2\}, \{\beta_2, \alpha_1\}), \ (\{\alpha_2\}, \{\beta_1, \beta_2, \alpha_1\}), \ (\{\beta_1, \alpha_1, \alpha_2\}, \{\beta_2\}), \ (\{\alpha_1, \alpha_2\}, \{\beta_1, \beta_2\})\}.$$

Zur Erfüllung beider Bedingungen aus Definition 4.17 muß also jeweils $\langle \alpha, 1 \rangle \in A_1(p_1)$, $\langle \beta, 1 \rangle \in A_2(p_1)$, $\langle \alpha, 2 \rangle \in A_1(p_1)$ und $\langle \beta, 2 \rangle \in A_2(p_1)$ gelten. Nun können wir die Produktionen p_1 und p_2 um diese geordneten Partitionen anreichern und erhalten dabei eine Vielzahl von neuen Produktionen für G_0'. Aber es gibt nur drei Produktionen, die zu Ableitungsbäumen von G_0' beitragen; in der Tat läßt sich auch für G_0' nur ein Ableitungsbaum konstruieren. Die Produktionen lauten:

$$
\begin{aligned}
p_{1,1} &= ([Z, (\emptyset, \{\alpha\})] \to [Y, (\{\beta_2, \alpha_1\}, \{\beta_1, \alpha_2\})][Y, (\{\beta_1, \alpha_2\}, \{\beta_2, \alpha_1\})]) \\
p_{2,1} &= ([Y, (\{\beta_2, \alpha_1\}, \{\beta_1, \alpha_2\})] \to a) \\
p_{2,2} &= ([Y, (\{\beta_1, \alpha_2\}, \{\beta_2, \alpha_1\})] \to a)
\end{aligned}
$$

Jetzt ordnen wir jedem neuen Nichtterminalsymbol $[X, \Pi]$ dieselben Attribute (mit denselben Sorten) wie X und den neuen Produktionen dieselben semantischen Regeln zu wie die Produktionen von G_0, aus denen sie entstanden sind. Natürlich beschreibt Π die gesuchte geordnete Partition für X, mit der der simple sweep evaluator arbeiten kann. Da es in der Produktion $p_{1,1}$ keine Abhängigkeiten zwischen Attributvorkommen der beiden Nichtterminalsymbole auf der rechten Seite gibt, können die visit–Sequenzen $v_{p_{1,1},1}$ und $v_{p_{1,1},2}$ unabhängig voneinander aus der Menge $\{(1, 2), (2, 1)\}$ gewählt werden. $\qquad\square$

Satz 4.19
Für jedes $k \geq 1$ haben die Klassen $AG(pk\text{-}sweep)$ und $AG(sk\text{-}sweep)$ dieselbe Ausdrucksstärke.

Beweis: Sei D ein semantischer Bereich; zu zeigen ist dann $T_{sv}(AG(pk\text{-}sweep), D) = T_{sv}(AG(sk\text{-}sweep), D)$. Die Inklusion $T_{sv}(AG(sk\text{-}sweep), D) \subseteq T_{sv}(AG(pk\text{-}sweep), D)$ ist trivial, weil $AG(sk\text{-}sweep) \subseteq AG(pk\text{-}sweep)$.

Sei also $G = (G_0, D, B, R) \in AG(pk\text{-}sweep)$ eine Attributgrammatik über D mit $G_0 = (N, \Sigma, Z, P)$ und $B = (S\text{-}Att, I\text{-}Att, S, I, \alpha_0, W)$. Konstruiere eine Attributgrammatik $G' = (G'_0, D, B', R') \in AG(sk\text{-}sweep)$ über D mit $G'_0 = (N', \Sigma, Z', P')$ folgendermaßen:

N' enthält die Nichtterminalsymbole $[X, \Pi]$, wobei X ein Nichtterminalsymbol aus N und Π eine geordnete Partition der Menge $A(X)$ der Attribute von X ist; die Partition hat die Länge k.

Das Startsymbol Z' von G'_0 ist $[Z, (\emptyset, \ldots, \emptyset, A(Z))]$. Es reicht aus, an der Wurzel eines Ableitungsbaumes nur die Partition $(\emptyset, \ldots, \emptyset, A(Z))$ von $A(Z)$ zu betrachten, weil von den Attributinstanzen an der Wurzel keine weiteren Attributinstanzen abhängen können und somit alle erst im k–ten sweep berechnet werden brauchen (und evtl. auch erst berechnet werden können). Dies gilt natürlich nicht unbedingt für alle mit Z beschrifteten Knoten eines Ableitungsbaumes von G_0.

Wenn die Produktion $p = (X_0 \to w_0 X_1 w_1 \ldots X_n w_n)$ in P liegt, dann ist die Produktion

$$p' = ([X_0, \Pi_0] \to w_0 [X_1, \Pi_1] w_1 \ldots [X_n, \Pi_n] w_n)$$

in P', wobei $\Pi_0, \Pi_1, \ldots$ und Π_n geordnete Partitionen von $X_0, X_1, \ldots$ bzw. X_n sind und p eine simple k–sweep Produktion für $\Pi_0, \Pi_1, \ldots, \Pi_n$ ist. (Eine solche Folge $\Pi_0, \Pi_1, \ldots, \Pi_n$ existiert, da G eine pure k–sweep Attributgrammatik ist.) Hierbei entstehen evtl. auch Produktionen mit linker Seite $[Z, \Pi]$ mit $\Pi \neq (\emptyset, \ldots, \emptyset, A(Z))$. Da diese linken Seiten jedoch nicht dem Startsymbol entsprechen, können diese Produktionen nicht an der Wurzel von Ableitungsbäumen von G'_0 angewandt sein.

Die Attributbeschreibung $B' = (S\text{-}Att, I\text{-}Att, S', I', \alpha_0, W)$ wird folgendermaßen von B übernommen: für alle $[X, \Pi] \in N'$ gilt $S'([X, \Pi]) = S(X)$ und $I'([X, \Pi]) = I(X)$.

Für alle Produktionen $p' = ([X_0, \Pi_0] \to w_0 [X_1, \Pi_1] w_1 \ldots [X_n, \Pi_n] w_n)$ von G'_0 setze $R(p') = R(p)$, wobei $p = (X_0 \to w_0 X_1 w_1 \ldots X_n w_n)$.

Das beendet die Konstruktion von G'. Damit gilt $\tau_{sv}(G) = \tau_{sv}(G')$, denn für alle isomorphen Ableitungsbäume t und t' von G_0 bzw. G'_0 mit $\underline{label}_t(x) = X$, falls $\underline{label}_{t'}(x) = [X, \Pi]$ für alle $x \in \underline{inode}(t')$ und $\underline{label}_t(x) = \underline{label}_{t'}(x)$ für alle $x \in \underline{node}(t') - \underline{inode}(t')$ gilt $\underline{val}_t(\langle \alpha_0, root(t) \rangle) = \underline{val}_{t'}(\langle \alpha_0, root(t') \rangle)$, wobei $\underline{val}_t$ und $\underline{val}_{t'}$ die einzigen zulässigen Dekorationen von t bzw. t' sind.

Zum Beweis der simple k–sweep Eigenschaft von G' müssen nun noch die geordneten Partitionen der Attribute der Nichtterminalsymbole und die visit–Sequenzen der Produktionen festgelegt werden:

Wir ordnen jedem Nichtterminalsymbol $[X, (A_1(X), \ldots, A_k(X))]$ aus N' die geordnete Partition $(A_1(X), \ldots, A_k(X))$ von $A(X)$ zu.

Sei $p' = ([X_0, \Pi_0] \to w_0 [X_1, \Pi_1] w_1 \ldots [X_n, \Pi_n] w_n)$ eine Produktion in P' und sei $1 \leq j \leq k$. Wir definieren die visit–Sequenz $v_{p',j}$ folgendermaßen: Wir betrachten den brother–graph des Teilgraphen $D_j(p')$ von $D(p')$, der von $A_j(p')$ induziert wird. Da $D_j(p')$ nach der obigen Konstruktion (vgl. auch die 1. Bedingung aus Definition 4.17) keine indirekten Zykel enthält, kann auch der brother–graph keinen Zykel enthalten und wir können dessen Knoten topologisch sortieren. Diese Sortierung liefert eine Permutation $([X_{j_1}, \Pi_{j_1}], \ldots, [X_{j_n}, \Pi_{j_n}])$ von $([X_1, \Pi_1], \ldots, [X_n, \Pi_n])$ mit $1 \leq j_l \leq n$ für alle $l \in [n]$ und $j_l \neq j_{l'}$ für alle $l, l' \in [n]$ mit $l \neq l'$. Damit können wir die visit–Sequenz $v_{p',j} = (j_1, \ldots, j_n)$ setzen. $\square$

4.5 Übungsaufgaben

Aufgabe 12

Gegeben sei die folgende Attributgrammatik $G = (G_0, D, B, R)$:

- $G_0 = (N, \Sigma, Z, P)$ mit
  $N = \{Z, X\}$, $\Sigma = \{a\}$ und $P = \{Z \to X, \quad X \to X\,X, \quad X \to a\}$.

- $D = (\{\kappa\}, \Omega, \Phi, \Psi, \varphi)$ mit $\Phi = \{u^{(\varepsilon,\kappa)}\}$ und $\Psi = \emptyset$.
  Ω und φ werden nicht angegeben, weil sie für diese Aufgabe nicht relevant sind.

- $B = (\{\alpha_1, \alpha_2\}, \{\beta_1, \beta_2\}, S, I, \alpha_1, W)$ mit
  $$\begin{aligned}
  S(Z) &= \{\alpha_1\} \\
  S(X) &= \{\alpha_1, \alpha_2\} \\
  I(X) &= \{\beta_1, \beta_2\} \\
  W(\gamma) &= \kappa \text{ für alle } \gamma \in Att
  \end{aligned}$$

- $R = (R(p) \mid p \in P)$ mit
  $$\begin{aligned}
  R(Z \to X): \quad \langle \alpha_1, 0 \rangle &= \langle \alpha_1, 1 \rangle & R(X \to X\,X): \quad \langle \alpha_1, 0 \rangle &= \langle \alpha_2, 2 \rangle \\
  \langle \beta_1, 1 \rangle &= u & \langle \alpha_2, 0 \rangle &= \langle \beta_2, 0 \rangle \\
  \langle \beta_2, 1 \rangle &= u & \langle \beta_1, 1 \rangle &= \langle \alpha_1, 2 \rangle \\
  R(X \to a): \quad \langle \alpha_1, 0 \rangle &= \langle \beta_1, 0 \rangle & \langle \beta_2, 1 \rangle &= \langle \alpha_1, 1 \rangle \\
  \langle \alpha_2, 0 \rangle &= \langle \beta_2, 0 \rangle & \langle \beta_1, 2 \rangle &= \langle \beta_1, 0 \rangle \\
  & & \langle \beta_2, 2 \rangle &= \langle \alpha_2, 1 \rangle
  \end{aligned}$$

Geben Sie alle Klassen des Inklusionsdiagrammes aus Abbildung 4.10 an, in denen G liegt. Begründen Sie jeweils, warum G in diesen Klassen liegt. Begründen Sie auch, warum G nicht in den anderen Klassen liegt.

Aufgabe 13

Gegeben sei die folgende pure 2–sweep Attributgrammatik $G = (G_0, D, B, R)$:

- $G_0 = (N, \Sigma, Z, P)$ mit
  $N = \{Z, X\}$, $\Sigma = \{a\}$ und $P = \{Z \to X, \quad X \to X\,X, \quad X \to a\}$.

- $D = (\{\kappa\}, \Omega, \Phi, \Psi, \varphi)$ mit $\Phi = \{u^{(\varepsilon,\kappa)}, f^{(\kappa\,\kappa,\kappa)}, g^{(\kappa,\kappa)}, h^{(\kappa,\kappa)}\}$ und $\Psi = \emptyset$.
  Ω und φ werden nicht angegeben, weil sie für diese Aufgabe nicht relevant sind.

- $B = (\{\alpha_1, \alpha_2\}, \{\beta_1, \beta_2\}, S, I, \alpha_1, W)$ mit
  $$\begin{aligned}
  S(Z) &= \{\alpha_1\} \\
  S(X) &= \{\alpha_1, \alpha_2\} \\
  I(X) &= \{\beta_1, \beta_2\} \\
  W(\gamma) &= \kappa \text{ für alle } \gamma \in Att
  \end{aligned}$$

- $R = (R(p) \mid p \in P)$ mit

$$
\begin{aligned}
R(Z \to X): \quad \langle \alpha_1, 0 \rangle &= f(\langle \alpha_1, 1 \rangle, \langle \alpha_2, 1 \rangle) \\
\langle \beta_1, 1 \rangle &= u \\
\langle \beta_2, 1 \rangle &= u \\
R(X \to a): \quad \langle \alpha_1, 0 \rangle &= g(\langle \beta_1, 0 \rangle) \\
\langle \alpha_2, 0 \rangle &= h(\langle \beta_2, 0 \rangle)
\end{aligned}
\qquad
\begin{aligned}
R(X \to X\,X): \quad \langle \alpha_1, 0 \rangle &= \langle \alpha_2, 2 \rangle \\
\langle \alpha_2, 0 \rangle &= \langle \alpha_2, 1 \rangle \\
\langle \beta_1, 1 \rangle &= \langle \beta_1, 0 \rangle \\
\langle \beta_2, 1 \rangle &= \langle \alpha_1, 2 \rangle \\
\langle \beta_1, 2 \rangle &= \langle \beta_2, 0 \rangle \\
\langle \beta_2, 2 \rangle &= \langle \alpha_1, 1 \rangle
\end{aligned}
$$

(a) Begründen Sie, warum G pure 2–sweep ist.

(b) Konstruieren Sie aus G nach dem Verfahren aus der Vorlesung eine simple 2–sweep Attributgrammatik G' mit $\tau_{sv}(G') = \tau_{sv}(G)$. Berücksichtigen Sie dabei der Einfachheit halber jeweils nur die geordneten Partitionen, die sich ergeben, wenn man davon ausgeht, daß an jedem Knoten x eines Ableitungsbaumes t von G_0, der mit X beschriftet ist, jeweils entweder die beiden Attributinstanzen $\langle \beta_1, x \rangle$ und $\langle \alpha_1, x \rangle$ oder die beiden Attributinstanzen $\langle \beta_2, x \rangle$ und $\langle \alpha_2, x \rangle$ in einem sweep berechnet werden.

4.6 Bibliographische Anmerkungen

Es gibt sehr viele Untersuchungen zur Attributauswertung in passes, sweeps und visits; eine Übersicht bieten [Fil83, Eng84, Mah88, EF89, Alb91]. Die Betrachtungen in den Abschnitten 4.2 und 4.4 sind aus [EF89] entnommen; in [EF89] finden sich auch die Beweise zur Striktheit der Inklusionen auf Seite 71. Die Beispiele aus Abschnitt 4.3 stammen aus [EF82]. In [EF89] wird diskutiert, ob für eine in Abschnitt 4.2 vorgestellte Klasse von Attributgrammatiken entscheidbar ist, ob eine vorgelegte Attributgrammatik dieser Klasse angehört, und gegebenenfalls, wie schwierig bzgl. des Zeitaufwandes diese Entscheidung ist.

Teil II

Ausgewählte Problemstellungen

Hier wollen wir auf einige ausgewählte Problemstellungen im Zusammenhang mit Attributgrammatiken eingehen. Dabei geht es um die Einbettung des Konzepts der Attributgrammatiken in die Konzepte der Logik–Programmierung und der funktionalen Programmierung, um die Konstruktion eines effizienten Attributauswerters für eine sehr große Teilklasse von AG, um die Verzahnung von parsing und Attributauswertung und um inkrementelle Attributauswertung.

Kapitel 5

Einbettung in die Logik–Programmierung

Die Logik–Programmierung ist eine Ausprägung der deklarativen Programmierung. In diesem Kapitel wollen wir Attributgrammatiken in die Logik–Programmierung einbetten; genauer gesagt: jeder Attributgrammatik G ordnen wir ein Logik–Programm zu, dessen Menge von Beweisbäumen isomorph zur Menge der zulässig dekorierten Ableitungsbäume von G ist. Wir werden diskutieren, unter welchen Bedingungen auch die umgekehrte Zuordnung möglich ist. Doch zunächst wiederholen wir kurz die notwendigen Definitionen aus dem Bereich der Logik–Programmierung.

5.1 Logik–Programmierung

Die Logik–Programmierung rechnet man zur sogenannten deklarativen Programmierung. Beim Programmieren mit Hilfe dieses Paradigmas abstrahiert man von den durch die von–Neumann–Rechner geprägten Gegebenheiten der imperativen Programmierung (wie dem Variablenkonzept und der Wertzuweisung) und betrachtet die Spezifikation eines Problems als Programm. Eine andere Ausprägung des Paradigmas der deklarativen Programmierung ist die funktionale Programmierung (siehe Kapitel 6).

In der Logik–Programmierung wird ein Problem durch eine endliche Menge von speziellen Hornformeln definiert; das sind besondere Formeln der Prädikatenlogik erster Stufe: Eine Hornformel ist der universelle Abschluß einer Disjunktion von Literalen, von denen höchstens ein Literal positiv ist. Bei den folgenden Definitionen seien immer endliche Rangalphabete Ψ und Φ von Prädikats– bzw. Operationssymbolen, sowie eine abzählbare Menge V von Variablen gegeben.

Definition 5.1 (Literal)

1. Ein *Literal* L ist ein Ausdruck der Form $\neg p(t_1, \ldots, t_n)$ oder $p(t_1, \ldots, t_n)$, wobei p ein n–stelliges Prädikatssymbol ist und $t_1, \ldots, t_n$ aus $T_\Phi(V)$ (also Terme über den Mengen Φ und V der Operationssymbole bzw. Variablen) sind.

2. Wenn $L = \neg p(t_1, \ldots, t_n)$, dann heißt L *negatives Literal*, sonst heißt L *positives Literal*. $\square$

Definition 5.2 (Hornformel)

1. Eine *Hornformel* hat die Gestalt

$$\forall x_1 \ldots \forall x_k (L_0 \vee \ldots \vee L_n),$$

wobei $L_0, \ldots, L_n$ Literale sind, höchstens ein Literal positiv ist und $x_1, \ldots, x_k \in V$ alle in $L_0, \ldots, L_n$ auftretenden Variablen sind.

2. Eine *definite Hornformel* ist eine Hornformel mit genau einem positiven Literal.

3. Eine *Faktformel* ist eine Hornformel $\forall x_1 \ldots \forall x_k L_0$, in der L_0 ein positives Literal ist.

4. Eine *Zielformel* ist eine Hornformel $\forall x_1 \ldots \forall x_k (L_1 \vee \ldots \vee L_n)$, in der jedes Literal L_i mit $1 \leq i \leq n$ negativ ist. $\square$

Wie in der Logik–Programmierung üblich, so notieren wir auch hier eine Hornformel $F = \forall x_1 \ldots \forall x_k (L_0 \vee \ldots \vee L_n)$ folgendermaßen:

- F ist definite Hornformel mit positivem Literal $L_0 : L_0 \leftarrow L_1, \ldots, L_n$.

- F ist Faktformel mit positivem Literal $L_0 : L_0 \leftarrow$.

- F ist Zielformel: $\leftarrow L_1, \ldots, L_n$.

Definition 5.3 (Logik–Programm)

Ein *Logik–Programm* ist ein Tupel $H = (\Psi, \Phi, U)$, wobei

- Ψ ein Rangalphabet von Prädikatssymbolen ist,

- Φ ein Rangalphabet von Operationssymbolen ist, und

- U eine endliche Menge von definiten Hornformeln ist, in denen neben Variablen nur Symbole aus Ψ und Φ auftreten. $\square$

Beispiel 5.4

Wir wollen die Beziehung $x_1 + x_2 = x_3$ für drei natürliche Zahlen x_1, x_2 und x_3 in Form eines Logik–Programms zum Ausdruck bringen. Dazu repräsentieren wir die natürlichen Zahlen als Terme über dem nullstelligen Operationssymbol 0 und dem einstelligen Operationssymbol s, dann repräsentiert z.B. der Term $s(s(s(0)))$ die Zahl 3. Wir benutzen ein dreistelliges Prädikatssymbol *add*, welches durch die beiden folgenden definiten Hornformeln spezifiziert ist:

$$add(0, x_1, x_1) \leftarrow . \tag{5.1}$$

$$add(s(x_1), x_2, s(x_3)) \leftarrow add(x_1, x_2, x_3). \tag{5.2}$$

oder, rückverwandelt in die normale Schreibweise der Prädikatenlogik:

$$\forall x_1\big(add(0, x_1, x_1)\big)$$
$$\forall x_1 \forall x_2 \forall x_3\big(add(s(x_1), x_2, s(x_3)) \vee \neg add(x_1, x_2, x_3)\big).$$

Dabei ist z.B. $add(s(x_1), x_2, s(x_3))$ ein positives Literal und $\neg add(x_1, x_2, x_3)$ ein negatives Literal. Die Menge U der beiden Hornformeln (5.1) und (5.2) bildet zusammen mit den Rangalphabeten $\Psi = \{add^{(3)}\}$ und $\Phi = \{s^{(1)}, 0^{(0)}\}$ ein Logik–Programm, wir nennen es $H(add)$.

Nun möchten wir mit Hilfe des Logik–Programms $H(add)$ die natürlichen Zahlen x_1 und x_3 herausfinden, für welche

$$x_1 + 1 = x_3$$

gilt. Diesen Wunsch können wir durch die Zielformel

$$\leftarrow add(x_1, s(0), x_3).$$

ausdrücken. Um jetzt alle Wertepaare (x_1, x_3) mit der Eigenschaft $x_1 + 1 = x_3$ ermitteln zu können, müssen wir der Zielformel bzgl. des Logik–Programms $H(add)$ eine Semantik zuordnen; diese Semantik sollte dann alle gewünschten Wertepaare enthalten, etwa in der Form der Menge:

$$M(H(add)) \;=\; \{add(0, s(0), s(0)), add(s(0), s(0), s(s(0))),$$
$$add(s(s(0)), s(0), s(s(s(0)))), \ldots\}$$

$\square$

Im allgemeinen gibt es drei verschiedene, aber äquivalente Möglichkeiten, eine solche Semantik für eine Zielformel F und ein Logik–Programm H (in Form einer Menge) zu definieren: die deklarative Semantik $S_d(F, H)$, die prozedurale Semantik $S_p(F, H)$ und die Fixpunktsemantik $S_{fp}(F, H)$. Bei der deklarativen Semantikgebung wird die semantische Folgerungsrelation benutzt, um aus dem Logik–Programm H gültige Formeln (bzgl. eines semantischen Bereichs) abzuleiten; dann wird gefragt, ob unter den so abgeleiteten Formeln eine Grundinstanz (vgl. Definition 5.5) von F ist. Bei der prozeduralen Semantikgebung wird mit Hilfe einer widerlegungsvollständigen Ableitungsrelation (z.B. der SLD–Resolution) aus der Zielformel F syntaktisch ein Widerspruch hergeleitet. Bei der Fixpunktsemantikgebung erzeugt man ausgehend von der leeren Menge durch iterierte Anwendung der Hornformeln des Logik–Programms H neue gültige Formeln; auch hier wird anschließend gefragt, ob unter den so erzeugten Formeln eine Grundinstanz von F ist. Alle drei Möglichkeiten der Semantikgebung erzeugen dieselbe Menge von Grundinstanzen der Zielformel, d.h. $S_d(F, H) = S_p(F, H) = S_{fp}(F, H)$; für unser Beispielprogramm $H(add)$ wird die Menge $M(H(add))$ erzeugt.

Für unsere weiteren Betrachtungen in diesem Kapitel wollen wir eine Variante der Fixpunktsemantik zugrundelegen. Dazu ordnen wir jedem Logik–Programm eine Menge von Beweisbäumen zu, welche ebenfalls durch iterierte Anwendung der Hornformeln des Logik–Programms entsteht. Zunächst führen wir die Begriffe Substitution und Instanz ein. Diese Begriffe ermöglichen dann die Definition der Beweisbäume eines Logik–Programms.

Definition 5.5 (Substitution, Instanzen von Termen, Literalen und Hornformeln)

1. Eine *Variablensubstitution* ist eine Funktion $\varphi : V \longrightarrow T_\Phi(V)$; außerdem verändert φ nur endlich viele Variablen, d.h. die Menge $\{x \in V \mid \varphi(x) \neq x\}$ ist endlich.

2. Eine *Instanz eines Terms* t ist das Bild $\tilde{\varphi}(t)$ von t unter einer Variablensubstitution φ, wobei $\tilde{\varphi}$ die homomorphe Fortsetzung von φ auf Terme ist.

3. Eine *Instanz eines Literals* $L = p(t_1, \ldots, t_n)$ (bzw. $L = \neg p(t_1, \ldots, t_n)$) ist das Bild $p(\tilde{\varphi}(t_1), \ldots, \tilde{\varphi}(t_n))$ (bzw. $\neg p(\tilde{\varphi}(t_1), \ldots, \tilde{\varphi}(t_n))$) unter einer Variablensubstitution φ.

4. Sei $F = (L_0 \leftarrow L_1, \ldots, L_n.)$ eine definite Hornformel (bzw. $F = (\leftarrow L_1, \ldots, L_n.)$ eine Zielformel) und φ eine Variablensubstitution. Dann ist $\tilde{\varphi}(L_0) \leftarrow \tilde{\varphi}(L_1), \ldots, \tilde{\varphi}(L_n)$. (bzw. $\leftarrow \tilde{\varphi}(L_1), \ldots, \tilde{\varphi}(L_n).$) eine *Instanz von* F. $\qquad\qquad\square$

Definition 5.6 (Beweisbaum)

Sei H ein Logik–Programm mit einer Menge U von definiten Hornformeln. Die *Menge der Beweisbäume von* H ist die kleinste Menge von geordneten, knotenbeschrifteten Bäumen mit den beiden folgenden Eigenschaften.

1. Wenn $\tilde{L} \leftarrow .$ eine Instanz einer Hornformel in U ist, dann ist der folgende Baum T ein Beweisbaum von H: T hat einen Knoten, der mit $\tilde{L}$ beschriftet ist.

2. Wenn $\tilde{L}_0 \leftarrow \tilde{L}_1, \ldots, \tilde{L}_n.$ eine Instanz einer Hornformel in U ist und wenn $T_1, \ldots, T_n$ Beweisbäume von H mit Wurzelbeschriftungen $\tilde{L}_1, \ldots, \tilde{L}_n$ sind, dann ist der Baum mit Wurzelbeschriftung $\tilde{L}_0$ und den direkten Teilbäumen $T_1, \ldots, T_n$ ein Beweisbaum von H.

Ist zusätzlich $g = (\leftarrow L_1, \ldots, L_n.)$ eine Zielformel für H und $\tilde{g} = (\leftarrow \tilde{L}_1, \ldots, \tilde{L}_n.)$ eine Instanz von g, so definieren wir die *Menge der Beweisbäume von* H *und* g als Menge der Bäume, deren Wurzel mit einem neuen n–stelligen Symbol *goal* beschriftet ist und deren Teilbäume $T_1, \ldots, T_n$ Beweisbäume von H mit Wurzelbeschriftungen $\tilde{L}_1, \ldots, \tilde{L}_n$ sind. $\quad\square$

In den beiden folgenden Abschnitten wollen wir stets einem Logik–Programm die Menge seiner Grundbeweisbäume zuordnen und diese Menge mit der Menge von zulässig dekorierten Ableitungsbäumen vergleichen. Die Definition eines Grundbeweisbaums baut auf den Begriff der Grundinstanz von Literalen auf.

Definition 5.7 (Grundinstanz und Grundbeweisbaum)

Eine Instanz eines Terms, eines Literals oder einer Hornformel, die keine Variablen enthält, heißt *Grundinstanz*.

Ein Beweisbaum heißt *Grundbeweisbaum*, wenn alle seine Knoten mit Grundinstanzen von Literalen beschriftet sind. $\qquad\qquad\square$

Beispiel 5.8

Wir erweitern das vorangegangene Beispiel (mit den Hornformeln 5.1 und 5.2), indem wir das zweistellige Prädikat fib mit den Hornformeln

$$fib(0,0) \leftarrow . \tag{5.3}$$

$$fib\left(s\left(0\right), s\left(0\right)\right) \leftarrow . \tag{5.4}$$

$$fib\left(s\left(s\left(x_1\right)\right), x_2\right) \leftarrow fib\left(s\left(x_1\right), x_3\right), fib\left(x_1, x_4\right), add\left(x_3, x_4, x_2\right). \tag{5.5}$$

den Hornformeln für das Prädikat add hinzufügen. Das so entstandene Logik–Programm nennen wir $H(fib)$.

In Abbildung 5.1 sind zwei Beweisbäume von $H(fib)$ gezeigt, in denen Terme der Form $\underbrace{s(s(\ldots s(0)\ldots))}_{k}$ durch $s^k 0$ abgekürzt sind. In den Beweisbäumen (a) und (b) der Abbildung 5.1 sind die Beschriftungen aller Knoten Grundinstanzen von positiven Literalen. Damit handelt es sich um Grundbeweisbäume.

Allerdings läßt das Konzept des Beweisbaumes auch Bäume zu, bei denen die Beschriftungen der Knoten Variablen enthalten, wie z.B. in Abbildung 5.2, in der $add(0, s^2 x_1, s^2 x_1)$ und $add(s0, s^2 x_1, s^3 x_1)$ Instanzen von $add(0, x_1, x_1)$ bzw. $add(s(x_1), x_2, s(x_3))$ sind. $\square$

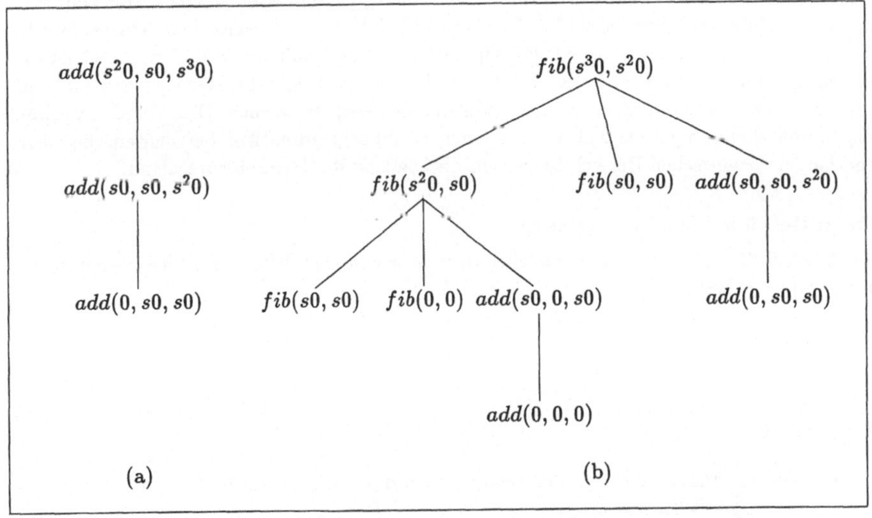

Abb. 5.1: Grundbeweisbäume des Logik–Programmes $H(fib)$.

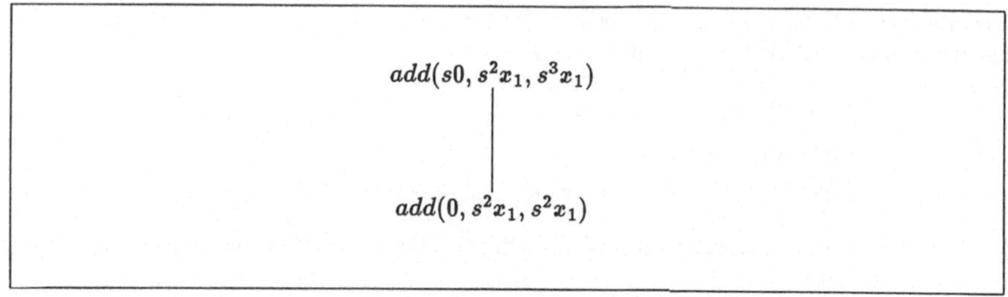

Abb. 5.2: Beweisbaum von $H(fib)$ mit Variablen.

5.2   Übersetzung von Attributgrammatiken in Logik–Programme

Wir wollen überlegen, unter welchen Bedingungen einer Attributgrammatik G ein Logik–Programm H_G zugeordnet werden kann, so daß die Menge der zulässig dekorierten Ableitungsbäume von G isomorph zur Menge der Grundbeweisbäume von H_G ist. Das erste Problem besteht in der Tatsache, daß bei Attributgrammatiken beliebige, insbesondere also überabzählbare Wertmengen erlaubt sind; dagegen rechnet ein Logik–Programm nur in der abzählbaren Wertmenge der Terme mit Variablen. Das zweite Problem besteht in der beliebigen Interpretierbarkeit von Operations– und Prädikatssymbolen; dabei ist die Interpretation der Symbole in der Definition der Interpretationsfunktion φ versteckt und braucht noch nicht einmal durch Algorithmen angegeben zu werden. Diese beiden Probleme werden dadurch gelöst, daß wir nur solche Attributgrammatiken betrachten, die einen speziellen semantischen Bereich benutzen, die sogenannte Terminterpretation.

Definition 5.9 (Terminterpretation)

Sei $D = (K, \Omega, \Phi, \Psi, \varphi)$ ein semantischer Bereich wie in Definition 3.1. D heißt eine *Terminterpretation*, wenn

- $card(K) = 1$,

- $\Omega = T_\Phi$,

- $\Psi = \emptyset$,

- φ *interpretiert die Operationssymbole frei*, d.h. für jedes $f \in \Phi^{(k)}$ mit $k \geq 0$ gilt $\varphi(f) : T_\Phi^k \longrightarrow T_\Phi$ mit
$$\varphi(f)(t_1, \ldots, t_k) = f(t_1, \ldots, t_k)$$
  für alle $t_1, \ldots, t_k \in T_\Phi$. $\qquad\qquad\square$

Attributgrammatiken über Terminterpretationen können also keine semantischen Bedingungen enthalten, weil $\Psi = \emptyset$; sie sind also unkonditional.

Wenn wir nun von einer Attributgrammatik G über einer Terminterpretation ausgehen, dann können wir ein Logik–Programm H_G so konstruieren, daß die Menge der zulässig dekorierten Ableitungsbäume von G isomorph zur Menge der Grundbeweisbäume von H_G ist. Dazu ordnen wir jedem Nichtterminalsymbol und jedem Terminalsymbol von G ein Prädikat zu. Bei einem Nichtterminalsymbol X wird die Rolle der Attribute von X durch die Argumente des zugeordneten Prädikats q_X übernommen; d.h. wenn X insgesamt $n(X)$ Attribute hat, dann ist $n(X)$ die Stelligkeit von q_X.

Durch diese Zuordnung wird eine Produktion $p = (X_0 \to w_0 X_1 w_1 \ldots X_n w_n)$ der kontextfreien Grammatik G_0 mit $w_j = a_{j,1} \ldots a_{j,r_j} \in \Sigma^*$ für alle $j \in [n] \cup \{0\}$ in das Gerüst

$$q_{X_0}(\ldots) \leftarrow q_{a_{0,1}}, \ldots, q_{a_{0,r_0}}, q_{X_1}(\ldots), q_{a_{1,1}}, \ldots, q_{a_{1,r_1}}, \ldots, q_{X_n}(\ldots), q_{a_{n,1}}, \ldots, q_{a_{n,r_n}}.$$

einer definiten Hornformel verwandelt. Eine Argumentposition eines Prädikats q_{X_i}, welche einem Attribut $\gamma \in A(X_i)$ entspricht, wird dann entweder mit der rechten Seite der entsprechenden semantischen Regel oder mit dem entsprechenden Attributvorkommen belegt; das hängt davon ab, ob das angesprochene Attributvorkommen innen oder außen bzgl. der Produktion p von G_0 liegt. Die Außenattributvorkommen von p werden also als Variablen im Logik–Programm H_G verwendet.

Das Prädikat q_a, welches einem Terminalsymbol a zugeordnet ist, hat die Stelligkeit 0. Für ein solches Prädikat q_a nehmen wir die definite Hornformel $q_a \leftarrow .$ in das Logik–Programm H_G auf.

Satz 5.10
Für jede Attributgrammatik G über einer Terminterpretation gibt es ein Logik–Programm H_G, dessen Menge von Grundbeweisbäumen isomorph zur Menge der zulässig dekorierten Ableitungsbäume von G ist.

Konstruktion:
Sei $G = (G_0, D, B, R)$ mit kontextfreier Grammatik $G_0 = (N, \Sigma, Z, P)$ und Terminterpretation $D = (K, T_\Phi, \Phi, \emptyset, \varphi)$. Sei $<_{Att}$ eine totale Ordnung auf der Menge Att aller Attribute von G. Konstruiere das Logik–Programm $H_G = (\Psi_G, \Phi_G, U_G)$ wie folgt.

- $\Psi_G = \{q_X \mid X \in N \cup \Sigma\}$; wenn $X \in N$ und $n(X) = card(A(X))$, dann ist $n(X)$ die Stelligkeit von q_X; wenn $X \in \Sigma$, dann ist die Stelligkeit von q_X gleich 0.

- $\Phi_G = \Phi$

- U_G : Wenn $p = (X_0 \to w_0 X_1 w_1 \ldots X_n w_n)$ mit $X_j \in N$, $w_j = a_{j,1} \ldots a_{j,r_j} \in \Sigma^*$ und $r_j \geq 0$ für alle $j \in [n] \cup \{0\}$ eine Produktion in P ist, dann ist die definite Hornformel

$$q_{X_0}\tilde{\xi}_0 \leftarrow q_{a_{0,1}}, \ldots, q_{a_{0,r_0}}, q_{X_1}\tilde{\xi}_1, q_{a_{1,1}}, \ldots, q_{a_{1,r_1}}, \ldots, q_{X_n}\tilde{\xi}_n, q_{a_{n,1}}, \ldots, q_{a_{n,r_n}}.$$

in U_G, wobei für jedes i mit $0 \leq i \leq n$ folgendes gilt:

Wenn $A(X_i) = \{\gamma_1, \ldots, \gamma_{n(X_i)}\}$ und o.B.d.A. $\gamma_j <_{Att} \gamma_{j+1}$ für alle j mit $1 \leq j < n(X_i)$, dann ist $\tilde{\xi}_i = (\xi_{i,1}, \ldots, \xi_{i,n(X_i)})$ und für alle j mit $1 \leq j \leq n(X_i)$ gilt:

   – wenn $\langle \gamma_j, i \rangle \in \mathit{außen}(p)$, dann $\xi_{i,j} = \langle \gamma_j, i \rangle$

   – wenn $\langle \gamma_j, i \rangle \in \mathit{innen}(p)$, dann ist $\xi_{i,j}$ die rechte Seite der semantischen Regel für $\langle \gamma_j, i \rangle$ in $R(p)$.

Darüberhinaus liegt für jedes $a \in \Sigma$ die definite Hornformel

$$q_a \leftarrow \ .$$

in C_G. $\Box$

Beispiel 5.11

Gegeben sei die Attributgrammatik $G(\mathit{bin})$ (vergleiche Beispiel 1.4), die durch die folgenden Produktionen einer kontextfreien Grammatik G_0 und deren zugehörige semantische Regeln beschrieben wird:

$$
\begin{array}{ll}
Z \ \rightarrow \ L & \\
\quad \text{sem. Regeln:} & \langle v, 0 \rangle = \langle v, 1 \rangle \\
& \langle s, 1 \rangle = 0 \\
\\
L \ \rightarrow \ LB & \\
\quad \text{sem. Regeln:} & \langle v, 0 \rangle = add(\langle v, 1 \rangle, \langle v, 2 \rangle) \\
& \langle s, 1 \rangle = inc(\langle s, 0 \rangle) \\
& \langle s, 2 \rangle = \langle s, 0 \rangle \\
\\
L \ \rightarrow \ B & \\
\quad \text{sem. Regeln:} & \langle v, 0 \rangle = \langle v, 1 \rangle \\
& \langle s, 1 \rangle = \langle s, 0 \rangle \\
\\
B \ \rightarrow \ 1 & \\
\quad \text{sem. Regel:} & \langle v, 0 \rangle = exp(\langle s, 0 \rangle) \\
\\
B \ \rightarrow \ 0 & \\
\quad \text{sem. Regel:} & \langle v, 0 \rangle = 0
\end{array}
$$

Dabei ist v ein synthetisches Attribut; s ist ein inherites Attribut. Die auftretenden Operationssymbole werden gemäß der Terminterpretation interpretiert.

Abbildung 5.3 zeigt einen zulässig dekorierten Ableitungsbaum von G_0, in dem t den Term $add(exp(inc(0)), exp(0))$ abkürzt.

Sei die totale Ordnung $<_{Att}$ auf der Menge der Attribute gegeben durch $s <_{Att} v$. Das konstruierte Logik–Programm $H_{G(\mathit{bin})}$ enthält die folgenden definiten Hornformeln:

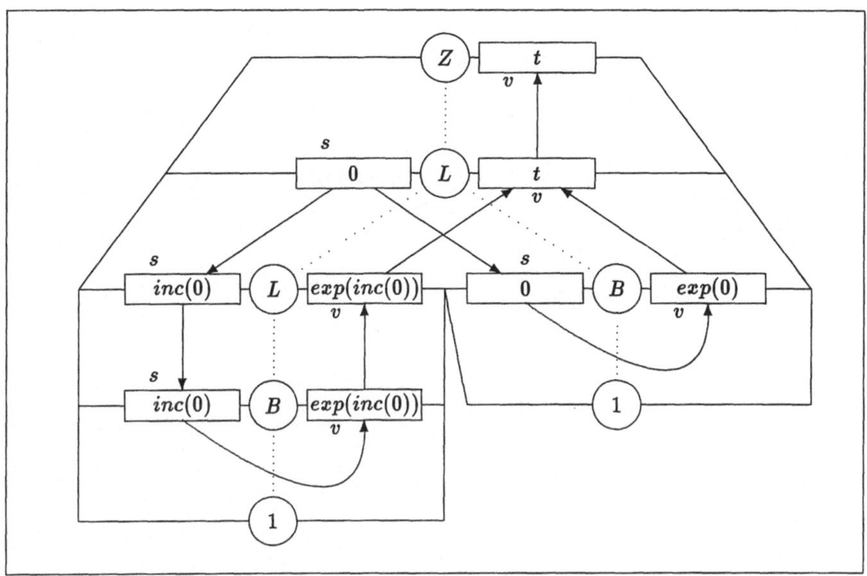

Abb. 5.3: Zulässig dekorierter Ableitungsbaum von G_0.

$$
\begin{aligned}
q_Z(\langle v,1\rangle) &\leftarrow q_L(0,\langle v,1\rangle).\\
q_L(\langle s,0\rangle, add(\langle v,1\rangle,\langle v,2\rangle)) &\leftarrow q_L(inc(\langle s,0\rangle),\langle v,1\rangle), q_B(\langle s,0\rangle,\langle v,2\rangle).\\
q_L(\langle s,0\rangle,\langle v,1\rangle) &\leftarrow q_B(\langle s,0\rangle,\langle v,1\rangle).\\
q_B(\langle s,0\rangle, exp(\langle s,0\rangle)) &\leftarrow q_1.\\
q_B(\langle s,0\rangle,0) &\leftarrow q_0.\\
q_1 &\leftarrow .\\
q_0 &\leftarrow .
\end{aligned}
$$

Der Grundbeweisbaum, der dem dekorierten Ableitungsbaum aus Abbildung 5.3 entspricht, ist in Abbildung 5.4 gezeigt. □

5.3 Übersetzung von Logik–Programmen in Attributgrammatiken

Jetzt wollen wir diskutieren, unter welchen Bedingungen wir eine umgekehrte Zuordnung vornehmen können, d.h. einem Logik–Programm H eine Attributgrammatik G_H zuordnen können, so daß dessen Menge von zulässig dekorierten Ableitungsbäumen isomorph zur Menge der Grundbeweisbäume von H ist. Wir werden dafür ein hinreichendes, entscheidbares Kriterium für Logik–Programme aufstellen und zeigen, daß es sowohl Logik–Programme gibt, die dieses Kriterium erfüllen, als auch Logik–Programme, welche es nicht erfüllen.

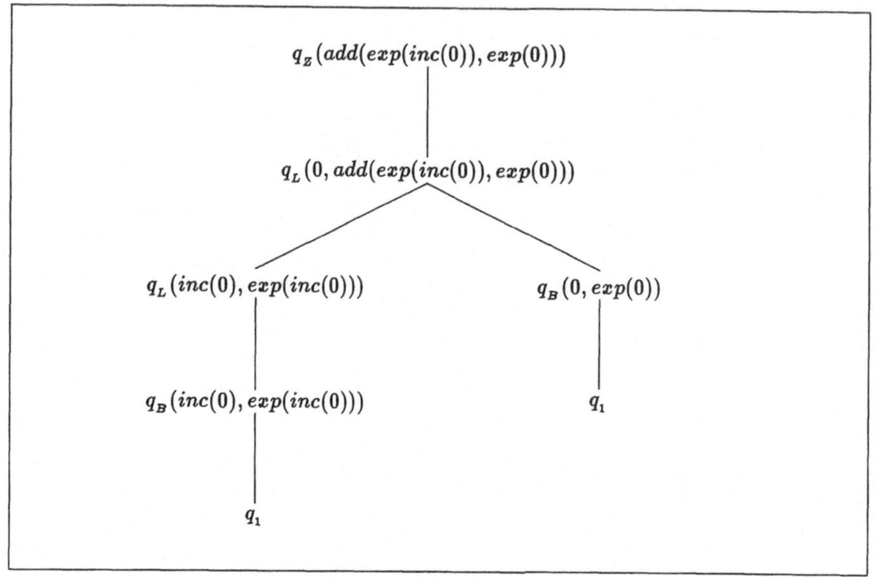

Abb. 5.4: Grundbeweisbaum von $H_{G(bin)}$.

Betrachten wir die Hornformel

$$c_1 = (fib(s(s(x_1)), x_2) \leftarrow fib(s(x_1), x_3), fib(x_1, x_4), add(x_3, x_4, x_2).)$$

aus Beispiel 5.8. Die naheliegende Idee zur Konstruktion von semantischen Regeln und semantischen Bedingungen ist folgende: Wir betrachten die Argumentpositionen der Prädikate in dieser Hornformel als lokale Attributvorkommen der Produktion

$$p(c_1) \quad = \quad (fib \rightarrow fib\, fib\, add\, c_1)$$

einer kontextfreien Grammatik; dabei sind fib und add Nichtterminalsymbole und c_1 ist ein Terminalsymbol. Das Terminalsymbol c_1, welches die Hornformel c_1 repräsentiert, dient ausschließlich zur Unterscheidung von Produktionen, die aus Hornformeln ähnlicher Struktur wie c_1 entstehen. Obwohl hierdurch die Isomorphie zwischen zulässig dekorierten Ableitungsbäumen und Grundbeweisbäumen streng genommen nicht mehr realisierbar ist, wollen wir dennoch am Isomorphiebegriff festhalten und abstrahieren dazu von denjenigen Knoten der entstehenden Ableitungsbäume, die mit Terminalsymbolen beschriftet sind.

Nun kann man intuitiv sagen, daß z.B. die jeweils ersten Argumentpositionen der drei Vorkommen von fib voneinander abhängen, weil sie eine gemeinsame Variable (nämlich x_1) enthalten. Um einen Informationstransport lokal zu $p(c_1)$ zu beschreiben, müssen wir diese symmetrische Relation („hängen voneinander ab") in eine totale Ordnung auf Attributvorkommen von $p(c_1)$ einbetten. Wie bei den Attributgrammatiken teilen wir dazu die Argumentpositionen der Hornformel in *Innen–Argumentpositionen* und *Außen–Argumentpositionen* auf; diese Aufteilung wird durch eine Etikettierung der Argumentpositionen eines Prädikats mit Transportrichtungen erreicht.

Definition 5.12 (Richtungsetikettierung)

Sei $H = (\Psi, \Phi, U)$ ein Logik–Programm. Eine *Richtungsetikettierung von H* ist eine Funktion $\underline{re} : Argpos \longrightarrow \{syn, inh\}$, wobei $Argpos = \{qi \mid q \in \Psi^{(n)}, n \geq 0 \text{ und } 1 \leq i \leq n\}$. $\square$

Definition 5.13 (Innen–, Außen–Argumentpositionen)

Sei $H = (\Psi, \Phi, U)$ ein Logik–Programm und $\underline{re}$ eine Richtungsetikettierung von H. Sei

$$c = (q_0(t_{0,1}, \dots, t_{0,n_0}) \quad \leftarrow \quad q_1(t_{1,1}, \dots, t_{1,n_1}), \dots, q_r(t_{r,1}, \dots, t_{r,n_r}).)$$

eine Hornformel in U.

Die Menge der *Innen–Argumentpositionen von c (bzgl. $\underline{re}$)* ist die Menge

$$innen(c) = \{\langle q_j i, j \rangle \mid \quad (j = 0 \text{ und } 1 \leq i \leq n_0 \text{ und } \underline{re}(q_j i) = syn) \text{ oder}$$
$$(1 \leq j \leq r \text{ und } 1 \leq i \leq n_j \text{ und } \underline{re}(q_j i) = inh)\}.$$

Die Menge der *Außen–Argumentpositionen von c (bzgl. $\underline{re}$)* ist die Menge

$$außen(c) = \{\langle q_j i, j \rangle \mid \quad (j = 0 \text{ und } 1 \leq i \leq n_0 \text{ und } \underline{re}(q_j i) = inh) \text{ oder}$$
$$(1 \leq j \leq r \text{ und } 1 \leq i \leq n_j \text{ und } \underline{re}(q_j i) = syn)\}. \qquad \square$$

Beispiel 5.14

Für das Logik–Programm aus den Beispielen 5.4 und 5.8 gilt

$Argpos = \{fib1, fib2, add1, add2, add3\}$.

Wenn wir z.B. die Richtungsetikettierung

$\underline{re}(fib1) = inh, \underline{re}(fib2) = syn, \underline{re}(add1) = \underline{re}(add2) = inh$ und $\underline{re}(add3) = syn$

festlegen, so gilt für die Hornformel

$c_1 = (fib(s(s(x_1)), x_2) \leftarrow fib(s(x_1), x_3), fib(x_1, x_4), add(x_3, x_4, x_2).)$:

$$innen(c_1) = \{\langle fib2, 0 \rangle, \langle fib1, 1 \rangle, \langle fib1, 2 \rangle, \langle add1, 3 \rangle, \langle add2, 3 \rangle\}$$

$$außen(c_1) = \{\langle fib1, 0 \rangle, \langle fib2, 1 \rangle, \langle fib2, 2 \rangle, \langle add3, 3 \rangle\}. \qquad \square$$

Ähnlich zum Abhängigkeitsgraphen $D(p)$ einer Produktion p können wir hier den Informationstransport zwischen Argumentpositionen einer Hornformel graphisch veranschaulichen. Abbildung 5.5 zeigt diesen Informationstransport für die Hornformel c_1.

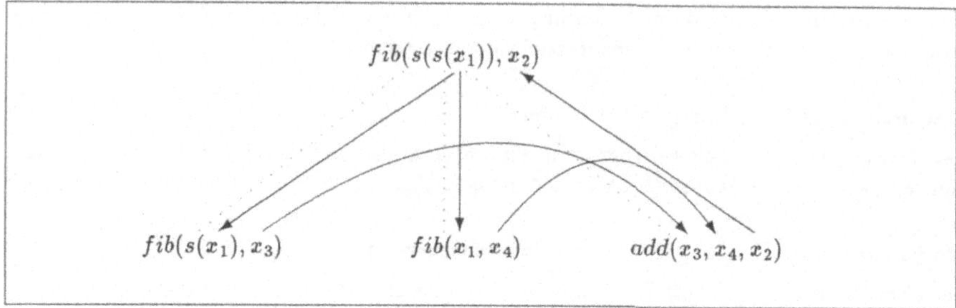

Abb. 5.5: Informationstransport zwischen Argumentpositionen.

Der entsprechende Abhängigkeitsgraph der Produktion

$$p(c_1) = (fib \rightarrow fib\,fib\,add\,c_1)$$

ist in Abbildung 5.6 dokumentiert, in der die Attributvorkommen durch die Argumentpositionen von c_1 bezeichnet sind.

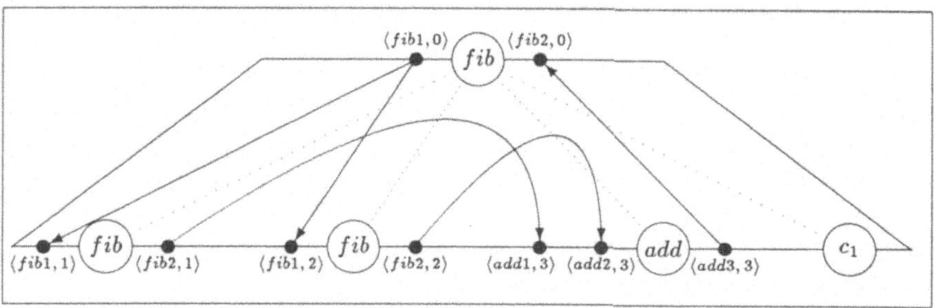

Abb. 5.6: Abhängigkeitsgraph von $p(c_1)$.

Nun ist die Frage, wie die semantischen Regeln und semantischen Bedingungen definiert werden können. Dabei lassen wir der Einfachheit halber in diesem Abschnitt allgemeinere semantische Regeln und Bedingungen als bisher zu: Die rechte Seite einer semantischen Regel darf nun ein beliebiger Term bestehend aus Operationssymbolen sein, an dessen Blättern Außenattributvorkommen stehen können. Eine semantische Bedingung darf ein Term sein, an dessen Wurzel ein Prädikatssymbol steht. Die Nachfolger der Wurzel dürfen beliebige Terme aus Operationssymbolen und Außenattributvorkommen sein. Diese Verallgemeinerung vergrößert nicht die Ausdrucksstärke von Attributgrammatiken, weil ein solcher Term auch durch ein neues Operationssymbol bzw. ein neues Prädikatssymbol, welches auf die in dem Term vorkommenden Außenattribute angewandt wird, ersetzt werden kann. Die Interpretation der neuen Symbole muß dann der Interpretation des gesamten ursprünglichen Terms entsprechen.

Für das Attributvorkommen $\langle fib1, 1 \rangle$ ist die Form der semantischen Regel klar:

$$\langle fib1, 1 \rangle \quad = \quad s(t),$$

wobei t ein Term ist mit demselben Wert wie x_1. Wie erhält man den Wert von x_1? Dazu verwenden wir einen kleinen Trick und führen ein neues Operationssymbol $sel_1{-}s$ ein; dies ist einstellig und $\varphi(sel_1{-}s)$ selektiert von einem Term θ mit Wurzelbeschriftung s den ersten Teilbaum. Damit kann die semantische Regel wie folgt vervollständigt werden:

$$\langle fib1, 1 \rangle \quad = \quad s(sel_1{-}s(sel_1{-}s(\langle fib1, 0 \rangle))),$$

denn $\langle fib1, 0 \rangle$ enthält den Term $s(s(x_1))$ und $\varphi(sel_1{-}s)(\varphi(sel_1{-}s)(s(s(x_1)))) = \varphi(sel_1{-}s)(s(x_1)) = x_1$. Den Term $sel_1{-}s(sel_1{-}s(\mu))$, wobei μ ein neues Symbol ist, nennen wir einen Selektorterm von $s(s(x_1))$ für x_1.

Im allgemeinen Fall führen wir für ein k–stelliges Operationssymbol f die neuen Operationssymbole $sel_1{-}f, \ldots, sel_k{-}f$ ein.

Definition 5.15 (Selektorterm)

Sei $t \in T_\Phi(V)$ und $x \in V$ eine Variable, welche in t vorkommt.

Ein *Selektorterm von t für x* ist ein Term der Form

$$sel_{i_k}{-}f_{i_k}(\ldots sel_{i_1}{-}f_{i_1}(\mu) \ldots),$$

wobei:

- für jedes j mit $1 \leq j \leq k$ gilt $\underline{label}_t(i_1 \ldots i_{j-1}) = f_{i_j}$,

- $\underline{label}_t(i_1 \ldots i_k) = x$ und

- μ ist ein neues Symbol. $\qquad\qquad\qquad\qquad\qquad\qquad\qquad\qquad\square$

Sei z.B. $t = g(f(x_1), h(a, x_1))$. Dann sind folgende Terme Selektorterme von t für x_1:

$$sel_1{-}f(sel_1{-}g(\mu))$$

$$sel_2{-}h(sel_2{-}g(\mu))$$

Unsere Vorgehensweise des Herausselektierens gewünschter Variablen funktioniert offensichtlich deshalb, weil für jede Innen–Argumentposition gilt: jede Variable, die im dort stehenden Term vorkommt, steht auch in einer Außen–Argumentposition und kann von dort durch einen Selektorterm herausgelesen werden. Ob diese Eigenschaft vorliegt, hängt von der zugrundeliegenden Richtungsetikettierung und dem Auftreten der Variablen ab.

Definition 5.16 (sichere Richtungsetikettierung)

Sei $H = (\Psi, \Phi, U)$ ein Logikprogramm und sei $\underline{re} : Argpos \longrightarrow \{syn, inh\}$ eine Richtungsetikettierung.

Dann heißt $\underline{re}$ *sicher für H*, wenn es

- für jede Hornformel

  $$c = (q_0(t_{0,1}, \ldots, t_{0,n_0}) \leftarrow q_1(t_{1,1}, \ldots, t_{1,n_1}), \ldots, q_r(t_{r,1}, \ldots, t_{r,n_r}).) \text{ aus } U,$$

- für jede Innen–Argumentposition $\langle q_j i, j \rangle$ mit $0 \leq j \leq r$ und $1 \leq i \leq n_j$ und

- für jede Variable x in $t_{j,i}$

eine Außen–Argumentposition $\langle q_{j'} i', j' \rangle$ mit $0 \leq j' \leq r$ und $1 \leq i' \leq n_{j'}$ gibt, so daß x in $t_{j',i'}$ vorkommt. $\hspace{2cm} \square$

Definition 5.17 (orientierbares Logik–Programm)

Ein Logik–Programm H heißt *orientierbar*, wenn es eine sichere Richtungsetikettierung für H gibt. $\hspace{2cm} \square$

Die Orientierbarkeit eines Logik–Programmes H ist entscheidbar, weil es nur endlich viele (nämlich $2^{card(Argpos)}$) Richtungsetikettierungen von H gibt. Man kann nun der Reihe nach testen, ob darunter eine sichere Richtungsetikettierung ist.

Um ein weiteres Problem, welches bei der Konstruktion einer Attributgrammatik auftritt, zu studieren, betrachten wir wiederum die Hornformel c_1. Diese Formel bringt ebenfalls zum Ausdruck, daß der Wert von $\langle fib1, 0 \rangle$ stets eine Instanz von $s(s(x_1))$ sein muß. Dies können wir durch ein zusätzliches einstelliges Prädikat $instance\_s(s(x_1))$ berücksichtigen, wobei für einen beliebigen Term t gilt:

$$\varphi(instance\_s(s(x_1)))(t) \text{ g.d.w. } t \text{ ist eine Instanz von } s(s(x_1)).$$

In unserem Beispiel ordnen wir dann der Produktion $p(c_1)$ die semantische Bedingung

$$instance\_s(s(x_1))(\langle fib1, 0 \rangle)$$

zu.

Beispiel 5.18

Insgesamt ergibt sich für das Logik–Programm $H(fib)$ aus Beispiel 5.8, für dessen Hornformeln wir hier die Abkürzungen

$$\begin{aligned}
c_1 &= (fib(s(s(x_1)), x_2) \leftarrow fib(s(x_1), x_3), fib(x_1, x_4), add(x_3, x_4, x_2).) \\
c_2 &= (fib(s(0), s(0)) \leftarrow .) \\
c_3 &= (fib(0, 0) \leftarrow .) \\
c_4 &= (add(s(x_1), x_2, s(x_3)) \leftarrow add(x_1, x_2, x_3).) \\
c_5 &= (add(0, x_1, x_1) \leftarrow .)
\end{aligned}$$

verwenden, unter Berücksichtigung der sicheren Richtungsetikettierung aus Beispiel 5.14 die folgende Attributgrammatik:

$fib \rightarrow fib\ fib\ add\ c_1$

  sem. Regeln:
$$\begin{aligned}
\langle fib1, 1\rangle &= s(sel_1\!-\!s(sel_1\!-\!s(\langle fib1, 0\rangle)))\\
\langle fib1, 2\rangle &= sel_1\!-\!s(sel_1\!-\!s(\langle fib1, 0\rangle))\\
\langle add1, 3\rangle &= \langle fib2, 1\rangle\\
\langle add2, 3\rangle &= \langle fib2, 2\rangle\\
\langle fib2, 0\rangle &= \langle add3, 3\rangle
\end{aligned}$$

  sem. Bedingung: $instance\_s(s(x_1))(\langle fib1, 0\rangle)$

$fib \rightarrow c_2$

  sem. Regel: $\langle fib2, 0\rangle = s(0)$

  sem. Bedingung: $instance\_s(0)(\langle fib1, 0\rangle)$

$fib \rightarrow c_3$

  sem. Regel: $\langle fib2, 0\rangle = 0$

  sem. Bedingung: $instance\_0(\langle fib1, 0\rangle)$

$add \rightarrow add\ c_4$

  sem. Regeln:
$$\begin{aligned}
\langle add1, 1\rangle &= sel_1\!-\!s(\langle add1, 0\rangle)\\
\langle add2, 1\rangle &= \langle add2, 0\rangle\\
\langle add3, 0\rangle &= s(\langle add3, 1\rangle)
\end{aligned}$$

  sem. Bedingung: $instance\_s(x_1)(\langle add1, 0\rangle)$

$add \rightarrow c_5$

  sem. Regeln: $\langle add3, 0\rangle = \langle add2, 0\rangle$

  scm. Bedingung: $instance\_0(\langle add1, 0\rangle)$

□

Im allgemeinen Fall tritt ein weiteres Problem auf, welches wir an Hand des folgenden Logik–Programmes H diskutieren wollen:

$H = (\Psi, \Phi, U)$ mit $\Psi = \{p^{(0)}, q^{(3)}\}$, $\Phi = \{a^{(0)}, b^{(0)}, f^{(1)}, g^{(1)}, h^{(1)}\}$ und U enthält die folgenden Hornformeln c_1, c_2 und c_3:

$$\begin{aligned}
c_1 &= (p \leftarrow q(f(a), g(b), f(a)).)\\
c_2 &= (q(f(x_1), g(x_1), f(x_2)) \leftarrow q(h(x_1), f(x_1), x_2).)\\
c_3 &= (q(h(a), f(b), a) \leftarrow .)
\end{aligned}$$

Es gibt keinen Grundbeweisbaum von H mit Wurzelbeschriftung p, weil einerseits der Nachfolger der Wurzel mit $q(f(a), g(b), f(a))$ beschriftet sein müßte, andererseits aber $q(f(a), g(b), f(a))$ keine Instanz der linken Seite einer Hornformel ist. Insbesondere im Fall der Hornformel c_2 liegt dies daran, daß die beiden Vorkommen der Variable x_1 natürlich durch denselben Term substituiert werden müssen.

Nach dem jetzigen Stand der Betrachtung würden wir z.B. die sichere Richtungsetikettierung $\underline{re}(q1) = \underline{re}(q2) = inh$ und $\underline{re}(q3) = syn$ wählen, also $innen(c_1) = \{\langle q1, 1\rangle, \langle q2, 1\rangle\}$, $außen(c_1) = \{\langle q3, 1\rangle\}$, $innen(c_2) = \{\langle q1, 1\rangle, \langle q2, 1\rangle, \langle q3, 0\rangle\}$, $außen(c_2) = \{\langle q1, 0\rangle, \langle q2, 0\rangle, \langle q3, 1\rangle\}$, $innen(c_3) = \{\langle q3, 0\rangle\}$ und $außen(c_3) = \{\langle q1, 0\rangle, \langle q2, 0\rangle, \}$. Damit würden wir H wie folgt in eine Attributgrammatik G_H übertragen, von der wir nur die Produktionen der kontextfreien Grammatik und deren zugeordnete semantische Regeln und semantische Bedingungen zeigen:

$p \to qc_1$
    sem. Regeln:

$$\langle q1,1 \rangle = f(a)$$
$$\langle q2,1 \rangle = g(b)$$

    sem. Bedingung: $instance\_f(a)(\langle q3,1 \rangle)$

$q \to qc_2$
    sem. Regeln:

$$\langle q1,1 \rangle = h(sel_1\text{-}f(\langle q1,0 \rangle))$$
$$\langle q2,1 \rangle = f(sel_1\text{-}g(\langle q2,0 \rangle))$$
$$\langle q3,0 \rangle = f(\langle q3,1 \rangle)$$

    sem. Bedingungen: $instance\_f(x_1)(\langle q1,0 \rangle)$
                            $instance\_g(x_1)(\langle q2,0 \rangle)$

$q \to c_3$
    sem. Regel: $\langle q3,0 \rangle = a$
    sem. Bedingungen: $instance\_h(a)(\langle q1,0 \rangle)$
                            $instance\_f(b)(\langle q2,0 \rangle)$

Zu G_H gibt es aber einen zulässig dekorierten Ableitungsbaum, den wir in Abbildung 5.7 darstellen.

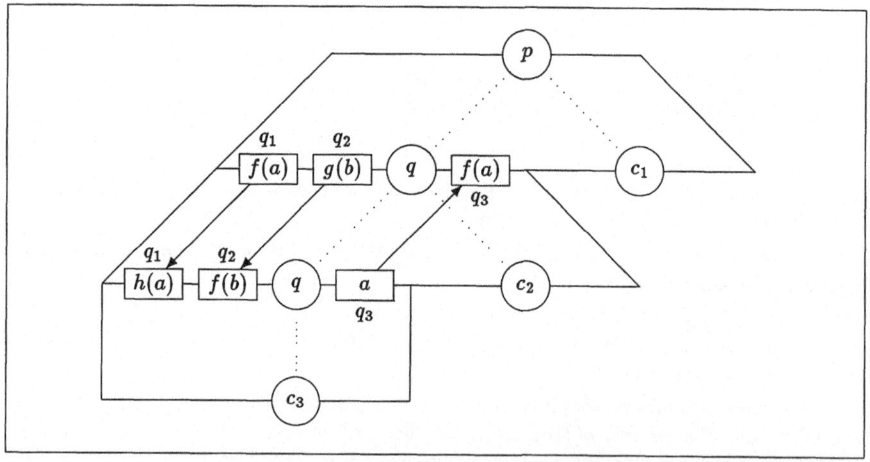

Abb. 5.7: Zulässig dekorierter Ableitungsbaum zu G_H.

Dieses Problem wurde durch die Konstruktion der semantischen Regeln für die Produktion $q \to qc_2$ verursacht. Offensichtlich wurde in der semantischen Regel für $\langle q1,1 \rangle$ zur Berechnung von x_1 die Argumentposition $\langle q1,0 \rangle$ herangezogen; in der semantischen Regel für $\langle q2,1 \rangle$ aber die Argumentposition $\langle q2,0 \rangle$.

Das ist durchaus möglich. Allerdings garantieren die beiden semantischen Bedingungen der Produktion $q \to qc_2$ nicht, daß die aktuellen Werte von $\langle q1,0 \rangle$ und $\langle q2,0 \rangle$ übereinstimmen.

Da dies in Beweisbäumen bei Logik–Programmen aber immer gilt, müssen wir zusätzliche semantische Bedingungen angeben, welche zwei verschiedene Vorkommen einer Variablen in Außen–Argumentpositionen auf Gleichheit testen. Hier fügen wir

$$sel_1\text{-}f(\langle q1, 0\rangle) = sel_1\text{-}g(\langle q2, 0\rangle)$$

den semantischen Bedingungen der Produktion $q \to qc_2$ hinzu, in der das zweistellige Prädikatssymbol „=", das hier in Infixnotation verwendet wurde, als das übliche zweistellige Gleichheitsprädikat interpretiert wird.

Nun wollen wir die allgemeine Konstruktion angeben, in der abweichend von der obigen informellen Beschreibung für jede Zielformel eine eigene Attributgrammatik angegeben wird. Diese Vorgehensweise ist notwendig, weil es im allgemeinen unendlich viele Zielformeln zu einem Logik–Programm gibt, die bei der Konstruktion einer einzigen Attributgrammatik zu unendlich vielen Produktionen mit dem Startsymbol auf der linken Seite führen würden. Die Attributgrammatiken zu einem Logik–Programm und zu verschiedenen Zielformeln unterscheiden sich also nur in der (einzigen) Produktion für das Startsymbol und deren zugehörigen semantischen Regeln und semantischen Bedingungen. Dies rechtfertigt unsere bisherige Sprechweise, in der vereinfachend von der Konstruktion einer Attributgrammatik zu einem orientierbaren Logik–Programm die Rede war.

Ist H ein Logik–Programm und $\leftarrow L_1, \ldots, L_n.$ eine Zielformel für H, so betrachten wir in der Konstruktion das Logik–Programm H', das aus H durch Aufnahme der definiten Hornformel $goal \leftarrow L_1, \ldots, L_n.$ und des nullstelligen Prädikatssymbols $goal$ entsteht. Das Symbol $goal$ dient dann auch als Startsymbol der kontextfreien Grammatik. Diese Vorgehensweise hat zwei Vorteile. Erstens werden dem Startsymbol $goal$ keine Attribute (und damit insbesondere keine inheriten Attribute) zugeordnet, weil $goal$ nullstellig ist. (Nach der formalen Definition der Attributgrammatiken erhält $goal$ natürlich ein synthetisches Attribut.) Die Wahl eines bereits vorhandenen Prädikatssymbols als Startsymbol hätte dies nicht garantiert. Zweitens ist auf diese Weise die Isomorphie zwischen den Wurzeln der Grundbeweisbäume von H und $\leftarrow L_1, \ldots, L_n.$ (siehe Definition 5.6) und den Wurzeln der zulässig dekorierten Ableitungsbäume der konstruierten Attributgrammatik hergestellt.

Es ist möglich, daß zu einem Logik–Programm und einer Zielformel kein Beweisbaum existiert. Die Konstruktion liefert in diesem Fall zwar auch eine Attributgrammatik, für diese existieren aber keine zulässig dekorierten Ableitungsbäume.

Satz 5.19
Für jedes orientierbare Logik–Programm H und jede Zielformel g für H gibt es eine Attributgrammatik $G_{H,g}$, deren Menge von zulässig dekorierten Ableitungsbäumen isomorph (im Sinne der Bemerkung am Anfang dieses Abschnittes) zur Menge der Grundbeweisbäume von H und g ist.

Konstruktion:
Sei $H = (\Psi, \Phi, U)$, sei $g = (\leftarrow L_1, \ldots, L_n.)$ eine Zielformel für H und sei $\underline{re}$ eine sichere Richtungsetikettierung für H. Wir erweitern zunächst H zu $H' = (\Psi', \Phi, U')$ mit $\Psi' = \Psi \cup \{goal^{(0)}\}$, wobei $goal$ ein neues Symbol ist, und $U' = U \cup \{goal \leftarrow L_1, \ldots, L_n.\}$.

Nun konstruieren wir die Attributgrammatik $G_{H,g} = (G_0, D_{H,g}, B_{H,g}, R_{H,g}, C_{H,g})$ wie folgt:

- $G_0 = (N, \Sigma, goal, P)$, wobei

  - $N = \Psi'$,
  - $\Sigma = U'$ und
  - wenn $c = (q_0(t_{0,1}, \ldots, t_{0,n_0}) \leftarrow q_1(t_{1,1}, \ldots, t_{1,n_1}), \ldots, q_r(t_{r,1}, \ldots, t_{r,n_r}).)$ in U' liegt, dann liegt $p(c) = (q_0 \to q_1 \ldots q_r c)$ in P.

- $D_{H,g} = (K_{H,g}, \Omega_{H,g}, \Phi_{H,g}, \Psi_{H,g}, \varphi_{H,g})$, wobei

  - $card(K_{H,g}) = 1$,
  - $\Omega_{H,g} = T_\Phi$
  - $\Phi_{H,g} = \Phi \cup \{sel_i\text{-}f^{(1)} \mid f \in \Phi^{(n)}, n \in I\!N \text{ und } 1 \le i \le n\}$,
  - $\Psi_{H,g} = \{=^{(2)}\} \cup \{instance\_t^{(1)} \mid t \text{ ist Term in einer Außen–Argumentposition einer Hornformel } c \in U'\}$,
  - Operationssymbole aus Φ werden durch $\varphi_{H,g}$ wie in der Terminterpretation interpretiert.

    Für alle $t \in T_\Phi$ gilt

    $$\varphi_{H,g}(sel_i\text{-}f)(t) = \begin{cases} t_i; & \text{falls } t = f(t_1, \ldots, t_n), f \in \Phi^{(n)}, n \in I\!N, \\ & \quad t_1, \ldots, t_n \in T_\Phi \text{ und } 1 \le i \le n \\ a \in \Phi^{(0)}; & \text{sonst} \end{cases}$$

    (Der zweite Fall dient nur der Vervollständigung von $\varphi_{H,g}(sel_i\text{-}f)$ zu einer totalen Operation; er tritt in den Anwendungen von $sel_i\text{-}f$ nicht auf.)

    Für alle Terme $t_1 \in T_\Phi(V)$ und $t_2 \in T_\Phi$ gilt:

    $\varphi_{H,g}(instance\_t_1)(t_2)$ g.d.w. t_2 ist Instanz von t_1.

    Für alle Terme $t_1, t_2 \in T_\Phi$ gilt:

    $\varphi_{H,g}(=)(t_1, t_2)$ g.d.w. t_1 ist syntaktisch gleich t_2.

- $B_{H,g} = (S\text{-}Att, I\text{-}Att, S, I, \alpha_0, W)$, wobei

  $S\text{-}Att = \{qi \mid q \in \Psi^{(n)}, n \ge 0, 1 \le i \le n \text{ und } \underline{re}(qi) = syn\} \cup \{\alpha_0\}$ und

  $I\text{-}Att = \{qi \mid q \in \Psi^{(n)}, n \ge 0, 1 \le i \le n \text{ und } \underline{re}(qi) = inh\}$.

  Sei $q \in \Psi^{(n)}$ mit $n \ge 0$, dann definieren wir

  $S(q) = \{qi \mid 1 \le i \le n \text{ und } \underline{re}(qi) = syn\}$ und

  $I(q) = \{qi \mid 1 \le i \le n \text{ und } \underline{re}(qi) = inh\}$.

  Außerdem gilt $S(goal) = \{\alpha_0\}$.

  W ordnet jedem Attribut die einzige Sorte aus $K_{H,g}$ zu.

- $R_{H,g}$ und $C_{H,g}$:

  Sei $c = (q_0(t_{0,1}, \ldots, t_{0,n_0}) \leftarrow q_1(t_{1,1}, \ldots, t_{1,n_1}), \ldots, q_r(t_{r,1}, \ldots, t_{r,n_r}).)$ eine Hornformel aus U'.

– Wenn $\langle q_j i, j \rangle$ eine Innen–Argumentposition ist, dann enthält $R(p(c))$ die semantische Regel

$$\langle q_j i, j \rangle = t'_{j,i}$$

wobei $t'_{j,i}$ aus $t_{j,i}$ durch Substitution aller Variablen folgendermaßen hervorgeht: Sei x eine Variable in $t_{j,i}$ und sei $\langle q_l m, l \rangle$ eine Außen–Argumentposition, so daß x in $t_{l,m}$ auftritt. Wenn s ein Selektorterm von $t_{l,m}$ für x ist, dann ersetze x in $t_{j,i}$ durch $s[\mu / \langle q_l m, l \rangle]$.

– Sei $\langle q_l m, l \rangle$ eine Außen–Argumentposition. Wenn der Term $t_{l,m} \in T_\Phi(V) - V$ (d.h. insbesondere $t_{l,m} \notin V$), dann ist die folgende semantische Bedingung in $C(p(c))$:

$$instance\_t_{l,m}(\langle q_l m, l \rangle)$$

– Seien $\langle q_l m, l \rangle$ und $\langle q_u v, u \rangle$ zwei Außen–Argumentpositionen (evtl. auch dieselbe) mit der Eigenschaft, daß $t_{l,m}$ und $t_{u,v}$ zwei verschiedene Vorkommen einer Variablen x enthalten. Seien s_1 und s_2 die Selektorterme von $t_{l,m}$ für x bzw. von $t_{u,v}$ für x. Dann enthält $C(p(c))$ die semantische Bedingung:

$$s_1[\mu / \langle q_l m, l \rangle] = s_2[\mu / \langle q_u v, u \rangle].$$

Zusätzlich enthält $R(p(goal \leftarrow L_1, \ldots, L_n.))$ die semantische Regel

$$\langle \alpha_0, 0 \rangle = a,$$

wobei a ein beliebiges Operationssymbol aus $\Phi^{(0)}$ ist. $\qquad \square$

Beispiel 5.20
Wir möchten Beispiel 5.18 ergänzen, indem wir zum Beispiel für die Zielformel $g = (\leftarrow fib(s^3 0, s^2 0))$ die entstandene Produktion, sowie die zugehörigen semantischen Regeln und Bedingungen angeben:

$$p(c) = p(goal \leftarrow fib(s^3 0, s^2 0).) = (goal \rightarrow fib \ c)$$

$$\begin{aligned}
\text{sem. Regeln:} \quad & \langle fib1, 1 \rangle & = & \ s^3 0 \\
& \langle \alpha_0, 0 \rangle & = & \ 0 \\
\text{sem. Bedingung:} \quad & instance_s^2 0(\langle fib2, 1 \rangle) & &
\end{aligned}$$
$\qquad \square$

Zum Abschluß geben wir noch ein Logik–Programm H an, welches sich nicht mit Hilfe der Konstruktion aus Satz 5.19 in eine Attributgrammatik verwandeln läßt. Das Programm H besteht aus den beiden Hornformeln

$$q(x_1) \leftarrow q(x_2).$$

$$q(x_3) \leftarrow .$$

Man kann leicht einsehen, daß H nicht orientierbar ist, denn wie auch immer man die Richtungsetikettierung wählt, es fehlt für eine Variable die Möglichkeit der Bestimmung durch einen Selektorterm auf einer Außen–Argumentposition. Diese Variable ist *frei*, was die Berechnung anbelangt, nicht jedoch im Bezug auf die Hornformel, die ja der universelle Abschluß einer Disjunktion von Literalen ist. Das Phänomen „freie Variable" (oder: „freies Attributvorkommen") tritt im Konzept der Attributgrammatiken nicht auf. So ist es auch kein Wunder, daß das Vorliegen dieses Phänomens wie im obigen Beispiel die schematische Übersetzung in eine Attributgrammatik verhindert.

5.4 Übungsaufgaben

Aufgabe 14

Gegeben sei die Attributgrammatik G aus Aufgabe 13, deren semantischer Bereich D durch die Angabe von $\Omega = T_\Phi$, $\varphi(u)() = u$, $\varphi(f)(t_1, t_2) = f(t_1, t_2)$ für alle $t_1, t_2 \in T_\Phi$ und $\varphi(g)(t_1) = g(t_1)$ und $\varphi(h)(t_1) = h(t_1)$ für alle $t_1 \in T_\Phi$ zur Terminterpretation ergänzt wird.

(a) Konstruieren Sie zu G ein Logik–Programm H_G, so daß die Menge der zulässig dekorierten Ableitungsbäume von G isomorph zur Menge der Grundbeweisbäume von H_G ist.

(b) Geben Sie alle Grundbeweisbäume von H_G an, die isomorph zu den zulässig dekorierten Ableitungsbäumen für den Terminalstring a^3 sind.

Aufgabe 15

Gegeben sei das Logikprogramm $H = (\Psi, \Phi, U)$ mit $\Psi = \{exp^{(3)}\}$, $\Phi = \{s^{(1)}, 0^{(0)}\}$ und

$$U: \quad exp(0, x_2, s(x_2)) \quad \leftarrow \ .$$
$$exp(s(x_1), x_2, x_3) \quad \leftarrow \quad exp(x_1, x_4, x_3), exp(x_1, x_2, x_4).$$

(a) Geben Sie einen Beweisbaum von H mit der Wurzel $exp(s^2(0), s(0), s^5(0))$ an.

(b) Geben Sie einen Beweisbaum von H mit der Wurzel $exp(s(0), z_1, s^2(z_1))$ an.

(c) Geben Sie alle sicheren Richtungsetikettierungen von H an.

(d) Konstruieren Sie zu H, der Zielformel $g = (\leftarrow exp(s(0), s(0), s^3(0)))$ und der sicheren Richtungsetikettierung $\underline{re}$ mit $\underline{re}(exp1) = \underline{re}(exp2) = inh$ und $\underline{re}(exp3) = syn$ eine Attributgrammatik $G_{H,g}$, so daß die Menge der zulässig dekorierten Ableitungsbäume von $G_{H,g}$ isomorph zur Menge der Grundbeweisbäume von H und g ist.

(e) Geben Sie den (einzigen) zulässig dekorierten Ableitungsbaum von $G_{H,g}$ an.

5.5 Bibliographische Anmerkungen

Die zwei grundlegenden Arbeiten zur Logik–Programmierung sind [Kow74] und [vEK76]. Eine ganze Reihe von Lehrbüchern zu diesem Thema ist bisher erschienen, z.B. [Rob79, Llo87, MW88, Sch89]. Ebenso sei auf das Kapitel [Apt90] und auf [Loo93] verwiesen.

Die Idee und die Technik der Umwandlung von Logik–Programmen in Attributgrammatiken und umgekehrt stammen aus [DM85].

Kapitel 6

Einbettung in die funktionale Programmierung

Die funktionale Programmierung ist die zweite Ausprägung des deklarativen Programmierparadigmas. Der gemeinsame Kern aller funktionalen Programmiersprachen ist der λ-Kalkül, der von A. Church entwickelt wurde. Er besteht aus einer Menge von Ausdrücken, die aus Basisoperationen durch Abstraktion, Applikation und Rekursion aufgebaut sind, und einer Menge von Ersetzungsregeln zur Transformation von Ausdrücken. Wesentliche Kennzeichen moderner funktionaler Programmiersprachen sind Funktionen höherer Ordnung, das polymorphe Typkonzept, die Möglichkeit des pattern matching und unendliche Datenstrukturen. Beispiele funktionaler Sprachen sind Lisp, ML, HOPE, Miranda und Haskell.

In diesem Kapitel benutzen wir eine syntaktisch sehr eingeschränkte Instanz des Paradigmas der funktionalen Programmierung, sogenannte *syntaxgesteuerte funktionale Programme*. Wir zeigen, wie eine unkonditionale Attributgrammatik in ein semantisch äquivalentes syntaxgesteuertes funktionales Programm übersetzt werden kann.

6.1 Syntaxgesteuerte funktionale Programme

In einem syntaxgesteuerten funktionalen Programm (kurz: sg-f Programm) werden Funktionen simultan rekursiv durch ein Funktionsgleichungssystem definiert. Das erste Argument jeder Funktion ist ein abstrakter Syntaxbaum einer zugrundeliegenden kontextfreien Grammatik; wir nennen es auch Rekursionsargument. Jede Funktion ist durch Fallunterscheidung nach der Wurzelbeschriftung des Rekursionsarguments definiert; Funktionsaufrufe in rechten Seiten von Funktionsgleichungen beziehen sich immer auf einen direkten Teilbaum des Rekursionsarguments der linken Seite. Die Berechnung eines Funktionswertes wird also durch einen vorgelegten Syntaxbaum gesteuert; diese Beschränkung der Funktionsaufrufe verleiht den Programmen ihren Namen.

Jedem sg-f Programm ordnen wir eine Reduktionssemantik zu, die auf einer binären Reduktionsrelation basiert. Insgesamt berechnet ein sg-f Programm eine Übersetzung von abstrakten Syntaxbäumen in Werte eines semantischen Bereichs.

Definition 6.1 (Syntaxgesteuertes funktionales Programm)

Ein *syntaxgesteuertes funktionales Programm* (kurz *sg–f* Programm) ist ein Tupel $H = (G_0, D, \mathcal{F}, F_0, xVar, yVar, Gl)$, wobei

- $G_0 = (N, \Sigma, Z, P)$ eine *kontextfreie Grammatik* ist; dabei wird P als N–Rangalphabet (also als $(N^* \times N)$–sortierte endliche Menge) aufgefaßt,

- $D = (K, \Omega, \Phi, \varphi)$ ein *semantischer Bereich* ist; dabei ist K eine Menge von Sorten, Ω eine K–sortierte Menge und Φ ein K–Rangalphabet (also eine $(K^* \times K)$–sortierte endliche Menge) von Operationssymbolen und für jedes $f \in \Phi^{(\kappa_1 \cdots \kappa_n, \kappa)}$ hat die Operation $\varphi(f)$ den Typ $\Omega^{\kappa_1} \times \ldots \times \Omega^{\kappa_n} \longrightarrow \Omega^{\kappa}$,

- $\mathcal{F}$ eine endliche $(NK^* \times K)$–sortierte Menge von *Funktionssymbolen* ist,

- $F_0 \in \mathcal{F}^{(Z,\kappa)}$ für ein $\kappa \in K$ das *Hauptfunktionssymbol* ist,

- $xVar$ eine N–sortierte Menge von *Variablen* ist, so daß für jedes $X \in N$ die Menge $xVar^X$ abzählbar unendlich ist,

- $yVar$ eine K–sortierte Menge von *Variablen* ist, so daß für jedes $\kappa \in K$ die Menge $yVar^\kappa$ abzählbar unendlich ist,

- $Gl = (Gl(F) \mid F \in \mathcal{F})$ eine Familie von *Gleichungsmengen* ist;

    für alle $F \in \mathcal{F}^{(X_0 \kappa_1 \cdots \kappa_n, \kappa)}$ mit $X_0 \in N$ und $\kappa_1, \ldots, \kappa_n, \kappa \in K$ und für alle $p \in P^{(X_1 \cdots X_k, X_0)}$ mit $X_1, \ldots, X_k \in N$ enthält die Gleichungsmenge $Gl(F)$ genau eine Gleichung der Form

$$F(p(x_1, \ldots, x_k), y_1, \ldots, y_n) = t$$

mit

- für jedes i mit $1 \le i \le k$ gilt $x_i \in xVar^{X_i}$,
- für jedes j mit $1 \le j \le n$ gilt $y_j \in yVar^{\kappa_j}$,
- $t \in T_{\mathcal{F} \cup \Phi}(\{x_1, \ldots, x_k, y_1, \ldots, y_n\})^\kappa$

Man sagt, daß das *sg–f* Programm H *über der Sortenmenge K definiert* ist. $\square$

Wir bemerken, daß falls $F'(t_0, \ldots, t_{n'})$ mit $F' \in \mathcal{F}^{(X \kappa_1' \cdots \kappa_{n'}', \kappa')}$ in der rechten Seite t einer Gleichung $F(p(x_1, \ldots, x_k), y_1, \ldots, y_n) = t$ vorkommt, dann gilt $t_0 = x_i$ für ein i mit $1 \le i \le k$ und $x_i \in xVar^X$, weil Variablen aus $xVar^X$ die einzig möglichen Terme der Sorte X sind.

Beispiel 6.2

In diesem Beispiel definieren wir eine kleine imperative, blockstrukturierte Programmiersprache namens SIMPLE und konstruieren ein *sg–f* Programm H, welches bei Eingabe des abstrakten Syntaxbaumes eines SIMPLE–Programms PG entscheidet, ob die Variablen in den linken und rechten Seiten von Zuweisungen denselben Typ haben. Als Typen erlauben wir nur boolean und integer; Zuweisungen haben die Form $I := I$. Die Grammatik zur Erzeugung des kontextfreien Anteils von SIMPLE hat folgende Produktionen:

$$
\begin{aligned}
p_1 &: & Z &\to & &\text{program } D \text{ ; } S \text{ end.} \\
p_2 &: & D &\to & &\text{var } I : T \\
p_3 &: & D &\to & &D \text{ ; var } I : T \\
p_4 &: & S &\to & &I := I \\
p_5 &: & S &\to & &\text{begin } D \text{ ; } S \text{ end} \\
p_6 &: & S &\to & &S \text{ ; } S \\
p_7 &: & I &\to & &\text{a} \\
p_8 &: & I &\to & &\text{c} \\
p_9 &: & T &\to & &\text{int} \\
p_{10} &: & T &\to & &\text{bool}
\end{aligned}
$$

Der Einfachheit halber erlauben wir hier nur die Identifier a und c; diese Einschränkung ließe sich aber prinzipiell leicht aufheben.

Das gewünschte $sg\text{-}f$ Programm H ist definiert durch das Tupel $(G_0, D, \mathcal{F}, F_0, xVar, yVar, Gl)$, in dem die Einzelobjekte folgendermaßen bestimmt sind:

- G_0 ist die kontextfreie Grammatik, die durch die Produktionen p_1 bis p_{10} bestimmt ist.

- $D = (K, \Omega, \Phi, \varphi)$ ist der semantische Bereich; $K = \{i, t, e, b\}$ ist die Sortenmenge und Ω ist eine K-sortierte Menge, wobei

$$
\begin{aligned}
\Omega^i &= \{a, c\} & &\text{(Menge der Identifier)} \\
\Omega^t &= \{int, bool, undef\} & &\text{(Menge der Typen)} \\
\Omega^e &= \{f \mid f : \Omega^i \longrightarrow \Omega^t \text{ totale Abbildung }\} & &\text{(Menge der Umgebungen)} \\
\Omega^b &= \{true, false\} & &\text{(Menge der Wahrheitswerte)}
\end{aligned}
$$

und

$$
\Phi = \{look\text{-}up^{(ei,t)}, update^{(eit,e)}, \rho_0^{(e,e)}, and^{(bb,b)}, ty\text{-}eq^{(tt,b)}, int'^{(e,t)}, bool'^{(e,t)}, a'^{(e,i)}, c'^{(e,i)}\}
$$

und für alle $v, w \in \Omega^i$, $t, t_1, t_2 \in \Omega^t$, $b, b_1, b_2 \in \Omega^b$ und $\rho \in \Omega^e$ gilt:

$$
\begin{aligned}
&- \varphi(a')() = a, \qquad \varphi(c')() = c \\
&- \varphi(int')() = int, \qquad \varphi(bool')() = bool \\
&- \varphi(look\text{-}up)(\rho, v) = \rho(v) \\
&- \varphi(update)(\rho, v, t) = \lambda w.\ \underline{\text{if }} v = w \ \underline{\text{then }} t \ \underline{\text{else }} \rho(w) \\
&- \varphi(\rho_0)() = \lambda w.\ undef \\
&- \varphi(and)(b_1, b_2) = true \ \text{gdw. } b_1 = true \ \text{und } b_2 = true \\
&- \varphi(ty\text{-}eq)(t_1, t_2) = true \ \text{gdw. } t_1, t_2 \in \{int, bool\} \ \text{und } t_1 = t_2
\end{aligned}
$$

Wir unterscheiden hier zwischen dem Programmidentifier $a \in \Omega^i$ und dem Operationssymbol $a' \in \Phi^{(e,i)}$, welches in rechten Seiten von Funktionsgleichungen auftreten kann.

- $\mathcal{F} = \{\,Check\text{-}prog^{(Z,b)},\ Envir^{(De,e)},\ Check^{(Se,b)},\ Id^{(I,i)},\ Ty^{(T,t)}\}$

  Check-prog nimmt einen Ableitungsbaum t der Sorte Z als Argument und liefert den booleschen Wert als Ergebnis, welcher der gewünschten Überprüfung von t entspricht.

  Envir nimmt einen Deklarationsteil und eine Umgebung als Argumente und reichert die Umgebung mit den Bindungen im Deklarationsteil an.

  Check überprüft ein Statement in einer Umgebung auf Typkompatibilität in Anweisungen.

  Id und *ty* wandeln syntaktische Objekte (Programmidentifier bzw. Typen) in semantische Objekte (Elemente von Ω^i bzw. Ω^t) um.

- $F_0 = Check\text{-}prog^{(Z,b)}$

- $xVar = \{x_{1,D}^{D},\, x_{1,S}^{S},\, x_{2,S}^{S},\, x_{1,I}^{I},\, x_{2,I}^{I},\, x_{2,T}^{T},\, x_{3,T}^{T}\}$

- $yVar = \{y_e^e\}$

- Gl :

  $Gl(Check\text{-}prog)$:
  $$Check\text{-}prog\,(p_1(x_{1,D},\, x_{2,S})) \quad = Check\,(x_{2,S},\, Envir\,(x_{1,D},\, \rho_0()))$$

  $Gl(Envir)$:
  $$Envir\,(p_2(x_{1,I},\, x_{2,T}),\, y_e) \quad = update\,(y_e,\, Id\,(x_{1,I}),\, Ty\,(x_{2,T}))$$
  $$Envir\,(p_3(x_{1,D},\, x_{2,I},\, x_{3,T}),\, y_e) = update\,(Envir\,(x_{1,D},\, y_e),\, Id\,(x_{2,I}),\, Ty\,(x_{3,T}))$$

  $Gl(Check)$:
  $$Check\,(p_4(x_{1,I},\, x_{2,I}),\, y_e) \quad = ty\text{-}eq\,(look\text{-}up\,(y_e,\, Id\,(x_{1,I})),$$
  $$look\text{-}up\,(y_e,\, Id\,(x_{2,I})))$$
  $$Check\,(p_5(x_{1,D},\, x_{2,S}),\, y_e) \quad = Check\,(x_{2,S},\, Envir\,(x_{1,D},\, y_e))$$
  $$Check\,(p_6(x_{1,S},\, x_{2,S}),\, y_e) \quad = and\,(Check\,(x_{1,S},\, y_e),\, Check\,(x_{2,S},\, y_e))$$

  $Gl(Id)$:
  $$Id\,(p_7()) \quad\quad\quad\quad\quad\quad = a'\,()$$
  $$Id\,(p_8()) \quad\quad\quad\quad\quad\quad = c'\,()$$

  $Gl(Ty)$:
  $$Ty\,(p_9()) \quad\quad\quad\quad\quad\quad = int'\,()$$
  $$Ty\,(p_{10}()) \quad\quad\quad\quad\quad\quad = bool'\,() \quad\quad\quad\quad\quad\quad\quad\quad\quad \square$$

Jedem sg–f Programm H ordnen wir eine Reduktionsrelation $\Rightarrow_H$ zu, die Berechnungsterme manipuliert. Berechnungsterme repräsentieren Zwischenergebnisse bei der Berechnung des Funktionswerts von F_0 auf einem gegebenen Argument; die Reduktionsrelation $\Rightarrow_H$ ist eine Rechenvorschrift, die angibt, wie man von einem Zwischenergebnis zum nächsten kommt. Diese Situation ist vergleichbar mit der Anwendung algebraischer Gesetze (z.B. Kommutativ–, Assoziativ–, Distributivgesetz) zur Umformung und Vereinfachung arithmetischer Ausdrücke. Die Reduktionsrelation $\Rightarrow_H$ hat die folgenden angenehmen Eigenschaften: Ausgehend von einem Berechnungsterm $F_0(t)$ mit abstraktem Syntaxbaum t terminiert jede Berechnung (d.h. Folge von Rechenschritten), und jede Berechnung liefert dasselbe Endergebnis. Diese Eigenschaften erlauben es, die Relation $\Rightarrow_H$ als Basis für die Definition der Reduktionssemantik von H zu benutzen: Jeder abstrakte Syntaxbaum, dessen Wurzel mit einer Produktion der Form $Z \to \dots$ beschriftet ist, wird in einen eindeutig bestimmten Wert des semantischen Bereichs übersetzt. Im folgenden präzisieren wir die Begriffe Berechnungsterm, Reduktionsrelation und Reduktionssemantik und geben Beispiele. Im folgenden sei $H = (G_0, D, \mathcal{F}, F_0, xVar, yVar, Gl)$ ein beliebiges, aber festes sg–f Programm mit $G_0 = (N, \Sigma, Z, P)$ und $D = (K, \Omega, \Phi, \varphi)$.

Definition 6.3 (Berechnungsterme)

Die *Menge der Berechnungsterme von* H ist die K–sortierte Menge $T_{\mathcal{F} \cup \Phi \cup P}(\Omega)$.   □

Bei der Reduktionsrelation gibt es zwei Möglichkeiten, wie ein Berechnungsterm θ_1 in einen anderen Berechnungsterm θ_2 umgewandelt werden kann: durch Funktionsanwendung und durch Rechnung im semantischen Bereich. Bei der Funktionsanwendung wird in θ_1 ein Vorkommen (oder: eine Instanz) der linken Seite einer Gleichung gesucht und dann dieses Vorkommen durch die rechte Seite der Gleichung ersetzt und die aktuellen Werte für die Variablen substituiert. Bei der Rechnung im semantischen Bereich wird nach einem Term $t = f(\xi_1, \dots, \xi_n)$ gesucht, bei dem f ein Operationssymbol ist und die ξ_i's semantische Werte passender Sorte sind. Dann wird t durch $\varphi(f)(\xi_1, \dots, \xi_n)$ ersetzt.

Definition 6.4 (Reduktionsrelation)

Die von H *induzierte Reduktionsrelation*, bezeichnet durch $\Rightarrow_H$, ist die kleinste binäre Relation $\Rightarrow$ über $T_{\mathcal{F} \cup \Phi \cup P}(\Omega)$, so daß für alle $\theta_1, \theta_2 \in T_{\mathcal{F} \cup \Phi \cup P}(\Omega)^\kappa$ mit $\kappa \in K$, $\theta_1 \Rightarrow \theta_2$ g.d.w. es gibt $\theta \in T_{\mathcal{F} \cup \Phi \cup P}(\Omega \cup \{y\})^\kappa$ mit $y \in yVar^{\kappa'}$, $\kappa' \in K$ und y kommt genau einmal in θ vor, und eine der beiden folgenden Bedingungen ist erfüllt:

1. Funktionsanwendung:

   - es gibt ein $F \in \mathcal{F}^{(X_0 \kappa_1 \dots \kappa_n, \kappa')}$ mit $(X_0 \kappa_1 \dots \kappa_n, \kappa') \in NK^* \times K$,
   - es gibt ein $p \in P^{(X_1 \dots X_k, X_0)}$ mit $(X_1 \dots X_k, X_0) \in N^* \times N$,
   - für jedes i mit $1 \le i \le k$ gibt es ein $t_i \in T_P^{X_i}$,
   - für jedes j mit $1 \le j \le n$ gibt es ein $\xi_j \in T_{\mathcal{F} \cup \Phi \cup P}(\Omega)^{\kappa_j}$
   - es gibt eine Gleichung $F(p(x_1, \dots, x_k), y_1, \dots, y_n) = t$ in $Gl(F)$

   so daß $\theta_1 = \theta[y / F(p(t_1, \dots, t_k), \xi_1, \dots, \xi_n)]$ und
   $\theta_2 = \theta[y / t[x_i / t_i; 1 \le i \le k][y_j / \xi_j; 1 \le j \le n]]$

2. Rechnung im semantischen Bereich:

- es gibt $f \in \Phi^{(\kappa_1 \cdots \kappa_n, \kappa')}$ mit $(\kappa_1 \ldots \kappa_n, \kappa') \in K^* \times K$
- für jedes j mit $1 \leq j \leq n$ gibt es ein $\xi_j \in \Omega^{\kappa_j}$

so daß $\quad \theta_1 = \theta[y/f(\xi_1, \ldots, \xi_n)]$und
$\qquad\quad \theta_2 = \theta[y/\varphi(f)(\xi_1, \ldots, \xi_n)]$ $\qquad\qquad\qquad\qquad$ □

Das folgende Lemma konstatiert die Eindeutigkeit des Rechenergebnisses.

Lemma 6.5 (Eindeutigkeit des Rechenergebnisses)

Sei $F_0 \in \mathcal{F}^{(Z,\kappa)}$ für ein $\kappa \in K$. Für jeden abstrakten Syntaxbaum $t \in T_P^Z$ gibt es genau ein $\xi \in \Omega^\kappa$ mit $F_0(t) \Rightarrow_H^* \xi$.

Beweis: Die Relation $\Rightarrow_H$ ist noethersch und konfluent. Daraus folgt zunächst, daß es für $F_0(t)$ einen Wert ξ gibt, mit $F_0(t) \Rightarrow_H^* \xi$ und es gibt kein ξ' mit $\xi \Rightarrow_H \xi'$. Wenn es nun zwei Werte ξ_1 und ξ_2 gäbe mit $F_0(t) \Rightarrow_H^* \xi_1$ und $F_0(t) \Rightarrow_H^* \xi_2$, so daß es keinen Wert ξ' mit $\xi_1 \Rightarrow_H^* \xi'$ und $\xi_2 \Rightarrow_H^* \xi'$ gibt, dann folgt aus der Konfluenz von $\Rightarrow_H$, daß $\xi_1 = \xi_2$. Also ist ξ eindeutig bestimmt. Schließlich gilt, daß $\xi \in \Omega^\kappa$, denn wenn ξ ein Funktionssymbol enthalten würde, so könnte dieses mit Hilfe einer Funktionsgleichung weiter ausgerechnet werden. Da es aber kein ξ' gibt mit $\xi \Rightarrow_H \xi'$, kann ξ kein Funktionssymbol enthalten. Dieselbe Argumentation gilt für den Fall, daß ξ noch ein Operationssymbol enthält. $\quad$ □

Definition 6.6 (Übersetzung, Reduktionssemantik)

Sei $F_0 \in \mathcal{F}^{(Z,\kappa)}$ für ein $\kappa \in K$. Die von dem $sg\text{-}f$ Programm H *berechnete Übersetzung*, bezeichnet durch $\tau(H)$, ist eine Funktion vom Typ $T_P^Z \longrightarrow \Omega^\kappa$, wobei für jedes $t \in T_P^Z$ gilt: $\tau(H)(t) = \xi$ gdw. $F_0(t) \Rightarrow_H^* \xi$.

Die von H berechnete Übersetzung heißt auch *Reduktionssemantik von H*. $\qquad$ □

Beispiel 6.7
Wir betrachten das $sg\text{-}f$ Programm H aus Beispiel 6.2 und den abstrakten Syntaxbaum t_{PG} aus Abbildung 6.1 zu dem folgenden SIMPLE–Programm PG:

```
program var c:bool; var a:int;
    begin var c:int;
        c := a
    end;
    c := a
end.
```

Nun führen wir für t_{PG} eine Rechnung durch, die von der von H induzierten Reduktionsrelation $\Rightarrow_H$ ermöglicht wird. Dabei kürzen wir $\Rightarrow_H$ durch $\Rightarrow$ ab; weitere Abkürzungen finden sich in Abbildung 6.1.

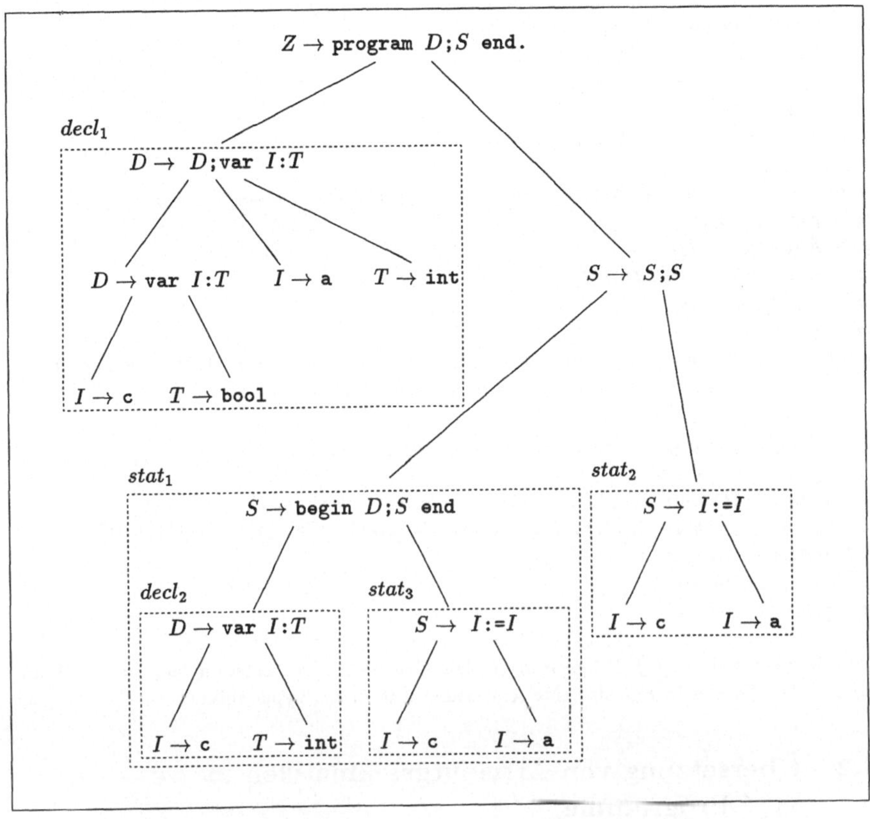

Abb. 6.1: Abstrakter Syntaxbaum t_{PG} des SIMPLE–Programms PG.

$$Check\text{-}prog(t_{PG})$$
$\Rightarrow\quad Check(p_6(stat_1, stat_2), Envir(decl_1, \rho_0()))$
$\Rightarrow\quad and(Check(stat_1, e_1), Check(stat_2, e_1))$
wobei $e_1 = Envir(decl_1, \rho_0())$
$\Rightarrow\quad and(Check(stat_3, e_2), Check(stat_2, e_1))$
wobei $e_2 = Envir(decl_2, e_1)$
$\Rightarrow\quad and(ty\text{-}eq(look\text{-}up(e_2, Id(p_8)), look\text{-}up(e_2, Id(p_7))), Check(stat_2, e_1))$
$\Rightarrow^2\quad and(ty\text{-}eq(look\text{-}up(e_2, c'), look\text{-}up(e_2, a')), Check(stat_2, e_1))$
$\Rightarrow^3\quad and(ty\text{-}eq(look\text{-}up(e_2, c'), look\text{-}up(e_2, a')), ty\text{-}eq(look\text{-}up(e_1, c'), look\text{-}up(e_1, a')))$

In einer Nebenrechnung bestimmen wir e_1 und e_2:

$e_1 = Envir(decl_1, \rho_0())$
$\Rightarrow\quad update(Envir(p_2(p_8, p_{10}), \rho_0()), Id(p_7), Ty(p_9))$
$\Rightarrow^3\quad update(update(\rho_0(), Id(p_8), Ty(p_{10})), a', int')$

$\Rightarrow^2 \quad update\,(update\,(\rho_0(),\,c',\,bool'),\,a',\,int')$

$\Rightarrow^5 \quad update\,(update\,(f_0,\,c,\,bool),\,a,\,int)$

wobei $f_0 = \lambda w.undef$

$\Rightarrow \quad update\,(f_1,\,a,\,int)$

wobei $f_1 = \lambda w.$ if $w = c$ then $bool$ else $undef$

$\Rightarrow \quad f_2$

wobei $f_2 = \lambda w.$ if $w = a$ then int else if $w = c$ then $bool$ else $undef$

$e_2 = Envir\,(decl_2,\,e_1)$

$\Rightarrow^* \quad Envir\,(decl_2,\,f_2)$

$\Rightarrow \quad update\,(f_2,\,Id(p_8),\,Ty(p_9))$

$\Rightarrow^* \quad update\,(f_2,\,c,\,int)$

$\Rightarrow \quad f_3$

wobei $f_3 = \lambda w.$ if $w = c$ then int else if $w = a$ then int else if $w = c$ then $bool$ else $undef$

$\qquad\quad = \lambda w.$ if $w = c$ then int else if $w = a$ then int else $undef$.

Dann können wir insgesamt folgendermaßen weiterrechnen:

$and\,(ty\text{-}eq\,(look\text{-}up\,(e_2,\,c'),\,look\text{-}up\,(e_2,\,a')),\,ty\text{-}eq\,(look\text{-}up\,(e_1,\,c'),\,look\text{-}up\,(e_1,\,a')))$

$\Rightarrow^8 \; and\,(ty\text{-}eq\,(look\text{-}up\,(f_3,\,c),\,look\text{-}up\,(f_3,\,a)),\,ty\text{-}eq\,(look\text{-}up\,(f_2,\,c),\,look\text{-}up\,(f_2,\,a)))$

$\Rightarrow^4 \; and\,(ty\text{-}eq\,(int,\,int),\,ty\text{-}eq\,(bool,\,int))$

$\Rightarrow^2 \; and\,(true,\,false)$

$\Rightarrow \; false.$

Also übersetzt das $sg\text{-}f$ Programm H den abstrakten Syntaxbaum t_{PG} in den Wert $false \in \Omega^b$. Es gibt in PG also eine Anweisung mit einem Typkonflikt. $\qquad\qquad\square$

6.2   Übersetzung von Attributgrammatiken in $sg\text{-}f$ Programme

Nun wollen wir jede nichtzirkuläre, unkonditionale Attributgrammatik durch ein $sg\text{-}f$ Programm beschreiben. Um die beiden Konzepte vergleichbar zu machen, ordnen wir zunächst jeder Attributgrammatik die von ihr berechnete syntaxgesteuerte Übersetzung zu.

Definition 6.8 (Syntaxgesteuerte Übersetzung)

Sei $G = (G_0,\,D,\,B,\,R)$ eine nichtzirkuläre, unkonditionale Attributgrammatik mit $G_0 = (N,\,\Sigma,\,Z,\,P)$, $D = (K,\,\Omega,\,\Phi,\,\Psi,\,\varphi)$ und $B = (S\text{-}Att,\,I\text{-}Att,\,S,\,I,\,\alpha_0,\,W)$. Die von G berechnete *syntaxgesteuerte Übersetzung*, bezeichnet durch $\tau_{sg}(G)$, ist die Funktion vom Typ $T_P^Z \longrightarrow \Omega^{W(\alpha_0)}$, so daß für jeden abstrakten Syntaxbaum $t \in T_P^Z$ gilt:

$$\tau_{sg}(G)(t) = \xi \quad \text{g.d.w.} \quad \xi = \underline{val}_{t'}(\langle \alpha_0,\,\underline{root}(t')\rangle),\ \underline{val}_{t'} \text{ die eindeutig bestimmte}$$

$$\text{zulässige Dekoration des Ableitungsbaumes } t' \text{ ist}$$

$$\text{und } abstract\,(t') = t.$$

$\qquad\qquad\qquad\qquad\qquad\qquad\qquad\qquad\qquad\qquad\qquad\qquad\qquad\qquad\qquad\qquad\qquad\square$

Zu einer Attributgrammatik G konstruieren wir jetzt ein $sg\!-\!f$ Programm H_G, so daß $\tau_{sg}(G) = \tau(H_G)$. Dabei werden synthetische Attribute durch Funktionssymbole realisiert, die Rolle der inheriten Attribute wird von den Parameterpositionen der Funktionssymbole übernommen. Betrachten wir nun einen Ableitungsbaum t und dessen zugehörige zulässige Dekoration $\underline{val_t}$. Weiterhin sei $\langle \alpha, x \rangle$ eine Attributinstanz eines synthetischen Attributes α an einem Knoten x von t. Der Wert von $\langle \alpha, x \rangle$ hängt einerseits vom Teilbaum $t(x)$ ab, andererseits von den Werten der inheriten Attributinstanzen $\langle \beta_1, x \rangle, \ldots, \langle \beta_r, x \rangle$ am Knoten x. Deshalb können wir den Wert von $\langle \alpha, x \rangle$ nun als Funktionswert $F_\alpha(t(x), \underline{val_t}(\langle \beta_1, x \rangle), \ldots, \underline{val_t}(\langle \beta_r, x \rangle))$ beschreiben. Wie bei den Attributgrammatiken vollzieht sich diese Beschreibung lokal zum aktuellen Knoten x. Wenn p die am Knoten x angewandte Produktion ist mit k Nichtterminalsymbolen auf der rechten Seite, so enthält H_G die Funktionsgleichung $F_\alpha(p(x_1, \ldots, x_k), y_1, \ldots, y_r) = \xi$, und ξ ergibt sich aus der rechten Seite ζ der semantischen Regel $\langle \alpha, 0 \rangle = \zeta$ in $R(p)$ durch folgende Konstruktion:

1. Betrachte den Abhängigkeitsgraphen $D(p)$ von p (siehe als Beispiel Abbildung 6.2(a));

2. reichere $D(p)$ um die Operationssymbole der semantischen Regeln aus $R(p)$ an (siehe Abbildung 6.2(b));

3. nehme an, daß die Werte der synthetischen Attribute an den Nachfolgerknoten von allen inheriten Attributen abhängen (siehe Abbildung 6.2(c));

4. verfolge den Graphen mit Wurzel $\langle \alpha, 0 \rangle$ und betrachte ihn als Term (siehe Abbildung 6.2(d) für den Fall $\langle \alpha, 0 \rangle = \langle \alpha_2, 0 \rangle$);

5. ersetze Außenattributvorkommen der Form $\langle \beta_j, 0 \rangle$ durch y_j, der Form $\langle \alpha', i \rangle$ durch $F_{\alpha'}(x_i, \ldots)$ und lösche Innenattributvorkommen der Form $\langle \alpha', 0 \rangle$ und $\langle \beta_j, i \rangle$ (siehe Abbildung 6.2(e)).

Die Auffaltung des angereicherten Abhängigkeitsgraphen wird beendet, wenn ein synthetisches Attributvorkommen $\langle \alpha', i \rangle$ zum zweiten Mal betrachtet wird; dort wird ein beliebiges nullstelliges Operationssymbol f_κ passender Sorte κ eingesetzt. Die Konstruktion in Abbildung 6.2 liefert also zum Beispiel die Funktionsgleichung

$$F_{\alpha_2}(X \to YX(x_1, x_2), y_1, y_2) = g(y_2, F_{\alpha_2}(x_2, f(y_1), f(F_{\alpha_1}(x_2, f(y_1), f(f_\kappa))))))$$

In der Tat kann die Konstruktion der rechten Seite einer Funktionsgleichung an diesem Punkt des Terms abbrechen, denn da wir von einer nichtzirkulären Attributgrammatik G ausgegangen waren, wird der Wert $\varphi(f_\kappa)()$ garantiert nicht im Endergebnis erscheinen.

Satz 6.9
Für jede nichtzirkuläre, unkonditionale Attributgrammatik G gibt es ein $sg\!-\!f$ Programm H_G, so daß $\tau_{sg}(G) = \tau(H_G)$.

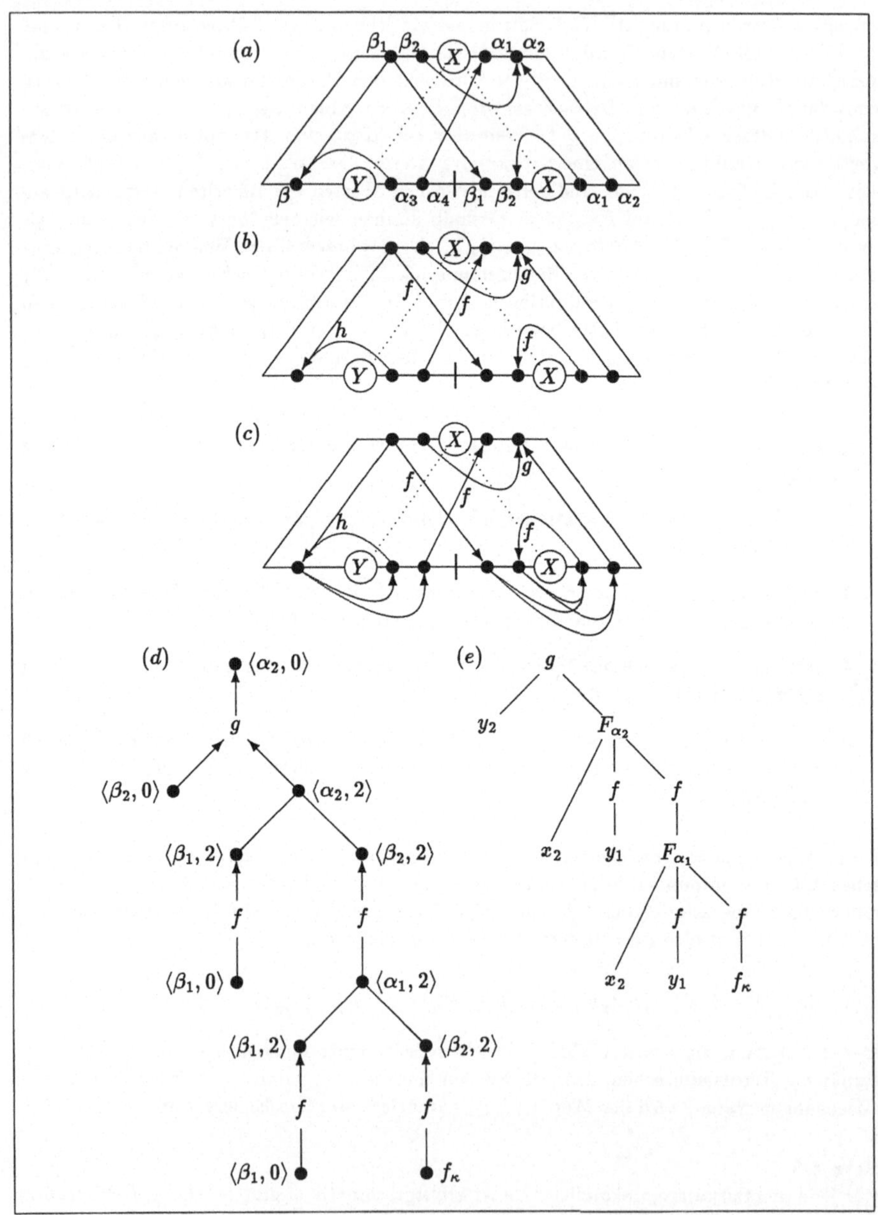

Abb. 6.2: Konstruktion der rechten Seite einer Funktionsgleichung.

Konstruktion:

Sei $G = (G_0, D, B, R)$ mit $D = (K, \Omega, \Phi, \emptyset, \varphi)$ und $B = (S\text{-}Att, I\text{-}Att, S, I, \alpha_0, W)$.
Wir wollen o.B.d.A. folgendes annehmen:

- Für jedes $\kappa \in K$ existiert ein Operationssymbol $f_\kappa^{(\varepsilon,\kappa)} \in \Phi$.

- Jedes Attribut gehört zu genau einem Nichtterminalsymbol, d.h. die Abbildung $A : N \longrightarrow \mathcal{P}(Att)$ induziert eine Partition auf Att mit $card(N)$ Partitionsmengen. $A^{-1}(\alpha)$ bezeichnet dann für ein Attribut α das zugehörende Nichtterminalsymbol. (Diese Annahme garantiert, daß für alle synthetischen Attribute α dem Funktionssymbol F_α eine eindeutige Sorte zugeordnet werden kann.)

- Sei $(\beta_1, \ldots, \beta_r)$ eine beliebige, aber feste totale Ordnung auf $I\text{-}Att$.

- G_0 ist startsepariert, d.h. das Startsymbol Z tritt nur auf der linken Seite von Produktionen auf. (Diese Annahme garantiert, daß das Bedeutungsattribut α_0 nur der Wurzel von Ableitungsbäumen zugeordnet ist. Somit wird auch die Funktion F_{α_0} nur an der Wurzel von abstrakten Syntaxbäumen aufgerufen und bei der Angabe der Sorte von F_{α_0} brauchen keine inheriten Attribute berücksichtigt werden.)

Nun konstruiere das $sg{-}f$ Programm $H_G = (G_0, D_G, \mathcal{F}, F_{\alpha_0}, xVar, yVar, Gl)$ mit:

- $D_G = (K, \Omega, \Phi, \varphi)$,

- $\mathcal{F} = (\{F_\alpha \mid \alpha \in S\text{-}Att\}, sort_\mathcal{F})$ ist die $(NK^* \times K)$–sortierte Menge mit $sort_\mathcal{F}(F_\alpha) = (A^{-1}(\alpha)W(\beta_1)\ldots W(\beta_r), W(\alpha))$ für $F_\alpha \neq F_{\alpha_0}$ und $sort_\mathcal{F}(F_{\alpha_0}) = (Z, W(\alpha_0))$,

- $xVar$ ist eine N–sortierte Menge mit $xVar^X = \{x_{1,X}, x_{2,X}, \ldots\}$ für alle $X \in N$; im folgenden schreiben wir für eine Variable $x_{j,X}$ einfach x_j, wenn deren Sorte X aus dem Kontext hervorgeht,

- $yVar$ ist eine K–sortierte Menge mit $yVar^\kappa = \{y_{1,\kappa}, y_{2,\kappa}, \ldots\}$ für alle $\kappa \in K$; im folgenden schreiben wir für eine Variable $y_{j,\kappa}$ einfach y_j, wenn deren Sorte κ aus dem Kontext hervorgeht,

- Für jedes $F_\alpha \in \mathcal{F} - \{F_{\alpha_0}\}$ mit $sort_\mathcal{F}(F_\alpha) = (X_0W(\beta_1)\ldots W(\beta_r), W(\alpha))$ und jede Produktion $p \in P^{(X_1\ldots X_k, X_0)}$ liegt die Funktionsgleichung

$$F_\alpha(p(x_1, \ldots, x_k), y_1, \ldots, y_r) = \xi$$

in $Gl(F_\alpha)$, wobei $x_i \in xVar^{X_i}$, $y_j \in yVar^{W(\beta_j)}$ und ξ geht aus der rechten Seite t der semantischen Regel

$$\langle \alpha, 0 \rangle = t$$

in $R(p)$ durch folgende Substitutionen hervor:

– jedes Attributvorkommen $\langle \beta_i, 0 \rangle \in I\text{-}Att \times \{0\}$ wird durch y_i ersetzt;

– jedes Attributvorkommen $\langle \alpha', j \rangle \in S\text{-}Att \times [k]$ wird durch

$$F_{\alpha'}(x_j, t\langle \beta_1, j, \{\langle \alpha', j \rangle\}\rangle, \ldots, t\langle \beta_r, j, \{\langle \alpha', j \rangle\}\rangle)$$

ersetzt.

Für jedes μ mit $1 \leq \mu \leq r$, jedes ν mit $1 \leq \nu \leq k$ und jedes $M \subseteq S\text{-}Att \times [k]$ definieren wir den Term $t\langle \beta_\mu, \nu, M \rangle$ wie folgt:

* wenn $\langle \beta_\mu, \nu \rangle \notin innen(p)$, dann setze $t\langle \beta_\mu, \nu, M \rangle = f_{W(\beta_\mu)}$,

* wenn $\langle \beta_\mu, \nu \rangle \in innen(p)$ und $\langle \beta_\mu, \nu \rangle = t'$ in $R(p)$, dann entsteht $t\langle \beta_\mu, \nu, M \rangle$ aus t' durch die drei folgenden Substitutionen:

  · jedes $\langle \alpha', j \rangle \in (S\text{-}Att \times [k]) - M$ wird durch

$$F_{\alpha'}(x_j, t\langle \beta_1, j, M' \rangle, \ldots, t\langle \beta_r, j, M' \rangle)$$

  ersetzt mit $M' = M \cup \{\langle \alpha', j \rangle\}$,

  · jedes $\langle \alpha', j \rangle \in M$ wird durch $f_{W(\alpha')}$ ersetzt und

  · jedes $\langle \beta_i, 0 \rangle \in I\text{-}Att \times \{0\}$ wird durch y_i ersetzt.

• Für $F_{\alpha_0} \in \mathcal{F}$ mit $sort_{\mathcal{F}}(F_{\alpha_0}) = (Z, W(\alpha_0))$ und für jede Produktion $p \in P^{\langle X_1 \ldots X_n, Z \rangle}$ liegt die Funktionsgleichung

$$F_{\alpha_0}(p(x_1, \ldots, x_k)) = \xi$$

in $Gl(F_{\alpha_0})$, wobei x_i und ξ wie im vorhergehenden Fall bestimmt sind. $\square$

Beispiel 6.10

Betrachten wir die unkonditionale, nichtzirkuläre Attributgrammatik G aus Beispiel 1.4. Diese modifizieren wir so, daß die Konstruktion aus Satz 6.9 direkt anwendbar ist. Dazu indizieren wir jedes Attribut α mit dem Nichtterminalsymbol X, wenn $\alpha \in A(X)$, und erreichen, daß jedes Attribut genau einem Nichtterminalsymbol zugeordnet ist. Wir wiederholen kurz die Produktionen der kontextfreien Grammatik und die angepaßten, zugehörigen semantischen Regeln.

$$Z \to L \,.\, L$$

sem. Regeln: $\langle v_Z, 0 \rangle = add(\langle v_L, 1 \rangle, \langle v_L, 2 \rangle)$
$\langle s_L, 1 \rangle = 0$
$\langle s_L, 2 \rangle = -(\langle l_L, 2 \rangle)$

$$Z \to L$$

sem. Regeln: $\langle v_Z, 0 \rangle = \langle v_L, 1 \rangle$
$\langle s_L, 1 \rangle = 0$

$$L \to LB$$

sem. Regeln: $\langle v_L, 0 \rangle = add(\langle v_L, 1 \rangle, \langle v_B, 2 \rangle)$
$\langle l_L, 0 \rangle = inc(\langle l_L, 1 \rangle)$
$\langle s_L, 1 \rangle = inc(\langle s_L, 0 \rangle)$
$\langle s_B, 2 \rangle = \langle s_L, 0 \rangle$

$$L \to B$$

sem. Regeln: $\langle v_L, 0 \rangle = \langle v_B, 1 \rangle$
$\langle l_L, 0 \rangle = 1$
$\langle s_B, 1 \rangle = \langle s_L, 0 \rangle$

$$B \to 1$$

sem. Regel: $\langle v_B, 0 \rangle = 2 \uparrow (\langle s_B, 0 \rangle)$

$$B \to 0$$

sem. Regel: $\langle v_B, 0 \rangle = 0$

Die so modifizierte Attributgrammatik hat die inheriten Attribute s_L und s_B, auf denen wir die totale Ordnung $s_L < s_B$ wählen. Das durch die Konstruktion in Satz 6.9 G zugeordnete *sg–f* Programm H_G hat folgende Funktionsgleichungen:

$$F_{v_Z}(Z \to L.L(x_1, x_2)) = add(\; F_{v_L}(x_1, t\langle s_L, 1, \{\langle v_L, 1 \rangle\}\rangle, t\langle s_B, 1, [\langle v_L, 1 \rangle\}\rangle),$$
$$F_{v_L}(x_2, t\langle s_L, 2, \{\langle v_L, 2 \rangle\}\rangle, t\langle s_B, 2, \{\langle v_L, 2 \rangle\}\rangle))$$

In einer Nebenrechnung bestimmen wir $t\langle s_L, i, \{\langle v_L, i \rangle\}\rangle$ und $t\langle s_B, i, [\langle v_L, i \rangle\}\rangle$ für $i = 1$ und $i = 2$:

$t\langle s_L, 1, \{\langle v_L, 1 \rangle\}\rangle$: $\langle s_L, 1 \rangle \in innen(Z \to L.L)$, d.h. wir betrachten die rechte Seite der semantischen Regel $\langle s_L, 1 \rangle = 0$. Da der Term 0 keine Attributvorkommen enthält, verändern die in der Konstruktion aufgeführten Substitutionen den Term nicht mehr. Also gilt: $t\langle s_L, 1, \{\langle v_L, 1 \rangle\}\rangle = 0$.

$t\langle s_B, 1, \{\langle v_L, 1 \rangle\}\rangle$: $\langle s_B, 1 \rangle \notin innen(Z \to L.L)$, d.h. wir wählen ein nullstelliges Operationssymbol $f_{W(s_B)}$, zum Beispiel 0, aus. Dann gilt: $t\langle s_B, 1, \{\langle v_L, 1 \rangle\}\rangle = 0$.

$t\langle s_L, 2, \{\langle v_L, 2 \rangle\}\rangle$: $\langle s_L, 2 \rangle \in innen(Z \to L.L)$, d.h. wir betrachten die rechte Seite der semantischen Regel $\langle s_L, 2 \rangle = -(\langle l_L, 2 \rangle)$ und führen die Substitution gemäß allgemeiner Konstruktion durch. Dann gilt:

$$t\langle s_L, 2, \{\langle v_L, 2 \rangle\}\rangle = -(F_{l_L}(x_2, \quad t\langle s_L, 2, \{\langle v_L, 2 \rangle, \langle l_L, 2 \rangle\}\rangle,$$
$$t\langle s_B, 2, \{\langle v_L, 2 \rangle, \langle l_L, 2 \rangle\}\rangle))$$

Zur Konstruktion von $t\langle s_L, 2, \{\langle v_L, 2\rangle, \langle l_L, 2\rangle\}\rangle$ betrachten wir wiederum die rechte Seite der semantischen Regel $\langle s_L, 2\rangle = -(\langle l_L, 2\rangle)$ und führen Substitutionen durch. Da nun aber $\langle l_L, 2\rangle \in \{\langle v_L, 2\rangle, \langle l_L, 2\rangle\}$, d.h. Element der mitgeführten Menge von synthetischen Attributvorkommen ist, wird $\langle l_L, 2\rangle$ nun durch ein beliebiges Element geeigneten Typs ersetzt; wähle 0, d.h. $t\langle s_L, 2, \{\langle v_L, 2\rangle, \langle l_L, 2\rangle\}\rangle = -(0)$. Da $\langle s_B, 2\rangle \notin innen(Z \to L.L)$ gilt $t\langle s_B, 2, \{\langle v_L, 2\rangle, \langle l_L, 2\rangle\}\rangle = 0$.

$\underline{t\langle s_B, 2, \{\langle v_L, 2\rangle\}\rangle}$: Da $\langle s_B, 2\rangle \notin innen(Z \to L.L)$, gilt $t\langle s_B, 2, \{\langle v_L, 2\rangle\}\rangle = 0$.

Insgesamt ergibt sich also folgende Funktionsgleichung:

$$F_{v_Z}(Z \to L.L(x_1, x_2)) = add(F_{v_L}(x_1, 0, 0), F_{v_L}(x_2, -(F_{l_L}(x_2, -(0), 0)), 0))$$

Die übrigen Funktionsgleichungen lauten:

$$\begin{aligned}
F_{v_Z}(Z \to L(x_1)) &= F_{v_L}(x_1, 0, 0), \\
F_{v_L}(L \to LB(x_1, x_2), y_{s_L}, y_{s_B}) &= add(F_{v_L}(x_1, inc(y_{s_L}), 0), F_{v_B}(x_2, 0, y_{s_L})), \\
F_{l_L}(L \to LB(x_1, x_2), y_{s_L}, y_{s_B}) &= inc(F_{l_L}(x_1, inc(y_{s_L}), 0)), \\
F_{v_L}(L \to B(x_1), y_{s_L}, y_{s_B}) &= F_{v_B}(x_1, 0, y_{s_L}), \\
F_{l_L}(L \to B(x_1), y_{s_L}, y_{s_B}) &= 1, \\
F_{v_B}(B \to 1, y_{s_L}, y_{s_B}) &= 2 \uparrow (y_{s_B}), \\
F_{v_B}(B \to 0, y_{s_L}, y_{s_B}) &= 0,
\end{aligned}$$

wobei die Variablen $y_{s_L}^{W(s_L)}$ und $y_{s_B}^{W(s_B)}$ verwendet werden.

Abschließend zeigen wir eine Rechnung dieses Funktionsgleichungssystems für den abstrakten Syntaxbaum $t = Z \to L.L(t_1, t_1)$ mit $t_1 = L \to B(B \to 1)$. Dabei werden die Operationssymbole add, inc, $-$, 1, 0 und $2 \uparrow$ entsprechend ihrer üblichen arithmetischen Bedeutung interpretiert:

$$\begin{aligned}
& F_{v_Z}(t) \\
\Rightarrow\quad & add(F_{v_L}(t_1, 0, 0), F_{v_L}(t_1, -(F_{l_L}(t_1, -(0), 0)), 0)) \\
\Rightarrow^2\quad & add(F_{v_B}(B \to 1, 0, 0), F_{v_L}(t_1, -(1), 0)) \\
\Rightarrow^2\quad & add(2 \uparrow (0), F_{v_B}(B \to 1, 0, -(1))) \\
\Rightarrow^2\quad & add(1, 2 \uparrow (-(1))) \\
\Rightarrow^2\quad & add(1, 0.5) \\
\Rightarrow\quad & 1.5
\end{aligned}$$

□

6.3 Übungsaufgaben

Aufgabe 16

Sei $G_0 = (N, \Sigma, Z, P)$ eine kontextfreie Grammatik mit $N = \{Z, X\}$, $\Sigma = \{a, b, c\}$ und $P = \{Z \to X, \quad X \to X X X, \quad X \to a, \quad X \to b, \quad X \to c\}$.

(a) Geben Sie den Ableitungsbaum t von G_0 mit $yield(t) = abcba$, der einen Teilbaum $\hat{t}$ mit $yield(\hat{t}) = abc$ besitzt, und den zugehörigen abstrakten Syntaxbaum $abstract(t)$ an.

(b) Sei t ein Ableitungsbaum von G_0.

Ein Knoten $x = j_1.\ldots.j_k \in \underline{inode}(t)$ mit $k \geq 0$ und $j_i \geq 1$ für alle $1 \leq i \leq k$ liegt auf dem *Level* k in t. Ist $x \in \underline{node}(t) - \underline{inode}(t)$ Nachfolger eines Knotens $x' \in \underline{inode}(t)$, der auf einem Level $k \geq 0$ liegt, so liegt x auf dem Level $k + 1$.

Falls $x \in \underline{node}(t)$ mit einem Terminalsymbol $\sigma \in \Sigma$ beschriftet ist, so erzeugt x ein Vorkommen von σ in $yield(t)$ an einer Position i mit $1 \leq i \leq l$ in $yield(t)$, wobei l die Länge von $yield(t)$ ist.

Geben Sie ein *sg–f* Programm H an, das zu jedem abstrakten Syntaxbaum $abstract(t)$, wobei t ein Ableitungsbaum von G_0 ist, die Summe der folgenden Werte berechnet, die den mit Terminalsymbolen beschrifteten Knoten von t zugeordnet sind:

- Jedem Knoten $x \in \underline{node}(t)$ mit $\underline{label}_t(x) = a$, der auf einem Level $k \geq 2$ in t liegt, ist der Wert k zugeordnet, falls k ungerade. Sonst ist x der Wert 0 zugeordnet.

- Jedem Knoten $x \in \underline{node}(t)$ mit $\underline{label}_t(x) = b$, der auf einem Level $k \geq 2$ in t liegt, ist der Wert k zugeordnet, falls k gerade. Sonst ist x der Wert 0 zugeordnet.

- Jedem Knoten $x \in \underline{node}(t)$ mit $\underline{label}_t(x) = c$ ist die Position des von x erzeugten Vorkommens von c in $yield(t)$ zugeordnet.

(c) Berechnen Sie für den abstrakten Syntaxbaum $abstract(t)$ aus dem Aufgabenteil (a) die Reduktionssemantik $\tau(H)(abstract(t))$.

Aufgabe 17
Gegeben sei die Attributgrammatik G aus Aufgabe 13, in der die folgenden Objekte zusätzlich definiert sind:

- $\Omega = \Omega^\kappa = \mathcal{Z}$, wobei $\mathcal{Z}$ die Menge der ganzen Zahlen sei, und

- $\varphi(f)(z_1, z_2) = z_1 + z_2$ für alle $z_1, z_2 \in \mathcal{Z}$,
  $\varphi(g)(z) = z + 1$ für alle $z \in \mathcal{Z}$,
  $\varphi(h)(z) = z - 1$ für alle $z \in \mathcal{Z}$,
  $\varphi(u)() = 0$.

(a) Konstruieren Sie zu G ein *sg–f* Programm H_G, so daß $\tau_{sg}(G) = \tau(H_G)$.

(b) Berechnen Sie für den Ableitungsbaum t von G_0 mit $yield(t) = a^2$ die Reduktionssemantik $\tau(H_G)(abstract(t))$.

6.4 Bibliographische Anmerkungen

Für den Bereich der funktionalen Programmierung sind viele Lehrbücher erschienen, z.B. [Pey87, Loo90, PL92, Thi94, Kes96]. Im Übersichtsartikel [Hud89] ist eine detaillierte Einführung gegeben. Die funktionale Programmierung beruht auf dem λ–Kalkül, der in [Chu33] vorgestellt wurde; in [Bar84] findet sich eine umfassende Abhandlung dazu.

Syntaxgesteuerte funktionale Programme wurden in [Eng80] und [CF82] unter den Bezeichnungen *macro tree transducer* bzw. *primitive recursive program schemes with parameters* eingeführt. In [EV85] sind einige automatentheoretische Untersuchungen über macro tree transducer dokumentiert. Dort wird auch bewiesen, daß die Reduktionsrelationen von macro tree transducern konfluent und noethersch sind (siehe Lemma 6.5).

Das Beispiel zur Typüberprüfung in der imperativen Programmiersprache SIMPLE ist aus [Vog91] entnommen. Die Transformation einer Attributgrammatik in ein $sg-f$ Programm wurde in [Fra82, CF82] entwickelt (siehe auch [Fül81, FHVV93]). In [CF82] und [FHVV93] wird auch diskutiert, unter welchen Umständen man ein $sg-f$ Programm in eine semantisch äquivalente Attributgrammatik transformieren kann (was im allgemeinen nicht möglich ist).

Kapitel 7

Stark nichtzirkuläre Attributgrammatiken und ihre Auswerter

In Kapitel 4 haben wir statisch konstruierte Attributauswerter kennengelernt, die auf visit–, sweep– bzw. pass–orientierter Besuchsreihenfolge basieren. Hier wollen wir einen weiteren statisch konstruierten Attributauswerter definieren, der für die Klasse der stark nichtzirkulären Attributgrammatiken benutzt werden kann.

7.1   Stark nichtzirkuläre Attributgrammatiken

Die Klasse ANC der stark nichtzirkulären Attributgrammatiken (absolutely noncircular) ist deshalb attraktiv, weil sie eine große Teilklasse der Klasse $AG = AG(pm\text{-}visit)$ aller nichtzirkulären Attributgrammatiken ist und weil der Mitgliedschaftstest von ANC (d.h. die Frage, ob eine beliebig vorgelegte Attributgrammatik in ANC ist oder nicht) leicht ist: Der Mitgliedschaftstest von ANC ist polynomiell im Gegensatz zum Zirkularitätstest, der einen exponentiellen Aufwand hat.

Es gilt $AG(sm\text{-}visit) \subsetneq ANC \subsetneq AG(pm\text{-}visit)$, d.h. jede simple multi–visit Attributgrammatik ist stark nichtzirkulär, und jede stark nichtzirkuläre Attributgrammatik ist nichtzirkulär; beide Differenzmengen $ANC - AG(sm\text{-}visit)$ und $AG(pm\text{-}visit) - ANC$ sind nicht leer.

Um die Klasse ANC zu definieren, betrachten wir den Zirkularitätstest aus Abschnitt 3.2 und vereinfachen ihn zum Mitgliedschaftstest von ANC.

Beim Zirkularitätstest haben wir das Verhalten eines X–Ableitungsbaumes t durch seinen is–Graph $is(t)$ ausgedrückt; $is(t)$ ist ein gerichteter Graph mit der Menge $A(X)$ als Knotenmenge; die Kanten laufen von inheriten Attributen zu synthetischen Attributen und subsummieren die Abhängigkeiten an der Wurzel von t. Dann haben wir für jedes Symbol X die Kollektion $is\text{-}set(X)$ der is–Graphen von X definiert; $is\text{-}set(X)$ ist die Menge aller is–Graphen von X–Ableitungsbäumen. Dabei wurden is–Graphen von verschiedenen X–Ableitungsbäumen unterschieden. Im Algorithmus zur Berechnung der $is\text{-}sets$ wurde für eine Produktion $p = (X_0 \to w_0 X_1 w_1 \ldots X_n w_n)$ jeweils ein is–Graph aus den Mengen is-

$set(X_1), \ldots, is\text{-}set(X_n)$ ausgewählt, mit dem Abhängigkeitsgraphen $D(p)$ von p verknüpft und daraus ein neues Element für $is\text{-}set(X_0)$ konstruiert.

Beim Mitgliedschaftstest von ANC wird die Unterscheidung der Elemente in $is\text{-}set(X)$ aufgehoben, d.h. die in $is\text{-}set(X)$ enthaltenen is-Graphen von X werden einfach zu einem is-Graphen von X überlagert; diesen Graphen bezeichnen wir mit $is(X)$. Nun ist es natürlich möglich, daß in $is(X)$ Abhängigkeiten zwischen Attributen angezeigt werden, die in keinem konkreten X–Ableitungsbaum auftreten (gleich zeigen wir dafür ein Beispiel). Verfährt man jetzt wie beim Zirkularitätstest für Attributgrammatiken, aber benutzt $is(X)$ anstelle von $is\text{-}set(X)$, so kann man folgendes schließen: wenn kein Zykel auftritt, dann ist die vorgelegte Attributgrammatik sicherlich nichtzirkulär, denn $is(X)$ repräsentiert gewissermaßen den schlimmsten Fall; wenn ein Zykel auftritt, dann heißt das aber noch nicht unbedingt, daß G zirkulär ist, denn die in $is(X)$ angezeigten Abhängigkeiten brauchen ja nicht in konkreten Ableitungsbäumen aufzutreten. Eine Attributgrammatik, für welche dieser Test keine Zykel liefert, nennen wir *stark nichtzirkulär*. Nun kommen wir zu dem angekündigten Beispiel.

Beispiel 7.1

Wir betrachten die Attributgrammatik G, die durch die Abhängigkeitsgraphen in Abbildung 7.1 gegeben ist. In diesem Kontext ist der semantische Bereich natürlich nicht wichtig.

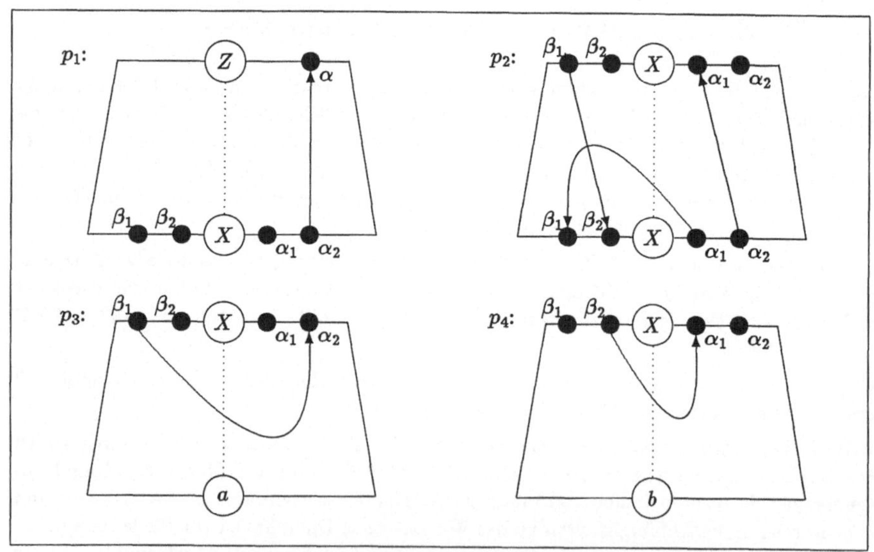

Abb. 7.1: Abhängigkeitsgraphen der Attributgrammatik G.

Die Menge $is\text{-}set(X)$ enthält offensichtlich nur die drei folgenden is–Graphen von X:

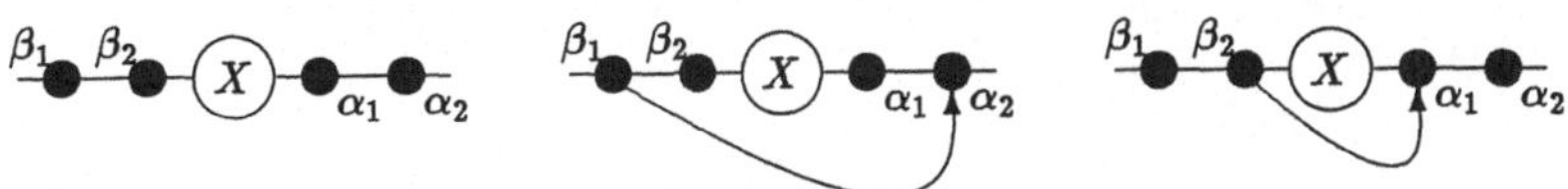

Überlagern wir nun diese is–Graphen, so erhalten wir den is–Graphen is_1:

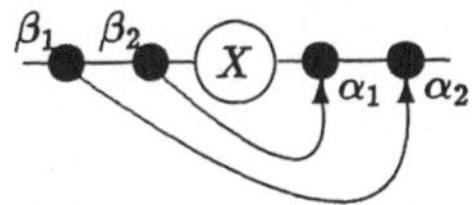

Wenn nun is_1 mit $is(D(p_2)[is_1])$ überlagert wird, dann ergibt sich der folgende is–Graph:

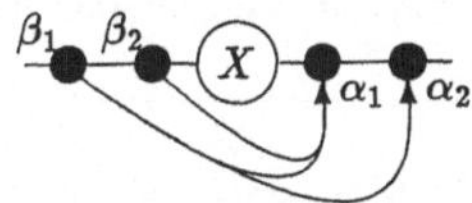

Das ist auch letztendlich der is–Graph $is(X)$ von X.

Verknüpft man $is(X)$ mit dem Abhängigkeitsgraphen $D(p_2)$, so ergibt sich ein Zykel, d.h. die Attributgrammatik G ist also nicht stark nichtzirkulär.

G ist aber nichtzirkulär, denn es gibt keinen Ableitungsbaum mit Wurzel X, bei dem das synthetische Attribut α_1 vom inheriten Attribut β_1 abhängt; diese Abhängigkeit war durch die Überlagerung der is–Graphen von X entstanden. □

Wir zeigen in Abbildung 7.2 den Algorithmus zur Berechnung des is–Graphen von X und in Abbildung 7.3 den Mitgliedschaftstest von ANC.

Definition 7.2 (Klasse der stark nichtzirkulären Attributgrammatiken)

Die Klasse der *stark nichtzirkulären Attributgrammatiken* ist die Klasse der Attributgrammatiken, für welche der Mitgliedschaftstest von ANC erfüllt ist. □

7.2 Attributauswerter für stark nichtzirkuläre Attributgrammatiken

Jetzt wollen wir für jede unkonditionale, stark nichtzirkuläre Attributgrammatik einen Attributauswerter konstruieren; der Algorithmus für die Konstruktion wird nach seinen beiden Erfindern „Kennedy–Warren–Algorithmus" (kurz: KW–Algorithmus) genannt. Abbildung 7.4 verdeutlicht die Zusammenhänge zwischen gegebener stark nichtzirkulärer Attributgrammatik G, KW–Algorithmus und Attributauswerter $P_{AA}(G)$.

Algorithmus zur Berechnung der is–Graphen $is(X)$
Eingabe: Attributgrammatik $G = (G_0, D, B, R)$ mit $G_0 = (N, \Sigma, Z, P)$
Ausgabe: für jedes $X \in N$ der Graph $is(X)$
Variable: \$$[X]$ is–Graph von $X \in N$

for jedes $X \in N$ **do** \$$[X] := (A(X), \to_X)$ wobei $\to_X$ die leere Menge ist;
repeat
        for jedes $p = (X_0 \to w_0 X_1 w_1 \ldots X_n w_n) \in P$ **do**
           let \$$[X_0] = (A(X_0), \to_{X_0})$ **and**
              $is(D(p)[\$[X_1], \ldots, \$[X_n]]) = (A(X_0), \to_D)$
            in \$$[X_0] := (A(X_0), \to_{X_0} \cup \to_D)$
        end
until es gibt keine Änderung eines Graphen \$$[X]$ bzgl. des vorangegangenen Durchlaufs;
for jedes $X \in N$ **do** $is(X) := \$[X]$.

Abb. 7.2: Algorithmus zur Berechnung der is–Graphen.

Mitgliedschaftstest von ANC
Gegeben sei eine Attributgrammatik $G = (G_0, D, B, R)$ mit $G_0 = (N, \Sigma, Z, P)$.

1. Berechne $is(X)$ für jedes $X \in N$.

2. Überprüfe für jede Produktion $p = (X_0 \to w_0 X_1 w_1 \ldots X_n w_n)$,
   ob $D(p)[is(X_1), \ldots, is(X_n)]$ einen Zykel enthält.

3. Wenn einer der Tests in Punkt 2 positiv ist, so ist G nicht stark nichtzirkulär;
   wenn kein Test in Punkt 2 positiv ist, so ist G stark nichtzirkulär.

Abb. 7.3: Mitgliedschaftstest von ANC.

Den Attributauswerter $P_{AA}(G)$, der vom KW–Algorithmus bei Eingabe der Attributgrammatik G konstruiert wird, nennen wir auch *KW–Auswerter von G*. Zur Beschreibung der Funktionsweise eines KW–Auswerters benötigen wir noch einen technischen Begriff, der durch folgende Beobachtung motiviert wird. Wenn ein (beliebiger) Attributauswerter über den Ableitungsbaum t läuft und einen Knoten x besucht, so sind vielleicht schon manche der Attributinstanzen aus $A(x)$ und $A(x.1), \ldots, A(x.n)$ in früheren Besuchen berechnet worden. Der KW–Auswerter berücksichtigt diesen Auswertungszustand für die weitere Planung des Baumdurchlaufs. Im folgenden sei G immer beschrieben durch (G_0, D, B, R) und $G_0 = (N, \Sigma, Z, P)$.

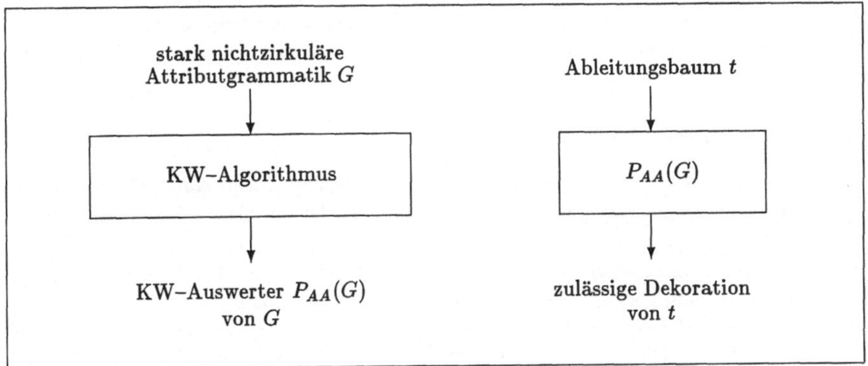

Abb. 7.4: Konstruktion eines Attributauswerters durch den KW–Algorithmus.

Definition 7.3 (Auswertungszustand)

Sei p eine Produktion in P.

1. Die *Menge der Auswertungszustände von p*, bezeichnet durch $AZS(p)$, ist die Menge $\mathcal{P}(A(p))$ aller Teilmengen von Attributvorkommen von p.

2. Sei t ein Ableitungsbaum und $x \in \underline{inode}(t)$. Die *Menge der Auswertungszustände von x*, bezeichnet durch $AZS(x)$, ist die Menge $AZS(\underline{prod}_t(x))$.

3. Die *Menge* $\bigcup_{p \in P} AZS(p)$ *aller Auswertungszustände* bezeichnen wir durch $AZS(G)$.$\square$

Während des Ablaufs eines KW–Auswerters ist jeder innere Knoten x des Ableitungsbaumes t mit einem Auswertungszustand aus $AZS(x)$ etikettiert; diesen Auswertungszustand nennen wir auch *Ruhezustand* von x.

Definition 7.4 (Etikettierung)

Sei t ein Ableitungsbaum von G_0. Eine *Etikettierung von t* ist eine Funktion $\underline{flag}$: $\underline{inode}(t) \longrightarrow AZS(G)$, wobei für alle $x \in \underline{inode}(t)$ gilt $\underline{flag}(x) \in AZS(x)$. $\square$

Nun beschreiben wir die Funktionsweise eines KW–Auswerters. Dieser besteht im wesentlichen aus einer rekursiven Prozedur *evaluate* mit zwei Parametern, nämlich einem inneren Knoten x des eingegebenen Ableitungsbaumes t und einer sogenannten Eingabemenge $inp \subseteq \{\langle \beta, 0\rangle \mid \beta \in I(\underline{label}_t(x))\}$. Wenn der KW–Auswerter durch Aufruf von *evaluate* den Knoten x besucht, so findet er x mit dem Ruhezustand $\underline{flag}(x)$ etikettiert vor. Der zweite Parameter *inp* gibt an, welche inheriten Attribute an x jetzt bereits berechnet worden sind. Durch Vereinigung des Ruhezustands mit der Eingabemenge *inp* entsteht ein neuer aktueller Auswertungszustand von x, den wir auch *Eingangszustand* nennen.

Auf der Grundlage dieses Eingangszustands steuert ein sogenannter KW–Auswertungsplan das weitere Vorgehen am Knoten x. Ein KW–Auswertungsplan ist eine Sequenz von KW–Instruktionen, die mit einem neuen Auswertungszustand q abgeschlossen ist; es gibt zwei mögliche KW–Instruktionen:

- Auswertung einer Attributinstanz $\langle \gamma, x.k \rangle$ und

- Besuch bei einem Nachfolger $x.k$ von x, d.h. rekursiver Aufruf von *evaluate* mit $x.k$ und der Menge der dann ausgewerteten inheriten Attributinstanzen am Knoten $x.k$.

Ist die Sequenz abgearbeitet, so etikettiert der KW–Auswerter den Knoten x mit q, d.h. $\underline{flag}(x) := q$, und springt zum rufenden Programm (und damit zum Vorgänger $x.-1$ von x) zurück. Bei der Aufstellung der Pläne — also im KW–Algorithmus — wird darauf geachtet, daß vor der Durchführung von Besuchen bei Nachfolgern so viele Attributinstanzen wie möglich ausgerechnet werden.

Definition 7.5 (Eingabemenge, Auswertungsplan)

1. Die Menge der *Eingabemengen*, bezeichnet durch IS, ist die Menge

$$\mathcal{P}(\{\langle \beta, 0 \rangle \mid \beta \in I\text{-}Att\}).$$

2. Ein *KW–Auswertungsplan* ist ein Paar (s, q), wobei $s = s_1 \ldots s_r$ eine Sequenz von *KW–Instruktionen* ist und $q \in AZS(G)$; die Menge der KW–Auswertungspläne bezeichnen wir durch *KW–Plan*; eine KW–Instruktion hat entweder die Form einer semantischen Regel von G oder die Form $\underline{visit}(k, inp)$ mit $k \geq 1$ und $inp \in IS$. $\square$

Natürlich hängt der KW–Auswertungsplan von $\underline{prod}_t(x)$, $\underline{flag}(x)$ und inp ab. Weil diese Informationen aber immer nach demselben Schema interpretiert werden, liegt es nahe, die Arbeit des KW–Algorithmus in zwei Phasen aufzuteilen: 1. Erstellung einer Konstruktionsinformation K_G für KW–Auswerter und 2. Instanziierung des Schemas für KW–Auswerter mit K_G (siehe Abbildung 7.5.)

Definition 7.6 (Konstruktionsinformation)

Eine *Konstruktionsinformation für den KW–Auswerter* ist ein Tupel $K_G = (\underline{goto}, \underline{plan})$, wobei

- $\underline{goto} : AZS(G) \times IS \longrightarrow AZS(G)$ und

- $\underline{plan} : P \times AZS(G) \longrightarrow KW\text{-}Plan$

partielle Funktionen sind. $\square$

Durch $\underline{goto}(azs, inp)$ wird der Ruhezustand azs eines Knotens x um die Elemente der Eingabemenge inp zum Eingangszustand erweitert. Mit diesem Eingangszustand bestimmt

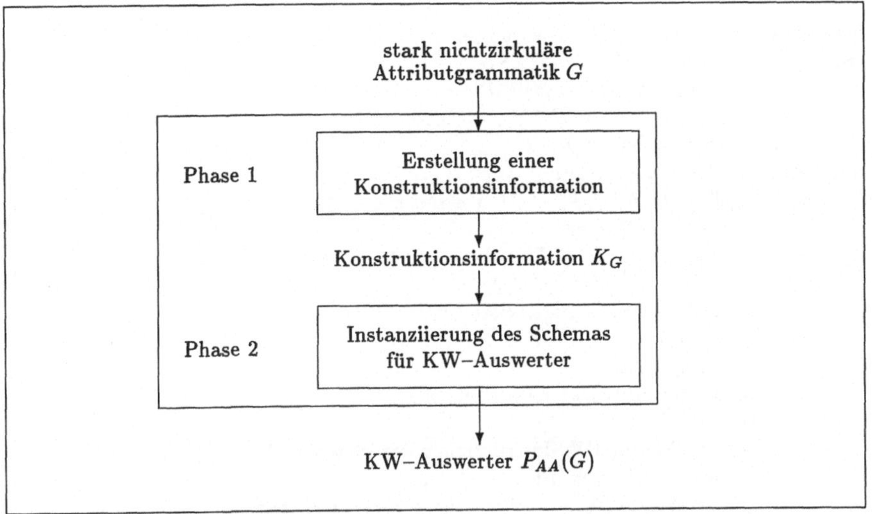

Abb. 7.5: Arbeitsweise des KW–Algorithmus.

plan dann den entsprechenden KW–Auswertungsplan. Die Abbildung 7.6 zeigt das Schema für KW–Auswerter. In der Phase 2 des KW–Algorithmus wird dieses Schema für KW–Auswerter mit der Konstruktionsinformation $K_G = (\underline{goto}, \underline{plan})$ aus Phase 1 instanziiert. Dabei wird die Sequenz von Konstanten–Zuweisungen an die Programmvariablen *goto* und *plan* konkretisiert. So entsteht der fertige, ablauffähige KW–Auswerter $P_{AA}(G)$.

Bevor wir die komplizierte Phase 1 des KW–Algorithmus beschreiben, zeigen wir für eine konkrete, stark nichtzirkuläre Attributgrammatik G die Konstruktionsinformation K_G und protokollieren den Ablauf des KW–Auswerters für G auf einem vorgelegten Ableitungsbaum.

Beispiel 7.7

Wir betrachten eine stark nichtzirkuläre Attributgrammatik G, welche durch die Abhängigkeitsgraphen in Abbildung 7.7 und die folgenden semantischen Regeln gegeben ist:

$$
\begin{array}{llll}
R(p_0): & \langle \alpha, 0 \rangle = id(\langle \alpha_2, 1 \rangle) & R(p_1): & \langle \alpha_1, 0 \rangle = suc(\langle \alpha_1, 1 \rangle) \\
& \langle \beta_1, 1 \rangle = 0 & & \langle \alpha_2, 0 \rangle = suc(\langle \alpha_2, 1 \rangle) \\
& \langle \beta_2, 1 \rangle = id(\langle \alpha_1, 1 \rangle) & & \langle \beta_1, 1 \rangle = suc(\langle \beta_1, 0 \rangle) \\
R(p_2): & \langle \alpha_1, 0 \rangle = id(\langle \beta_1, 0 \rangle) & & \langle \beta_2, 1 \rangle = suc(\langle \beta_2, 0 \rangle) \\
& \langle \alpha_2, 0 \rangle = id(\langle \beta_2, 0 \rangle) & &
\end{array}
$$

Der semantische Bereich ist $D = (\{nat\}, I\!N, \{0, succ, id\}, \emptyset, \varphi)$, wobei die Operationssymbole 0, *succ* und *id* als die Konstante 0, die Nachfolgeroperation für $I\!N$ bzw. die Identität auf $I\!N$ interpretiert werden.

```
program KW-Auswerter (t : Ableitungsbaum);
var  goto  :  AZS(G) × IS ⟶ AZS(G);
     plan  :  P × AZS(G) ⟶ KW-Plan;
     flag  :  inode(t) ⟶ AZS(G)      (* Etikettierung *);
     valₜ  :  Dekoration von t;
procedure evaluate (x : inode(t),   inp : IS);
    var    q, q', e  :  AZS(G)       (* Auswertungszustände *);
               j  :  integer;
             inp'  :  IS       (* Eingabemenge *);
    begin
          (* ermittle den richtigen Plan *)
          q := flag(x);
          e := goto(q, inp);
          let plan(prodₜ(x), e) = (s₁ ... sₘ, q')
          in
              (* führe die KW-Instruktionen des Plans aus *)
              for j := 1 to m do
                  if sⱼ = (⟨γ, k⟩ = f(⟨γ₁, k₁⟩, ..., ⟨γᵣ, kᵣ⟩)) then
                      (* führe Attributberechnung durch *)
                      valₜ(⟨γ, x.k⟩) = φ(f)(valₜ(⟨γ₁, x.k₁⟩), ..., valₜ(⟨γᵣ, x.kᵣ⟩));
                  if sⱼ = visit(k, inp') then
                      (* besuche k-ten Nachfolger *)
                      evaluate(x.k, inp')
              end;
              (* verändere Etikettierung *)
              flag(x) := q'
          end
    end { evaluate }

{ main program }
begin
      (* Zuweisung der Konstruktionsinformation an die Variablen goto und plan *)
          goto := ...;   plan := ...;
      (* versetze alle inneren Knoten in den Anfangsauswertungszustand ∅*)
          for jedes x ∈ inode(t) do
              flag(x) := ∅
          end;
      (* beginne die Bearbeitung bei der Wurzel mit ∅ als input-Menge *)
          evaluate( root(t), ∅)
end { KW-Auswerter }.
```

Abb. 7.6: Schema für KW-Auswerter.

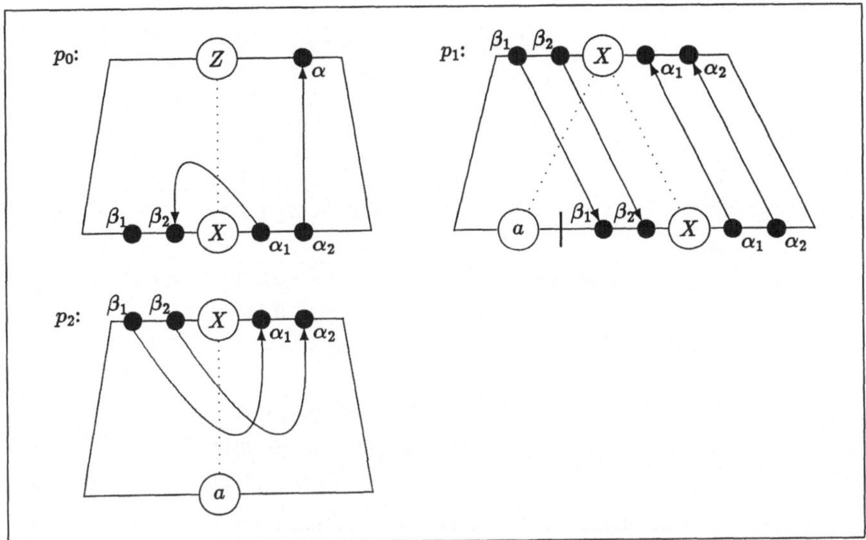

Abb. 7.7: Produktionen und Abhängigkeitsgraphen von G.

Die Konstruktionsinformation $K_G = (\underline{goto}, \underline{plan})$ von G ist durch die beiden Tabellen 7.1 und 7.2 festgelegt. Ein Strich in Tabelle 7.1 bedeutet, daß diese Kombination im Ablauf des KW-Auswerters nicht auftritt. Die erreichbaren Ruhezustände heißen $q_1, \ldots, q_6$, die relevanten Eingabemengen inp_1, inp_2 und die auftretenden Eingangszustände $e_1, \ldots, e_4$ (siehe Tabellen 7.3, 7.4 bzw. 7.5).

		IS	
$\underline{goto}$	$\emptyset$	inp_1	inp_2
q_1	e_1	e_2	$-$
q_2	$-$	$-$	$-$
q_3	$-$	$-$	e_3
q_4	$-$	$-$	$-$
q_5	$-$	$-$	e_4
q_6	$-$	$-$	$-$

$AZS(G)$ umfaßt die Zustände q_1 bis q_6.

Tab. 7.1: $\underline{goto}$-Funktion.

$(p, e) \in P \times AZS(G)$	$\underline{plan}(p, e)$
(p_0, e_1)	$(\langle \beta_1, 1 \rangle = 0$ $\underline{visit}(1, \{\langle \beta_1, 0 \rangle\})$ $\langle \beta_2, 1 \rangle = id(\langle \alpha_1, 1 \rangle)$ $\underline{visit}(1, \{\langle \beta_1, 0 \rangle, \langle \beta_2, 0 \rangle\})$ $\langle \alpha, 0 \rangle = id(\langle \alpha_2, 1 \rangle),$ $q_2)$
(p_1, e_2)	$(\langle \beta_1, 1 \rangle = succ(\langle \beta_1, 0 \rangle)$ $\underline{visit}(1, \{\langle \beta_1, 0 \rangle\})$ $\langle \alpha_1, 0 \rangle = succ(\langle \alpha_1, 1 \rangle),$ $q_3)$
(p_1, e_3)	$(\langle \beta_2, 1 \rangle = succ(\langle \beta_2, 0 \rangle)$ $\underline{visit}(1, \{\langle \beta_1, 0 \rangle, \langle \beta_2, 0 \rangle\})$ $\langle \alpha_2, 0 \rangle = succ(\langle \alpha_2, 1 \rangle),$ $q_4)$
(p_2, e_2)	$(\langle \alpha_1, 0 \rangle = id(\langle \beta_1, 0 \rangle),$ $q_5)$
(p_2, e_4)	$(\langle \alpha_2, 0 \rangle = id(\langle \beta_2, 0 \rangle),$ $q_6)$

Tab. 7.2: $\underline{plan}$-Funktion.

$$
\begin{aligned}
q_1 &= \emptyset \\
q_2 &= A(p_0) = \{\langle \alpha, 0 \rangle, \langle \beta_1, 1 \rangle, \langle \beta_2, 1 \rangle, \langle \alpha_1, 1 \rangle, \langle \alpha_2, 1 \rangle\} \\
q_3 &= \{\langle \beta_1, 0 \rangle, \langle \beta_1, 1 \rangle, \langle \alpha_1, 1 \rangle, \langle \alpha_1, 0 \rangle\} \\
q_4 &= A(p_1) = \{\langle \beta_1, 0 \rangle, \langle \beta_2, 0 \rangle, \langle \beta_1, 1 \rangle, \langle \beta_2, 1 \rangle, \langle \alpha_1, 1 \rangle, \langle \alpha_2, 1 \rangle, \langle \alpha_1, 0 \rangle, \langle \alpha_2, 0 \rangle\} \\
q_5 &= \{\langle \beta_1, 0 \rangle, \langle \alpha_1, 0 \rangle\} \\
q_6 &= A(p_2) = \{\langle \beta_1, 0 \rangle, \langle \beta_2, 0 \rangle, \langle \alpha_1, 0 \rangle, \langle \alpha_2, 0 \rangle\}
\end{aligned}
$$

Tab. 7.3: Erreichbare Ruhezustände.

Nun betrachten wir den Ableitungsbaum t, der zusammen mit seinem Abhängigkeitsgraphen in Abbildung 7.8 dargestellt ist.

Das Ablaufprotokoll des KW–Auswerters von G beginnend nach dem ersten Aufruf von *evaluate* ist in Abbildung 7.9 gezeigt. $\square$

$$\begin{aligned}
inp_1 &= \{\langle \beta_1, 0\rangle\} \\
inp_2 &= \{\langle \beta_1, 0\rangle, \langle \beta_2, 0\rangle\}
\end{aligned}$$

Tab. 7.4: Relevante Eingabemengen.

$$\begin{aligned}
e_1 &= \emptyset \\
e_2 &= \{\langle \beta_1, 0\rangle\} \\
e_3 &= \{\langle \beta_1, 0\rangle, \langle \beta_2, 0\rangle, \langle \beta_1, 1\rangle, \langle \alpha_1, 1\rangle, \langle \alpha_1, 0\rangle\} \\
e_4 &= \{\langle \beta_1, 0\rangle, \langle \beta_2, 0\rangle, \langle \alpha_1, 0\rangle\}
\end{aligned}$$

Tab. 7.5: Auftretende Eingangszustände.

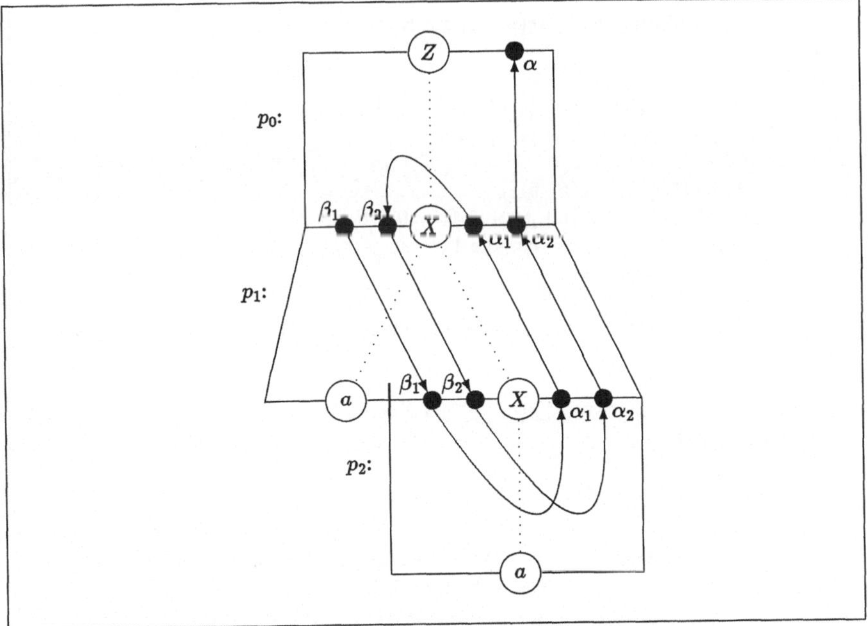

Abb. 7.8: Ableitungsbaum t mit Abhängigkeitsgraph $D(t)$.

$evaluate\ (\varepsilon, \emptyset)$
  Da $\underline{flag}(\varepsilon) = q_1$ und $\underline{goto}(q_1, \emptyset) = e_1$,
  führe $\underline{plan}(p_0, e_1)$ am Knoten ε aus:
  $\underline{val}_t(\langle\beta_1, 1\rangle) = 0$
  $evaluate\ (1, \{\langle\beta_1, 0\rangle\})$
      Da $\underline{flag}(1) = q_1$ und $\underline{goto}(q_1, \{\langle\beta_1, 0\rangle\}) = e_2$,
      führe $\underline{plan}(p_1, e_2)$ am Knoten 1 aus:
      $\underline{val}_t(\langle\beta_1, 11\rangle) = 1$
      $evaluate\ (11, \{\langle\beta_1, 0\rangle\})$
          Da $\underline{flag}(11) = q_1$ und $\underline{goto}(q_1, \{\langle\beta_1, 0\rangle\}) = e_2$,
          führe $\underline{plan}(p_2, e_2)$ am Knoten 11 aus:
          $\underline{val}_t(\langle\alpha_1, 11\rangle) = 1$
          $\underline{flag}(11) = q_5$
          Ende Ausführung von $\underline{plan}(p_2, e_2)$ am Knoten 11.
      $\underline{val}_t(\langle\alpha_1, 1\rangle) = 2$
      $\underline{flag}(1) = q_3$
      Ende Ausführung von $\underline{plan}(p_1, e_2)$ am Knoten 1.
  $\underline{val}_t(\langle\beta_2, 1\rangle) = 2$
  $evaluate\ (1, \{\langle\beta_1, 0\rangle, \langle\beta_2, 0\rangle\})$
      Da $\underline{flag}(1) = q_3$ und $\underline{goto}(q_3, \{\langle\beta_1, 0\rangle, \langle\beta_2, 0\rangle\}) = e_3$,
      führe $\underline{plan}(p_1, e_3)$ am Knoten 1 aus:
      $\underline{val}_t(\langle\beta_2, 11\rangle) = 3$
      $evaluate\ (11, \{\langle\beta_1, 0\rangle, \langle\beta_2, 0\rangle\})$
          Da $\underline{flag}(11) = q_5$ und $\underline{goto}(q_5, \{\langle\beta_1, 0\rangle, \langle\beta_2, 0\rangle\}) = e_4$,
          führe $\underline{plan}(p_2, e_4)$ am Knoten 11 aus:
          $\underline{val}_t(\langle\alpha_2, 11\rangle) = 3$
          $\underline{flag}(11) = q_6$
          Ende Ausführung von $\underline{plan}(p_2, e_4)$ am Knoten 11.
      $\underline{val}_t(\langle\alpha_2, 1\rangle) = 4$
      $\underline{flag}(1) = q_4$
      Ende Ausführung von $\underline{plan}(p_1, e_3)$ am Knoten 1.
  $\underline{val}_t(\langle\alpha, \varepsilon\rangle) = 4$
  $\underline{flag}(\varepsilon) = q_2$
  Ende Ausführung von $\underline{plan}(p_0, e_1)$ am Knoten ε.

Abb. 7.9: Ablaufprotokoll des KW–Auswerters auf dem Ableitungsbaum t aus Abbildung 7.8.

Jetzt wollen wir die kompliziertere erste Phase des KW–Algorithmus beschreiben, in der die Konstruktionsinformation generiert wird. Zunächst geben wir den Algorithmus zur Konstruktion *eines* Plans an; danach zeigen wir den Algorithmus, der dafür sorgt, daß für jede auftretende Situation ein Plan erzeugt wird.

7.2.1 Konstruktion eines Plans

Ein Plan $\underline{plan}(p, e)$ bezieht sich auf eine Produktion p und einen Auswertungszustand e (Eingangszustand) von p. Die Konstruktion von $\underline{plan}(p, e)$ folgt der Idee, daß alle möglichen und sinnvollen KW–Instruktionen in $\underline{plan}(p, e)$ aufgenommen werden, die der KW–Auswerter durchführen kann, wenn er an einem Knoten x mit $\underline{prod}_t(x) = p$ ankommt und die in e genannten Attributvorkommen von p bekannt sind. (Damit ist $\underline{plan}(p, e)$ ein greedy Algorithmus.) Betrachten wir ein Beispiel.

Beispiel 7.8
Sei die Produktion $p = (A \to BC)$ mit den Abhängigkeiten wie in Abbildung 7.10 gegeben. Der Auswertungszustand e enthält nur ein Attributvorkommen $\langle \beta_1, 0 \rangle$, welches durch ein umschließendes Kästchen markiert ist; ebenso sind die is–Graphen von B und C in die Abbildung aufgenommen.

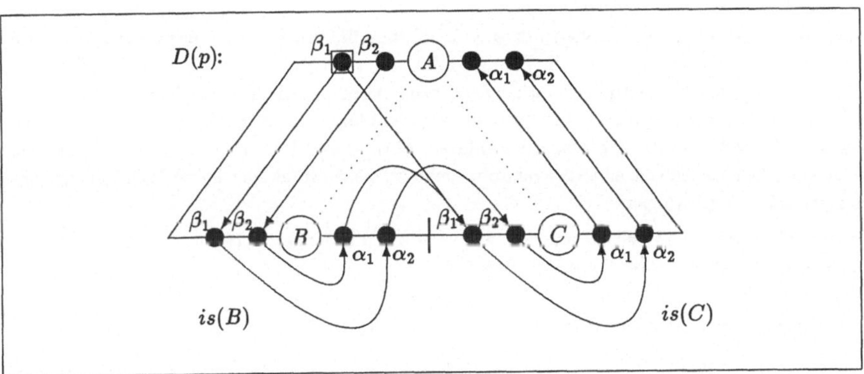

Abb. 7.10: Produktion $A \to BC$ mit Attributabhängigkeiten und Auswertungszustand.

Sicherlich kann das Attributvorkommen $\langle \beta_1, 1 \rangle$ jetzt ausgewertet werden, denn es hängt nur von dem Attributvorkommen $\langle \beta_1, 0 \rangle$ ab, und dies ist bekannt, da $\langle \beta_1, 0 \rangle \in e$; dagegen können zum Beispiel $\langle \beta_2, 1 \rangle$ und $\langle \beta_1, 2 \rangle$ nicht ausgewertet werden, weil $\langle \beta_2, 0 \rangle \notin e$ bzw. $\langle \alpha_1, 1 \rangle \notin e$.

Nun muß überlegt werden, ob es sich lohnt, in einem Ableitungsbaum t Nachfolger eines Knotens $x \in \underline{inode}(t)$ mit $\underline{prod}_t(x) = p$ zu besuchen. Das lohnt sich dann, wenn dabei Instanzen von synthetischen Attributen an diesem Nachfolger berechnet werden können. Um diese Eigenschaft zu erkennen, nutzen wir die Informationen aus den is–Graphen von B und C: Hängt ein synthetisches Attribut im is–Graphen nur von bekannten inheriten

Attributen ab, so lohnt sich der Besuch. Zur Erinnerung: Der is–Graph gibt an, von welchen inheriten Attributen ein synthetisches Attribut höchstens abhängen kann.

Also lohnt sich hier der Besuch zum ersten Nachfolger von x, weil damit $\langle \alpha_2, 1 \rangle$ berechnet werden kann. Dann kann der KW–Auswerter $\langle \beta_2, 2 \rangle$ ausrechnen. Und jetzt lohnt sich auch ein Besuch beim zweiten Nachfolger von x, denn damit kann $\langle \alpha_1, 2 \rangle$ ausgerechnet werden. Schließlich kann der KW–Auswerter $\langle \alpha_1, 0 \rangle$ ausrechnen. Die Attributvorkommen $\langle \beta_2, 0 \rangle$, $\langle \beta_2, 1 \rangle$, $\langle \alpha_1, 1 \rangle$, $\langle \beta_1, 2 \rangle$, $\langle \alpha_2, 2 \rangle$ und $\langle \alpha_2, 0 \rangle$ können bei diesem Besuch von x nicht ausgerechnet werden. Der KW–Auswertungsplan für $p = (A \rightarrow BC)$ und $e = \{\langle \beta_1, 0 \rangle\}$ sieht also insgesamt folgendermaßen aus:

$$
\begin{aligned}
(\ &\langle \beta_1, 1 \rangle = f(\langle \beta_1, 0 \rangle) \\
&\underline{visit}(1, \{\langle \beta_1, 0 \rangle\}) \\
&\langle \beta_2, 2 \rangle = g(\langle \alpha_2, 1 \rangle) \\
&\underline{visit}(2, \{\langle \beta_2, 0 \rangle\}) \\
&\langle \alpha_1, 0 \rangle = h(\langle \alpha_1, 2 \rangle), \\
&\{\langle \beta_1, 0 \rangle, \langle \beta_1, 1 \rangle, \langle \alpha_2, 1 \rangle, \langle \beta_2, 2 \rangle, \langle \alpha_1, 2 \rangle, \langle \alpha_1, 0 \rangle\})
\end{aligned}
$$

wobei f, g und h Operationssymbole sind, die aus den entsprechenden semantischen Regeln übernommen werden. $\qquad\qquad\qquad\qquad\qquad\qquad\qquad\qquad\qquad\qquad\qquad$ $\Box$

Natürlich liefern die is–Graphen nur die Grundlage für ein *hinreichendes* Kriterium, um die Frage zu beantworten, ob ein Besuch lohnt oder nicht: Weil in den is–Graphen die Überlagerung der Abhängigkeiten *aller* Ableitungsbäume zu einer Wurzelbeschriftung festgehalten sind, müssen nicht alle eingetragenen Abhängigkeiten auch wirklich vorhanden sein; ein Besuch könnte sich also auch lohnen, obwohl das Kriterium nicht erfüllt ist. Da man aber den konkreten Ableitungsbaum nicht kennt, besteht hier keine Möglichkeit, das Kriterium abzuschwächen.

In der Abbildung 7.11 zeigen wir den Algorithmus zur Konstruktion eines Plans. Vorher prägen wir noch zwei dort benutzte Begriffe.

Definition 7.9 (Auswertbare semantische Regel; Ertrag eines Teilbaums)

Sei $p = (X_0 \rightarrow w_0 X_1 w_1 \ldots X_n w_n)$ eine Produktion von G_0 und $azs \in AZS(p)$ ein Auswertungszustand von p.

1. Die semantische Regel $(\langle \gamma, k \rangle = f(\langle \gamma_1, k_1 \rangle, \ldots, \langle \gamma_m, k_m \rangle)) \in R(p)$ heißt *auswertbar im Auswertungszustand azs*, wenn $\langle \gamma, k \rangle \notin azs$ und für jedes j mit $1 \leq j \leq m$ gilt: $\langle \gamma_j, k_j \rangle \in azs$.

2. Sei $1 \leq k \leq n$. Der *Ertrag des k–ten Teilbaums im Auswertungszustand azs*, bezeichnet durch $profit(p, k, azs)$, ist die Menge

$$
\begin{aligned}
\{\langle \alpha, k \rangle \mid \ &\alpha \in S(X_k), \langle \alpha, k \rangle \notin azs \text{ und für alle } \beta \in I(X_k) \text{ gilt:} \\
&\text{wenn } (\beta, \alpha) \text{ eine Kante in } is(X_k), \text{ dann } \langle \beta, k \rangle \in azs\}
\end{aligned}
$$
$\qquad\qquad\qquad\qquad\qquad\qquad\qquad\qquad\qquad\qquad\qquad\qquad\qquad\qquad\qquad\qquad$ $\Box$

```
function MakePlan((p = (X_0 → w_0 X_1 w_1 ... X_n w_n)):Produktion,   e : AZS(p)) :
                   KW–Plan;

var        S   :   Folge von KW–Instruktionen;
          azs  :   AZS(p);
          inp  :   IS;
       finished :  boolean;
begin
          S   :=  leere Folge;
         azs  :=  e;
       repeat
                while  eine semantische Regel
                       r = (⟨γ, k⟩ = f(⟨γ_1, k_1⟩, ..., ⟨γ_m, k_m⟩)) ∈ R(p)
                       ist auswertbar im Auswertungszustand azs do
                             (* hänge Instruktion r an S an *)
                             S := Sr;
                             (* erweitere aktuellen Auswertungszustand um ⟨γ, k⟩ *)
                             azs := azs ∪ {⟨γ, k⟩}
                end;
                (* liefert ein Besuch bei einem Nachfolger einen nicht–leeren Ertrag? *)
                if es gibt k mit profit(p, k, azs) ≠ ∅ then
                    (* bestimme die Eingabemenge des k–ten Nachfolgers ...*)
                    inp := {⟨β, 0⟩ | β ∈ I(X_k), ⟨β, k⟩ ∈ azs};
                    (* ...und besuche ihn *)
                    S := S visit(k, inp);
                    (* erweitere aktuellen Auswertungszustand um profit(p, k, azs) *)
                    azs := azs ∪ profit(p, k, azs);
                    finished := false
                else finished:= true
                end
       until finished;
       (* (S, azs) ist der resultierende Plan *)
       return (S, azs)
end { MakePlan }
```

Abb. 7.11: Algorithmus zur Konstruktion eines Plans.

7.2.2   Generierung der Menge der notwendigen Pläne

Nun ist die Frage zu beantworten, für welche Paare (p, e) mit Produktion p und Eingangszustand e die Funktion *MakePlan* aufgerufen werden muß. Da sich der Eingangszustand e aus der Vereinigung des Ruhezustands q und einer Eingabemenge ergibt, wobei letztere aus der *visit*-Aktion bekannt ist, läßt sich diese Frage auf die folgende Frage reduzieren: Mit welchen Ruhezuständen können Knoten etikettiert sein? Dabei kann man zwei Fälle unterscheiden:

1. Ein Knoten x wurde noch nicht besucht, d.h. es gilt $\underline{flag}(x) = \emptyset$.

2. Ein Knoten x ist schon besucht worden, und der zuletzt am Knoten x ausgeführte Plan hat $\underline{flag}(x)$ auf q gesetzt.

Die Konstruktion dieser Menge von Ruhezuständen übernimmt ein Algorithmus, der einen Graphen — den sogenannten *Auswertungszustandsgraphen* — sukzessive erweitert.

Definition 7.10 (Auswertungszustandsgraph)

Ein *Auswertungszustandsgraph* (kurz: AZS-Graph) ist ein gerichteter, kanten- und knotenmarkierter Graph $(V, E, \underline{label}_V, \underline{label}_E)$, wobei:

- V die Menge der Knoten ist; V ist die disjunkte Vereinigung der Mengen V_q und V_e der *Ruhezustandsknoten* (quiescant states) bzw. der *Eingangszustandsknoten* (entry states);

- E die Menge der Kanten ist; E ist die disjunkte Vereinigung der Mengen $E_{qe} \subseteq V_q \times V_e$ und $E_{eq} \subseteq V_e \times V_q$;

- $\underline{label}_V : V \longrightarrow AZS(G)$ die *Knotenbeschriftungsfunktion* ist,

- $\underline{label}_E : E \longrightarrow IS \cup \{s \mid s$ ist Folge von KW–Instruktionen$\}$ die *Kantenbeschriftungsfunktion* ist mit

$$\underline{label}_E(b) \in IS \text{ für alle } b \in E_{qe} \text{ und}$$
$$\underline{label}_E(b) \text{ ist Folge von KW–Instruktionen für alle } b \in E_{eq}. \qquad \square$$

Ein AZS-Graph kann also Teilgraphen der folgenden Form enthalten:

$$\overset{v_1}{\boxed{q}} \longrightarrow \overset{b_1}{(\!inp\!)} \longrightarrow \overset{v_2}{\boxed{e}} \longrightarrow \overset{b_2}{(\!s_1 \dots s_m\!)} \longrightarrow \overset{v_3}{\boxed{q'}}$$

wobei v_1 und v_3 Ruhezustandsknoten sind, v_2 ein Eingangszustandsknoten ist, $b_1 \in E_{qe}$ und $b_2 \in E_{eq}$ Kanten sind; die Kante b_1 wird durch das zusammengesetzte Symbol

$$\overset{b_1}{\longrightarrow (\!inp\!) \longrightarrow}$$

dargestellt, ähnlich bei Kante b_2. Für die Knotenbeschriftungsfunktion gilt $\underline{label}_V(v_1) = q$, $\underline{label}_V(v_2) = e$ und $\underline{label}_V(v_3) = q'$; die Kanten sind mit $\underline{label}_E(b_1) = inp$ und $\underline{label}_E(b_2) = s_1 \dots s_m$ beschriftet. Das Tupel (b_1, v_2) nennt man $\underline{goto}$-Eintrag, das Tupel (b_2, v_3) nennt man $\underline{plan}$-Eintrag.

Der Durchlauf durch diesen Teilgraph entspricht der Ausführung einer $\underline{visit}(k, inp)$–Aktion im folgenden Sinne (dabei sei x der Knoten, an dem gerade ein Plan durchgeführt wird):

- der k–te Nachfolger von x trägt das Etikett q, d.h. $\underline{flag}(x.k) = q$;

- dem KW–Auswerter wird die Eingabemenge inp als Argument übergeben; er bestimmt aus dem Ruhezustand q und der Eingabemenge inp den Eingangszustand $\underline{goto}(q, inp) = e$;

- der KW–Auswerter führt den Plan $\underline{plan}(\underline{prod}_t(x.k), e) = (s_1 \ldots s_m, q')$ durch, d.h. er führt die KW–Instruktionen $s_1, \ldots, s_m$ aus und setzt danach $\underline{flag}(x.k)$ in den neuen Ruhezustand q'.

Für jede Produktion p enthält der AZS–Graph T eine Zusammenhangskomponente T_p, die azyklisch ist und Verzweigungen enthalten kann.

Der Algorithmus *MakeEvaluator* (siehe Abbildung 7.12), der bei Eingabe einer stark nichtzirkulären Attributgrammatik G die Menge aller möglichen Ruhezustände (und gleichzeitig auch die gesamte Konstruktionsinformation von G) berechnet, benutzt AZS–Graphen als globale Datenstruktur und baut sukzessive einen AZS–Graphen auf. Dazu legt er zuerst für jede Produktion p einen Anfangsauswertungszustand $\emptyset$ im AZS–Graphen an (*MakeInitStates*). Für jede Produktion p_0 mit dem Startsymbol Z auf der linken Seite bereitet der Algorithmus den ersten Besuch zur Wurzel des Ableitungsbaumes mit der leeren Eingabemenge vor (*FirstGoto*).

Unter Benutzung der Funktionsprozeduren *AddPlan* und *AddGoto* werden nun in einer Schleife so lange es notwendig ist $\underline{plan}$–Einträge bzw. $\underline{goto}$–Einträge zum AZS–Graphen hinzugefügt. Die Funktionsprozedur *AddPlan* sucht nach den Eingangszustandsknoten, denen noch kein Plan zugeordnet ist; neue Pläne werden dann mit *MakePlan* konstruiert. Die Funktionsprozedur *AddGoto* untersucht in jeder Zusammenhangskomponente T_p für eine Produktion $p = (X_0 \to w_0X_1w_1 \ldots X_nw_n)$ alle Markierungen von Kanten aus F_{eq} und überprüft dort für jede auftretende $\underline{visit}(k, inp)$–Instruktion, ob für jeden Ruhezustandsknoten in $T_{p'}$ (mit X_k ist linke Seite einer Produktion p') die Eingabemenge inp schon berücksichtigt ist, d.h. ein $\underline{goto}$–Eintrag vorhanden ist. Wenn ein solcher Eintrag fehlt, so wird er in den AZS–Graphen und in die $\underline{goto}$–Funktion eingetragen.

Bei der Beschreibung des Algorithmus zur Erstellung einer Konstruktionsinformation (siehe Abbildungen 7.12 bis 7.16) benutzen wir folgende Funktionen, die wir nicht weiter ausprogrammieren:

- *NewNode* liefert einen neuen Knoten

- *Produktion(v)* liefert für einen Knoten v die Produktion p, wenn v in der Zusammenhangskomponente T_p auftritt

- *NodeOf(l)* liefert für ein Label l den Knoten v mit $\underline{label}_V(v) = l$.

```
function MakeEvaluator(stark nichtzirk. Attr. Gr. G) : Konstruktionsinformation K_G;
    var      AZS   :  set of Auswertungszustand;
             IS    :  set of Eingabemenge;
             goto  :  AZS × IS ⟶ AZS;
             plan  :  P × AZS ⟶ KW–Plan;
        V_q, V_e, V_0  :  set of Knoten;
        E_qe, E_eq  :  set of Kanten;
            label_V  :  V_q ∪ V_e ⟶ AZS;
            label_E  :  E_qe ∪ E_eq ⟶ IS ∪ {s | s ist Folge von KW–Instruktionen};
        finished  :  boolean;
    function MakeInitStates(): set of Knoten; ...
    procedure FirstGoto(V : set of Knoten); ...
    function AddPlan(): boolean; ...
    function AddGoto(): boolean; ...
    function MakePlan(p: Produktion, e: AZS(p)): KW–Plan; ...

begin
        (* Initialisierungen *)
        AZS := ∅; IS := ∅;
        goto:= Funktion mit leerem Graphen;
        plan:= Funktion mit leerem Graphen;
        V_q := ∅; V_e := ∅; E_qe := ∅; E_eq := ∅;
        (* Bestimmung der Anfangszustände *)
        V_0 := MakeInitStates();
        (* lege goto-Einträge für die ersten Besuche zur Wurzel an *)
        FirstGoto(V_0);
        repeat
                (* gibt es einen Eingangszustandsknoten, dem noch kein Plan
                    zugeordnet ist? *)
                finished := AddPlan();
                (* sind noch visit-Instruktionen zu berücksichtigen? *)
                finished := AddGoto() and finished
        until finished;
        return (goto, plan)
end { MakeEvaluator}.
```

Abb. 7.12: Algorithmus zur Erstellung einer Konstruktionsinformation.

```
function MakeInitStates(): set of Knoten;
var    p : Produktion;
       v_q : Knoten;
begin
       (* füge für jede Produktion den Anfangsauswertungszustand ∅ ein *)
       for alle p = (X_0 → w_0 X_1 w_1 ... X_n w_n) ∈ P do
              (* lege einen Ruhezustandsknoten an ...*)
              v_q := NewNode();
              V_q := V_q ∪ {v_q} ;
              (* ...und beschrifte ihn *)
              label_V(v_q) := ∅
       end;
       AZS := AZS ∪ {∅};
       (* gib die Menge von Knoten, die zu Produktionen mit Z auf
           der linken Seite gehören, zurück *)
       return {v_q ∈ V_q | linke Seite von Produktion(v_q) ist Z}
end {MakeInitStates}
```

Abb. 7.13: Funktionsprozedur *MakeInitStates*.

```
procedure FirstGoto(V: set of Knoten);
var    v_q, v_e : Knoten;
begin
       for alle v_q ∈ V do
              (* kreiere den Eingangszustandsknoten *)
              v_e := NewNode();
              V_e := V_e ∪ {v_e} ;
              label_V(v_e) := ∅ ;
              (* füge die entsprechende Kante hinzu *)
              E_qe := E_qe ∪ {(v_q, v_e)} ;
              label_E((v_q, v_e)) := ∅
       end;
       IS := IS ∪ {∅};
       (* update der goto-Funktion *)
       goto(∅, ∅) := ∅
end { FirstGoto }
```

Abb. 7.14: Prozedur *FirstGoto*.

```
function AddPlan() : boolean;
var     v_q, v_e  :  Knoten;
              p   :  Produktion;
           q, e   :  Auswertungszustand;
              S   :  Folge von KW–Instruktionen;
          okay    :  boolean;
begin
      okay := true ;
      (* Gibt es einen Eingangszustandsknoten, dem noch kein Plan
         zugeordnet ist? *)
      while es existiert v_e ∈ V_e mit {(v_e, v_q) ∈ E_eq | v_q ∈ V_q} = ∅ do
            okay := false;
            p := Produktion(v_e);
            e := label_V(v_e);
            (* lege Plan an *)
            (S, q) := MakePlan(p, e);
            plan(p, e) := (S, q);
            (* existiert der Ruhezustandsknoten q noch nicht? *)
            if für alle v_q ∈ V_q mit Produktion(v_q) = p gilt: label_V(v_q) ≠ q
            then
                (* füge q hinzu *)
                v_q := NewNode();
                V_q := V_q ∪ {v_q};
                label_V(v_q) := q;
                AZS := AZS ∪ {q}
            else
                v_q := NodeOf(q)
            end;
            (* lege eine entsprechende Kante an *)
            E_eq := E_eq ∪ {(v_e, v_q)};
            label_E((v_e, v_q)) := S
      end
      return okay
end {AddPlan}
```

Abb. 7.15: Funktionsprozedur *AddPlan*.

```
function AddGoto(): boolean;
     var    p   :  Produktion;
            q, e :  Auswertungszustand;
           v_q, v_e : Knoten;
            k   :  integer;
           inp  :  Eingabemenge;
          okay  :  boolean;
begin
     okay := true;
     (* untersuche alle Kanten in plan-Einträgen *)
     for alle b ∈ E_eq do
          (* sei X_0 → w_0 X_1 w_1 ... X_n w_n die Produktion, in deren
              Zusammenhangskomponente b auftritt *)
          for alle KW-Instruktionen visit(k, inp) in label_E(b) do
               IS := IS ∪ {inp};
               (* betrachte alle Produktionen p, deren linke Seite X_k ist *)
               for alle p = (X_k → u_0 Y_1 u_1 ... Y_m u_m) ∈ P do
                    (* untersuche die Ruhezustandsknoten in der
                        Zusammenhangskomponente T_p von p *)
                    for alle v_q ∈ V_q mit Produktion(v_q) = p and label_V(v_q) ≠ A(p) do
                    (* geht von v_q eine mit inp beschriftete Kante aus? *)
                         if für alle (v_q, v_e) ∈ E_qe gilt: label_E((v_q, v_e)) ≠ inp
                         then
                              okay := false;
                              (* kreiere eine entsprechende Kante *)
                              v_e := NewNode();
                              V_e := V_e ∪ {v_e};
                              E_qe := E_qe ∪ {(v_q, v_e)};
                              label_E((v_q, v_e)) := inp;
                              (* update der goto-Funktion *)
                              q := label_V(v_q);
                              e := q ∪ inp;
                              goto(q, inp) := e;
                              label_V(v_e) := e;
                              AZS := AZS ∪ {e}
                         end
                    end
               end
          end
     end;
     return okay
end {AddGoto}
```

Abb. 7.16: Funktionsprozedur *AddGoto*.

Beispiel 7.11

Für die im Beispiel 7.7 angegebene stark nichtzirkuläre Attributgrammatik G wollen wir nun mit Hilfe der Prozeduren aus den Abbildungen 7.11 bis 7.16 die Konstruktionsinformation erstellen. Dazu zeigen wir einige Zustände des AZS–Graphen nach dem Aufruf von Funktionsprozeduren und Prozeduren. Der Einfachheit halber beschriften wir die Kanten von _plan_–Einträgen nicht nur mit Sequenzen von KW–Instruktionen, sondern mit (den kürzeren Bezeichnungen von) KW–Auswertungsplänen.

- Nach dem Aufruf von _MakeInitStates_ hat der AZS–Graph folgende Gestalt:

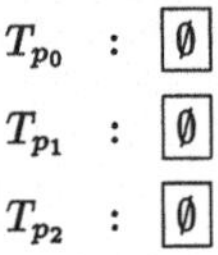

$$T_{p_0} \; : \; \boxed{\emptyset}$$

$$T_{p_1} \; : \; \boxed{\emptyset}$$

$$T_{p_2} \; : \; \boxed{\emptyset}$$

- Durch Aufruf von _FirstGoto_ wird in die Zusammenhangskomponente T_{p_0} ein _goto_–Eintrag abgelegt.

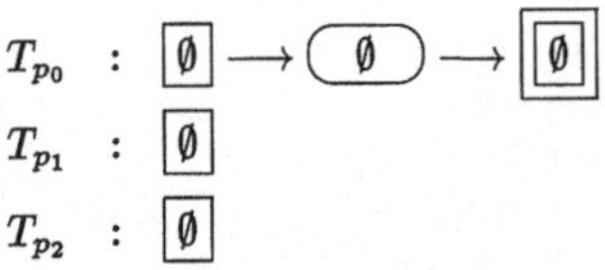

$$T_{p_0} \; : \; \boxed{\emptyset} \longrightarrow \left(\emptyset\right) \longrightarrow \boxed{\boxed{\emptyset}}$$

$$T_{p_1} \; : \; \boxed{\emptyset}$$

$$T_{p_2} \; : \; \boxed{\emptyset}$$

- Da es nun einen Eingangszustandsknoten gibt, dem noch kein Plan zugeordnet ist, wird dieser durch Aufruf von _MakePlan_ angelegt.

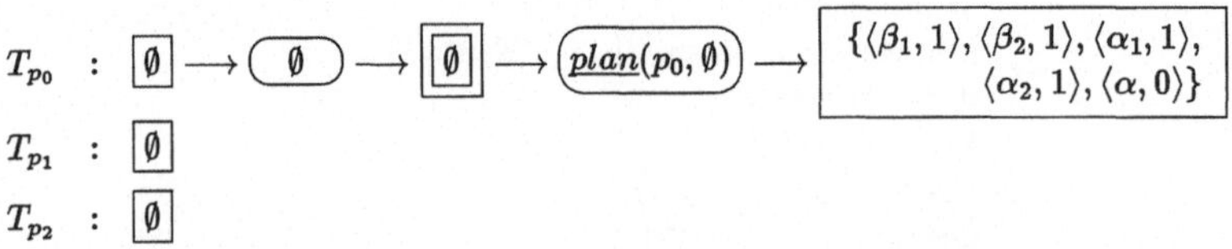

$$T_{p_0} \; : \; \boxed{\emptyset} \longrightarrow \left(\emptyset\right) \longrightarrow \boxed{\boxed{\emptyset}} \longrightarrow \left(\underline{plan}(p_0,\emptyset)\right) \longrightarrow \boxed{\begin{array}{c}\{\langle\beta_1,1\rangle,\langle\beta_2,1\rangle,\langle\alpha_1,1\rangle, \\ \langle\alpha_2,1\rangle,\langle\alpha,0\rangle\}\end{array}}$$

$$T_{p_1} \; : \; \boxed{\emptyset}$$

$$T_{p_2} \; : \; \boxed{\emptyset}$$

- Jetzt sind in den Zusammenhangskomponenten von p_1 und p_2 die Instruktionen $\underline{visit}(1,\{\langle\beta_1,0\rangle\})$ und $\underline{visit}(1,\{\langle\beta_1,0\rangle,\langle\beta_2,0\rangle\})$ aus $\underline{plan}(p_0,\emptyset)$ (siehe Tabelle 7.2) noch nicht berücksichtigt. Dies wird durch Aufruf von _AddGoto_ erreicht.

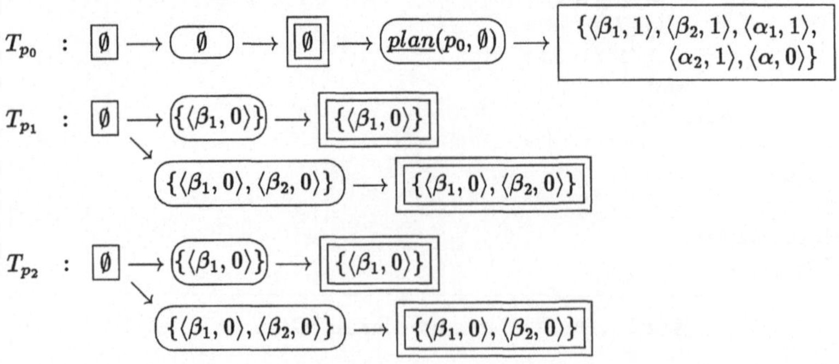

$$T_{p_0} \; : \; \boxed{\emptyset} \longrightarrow \left(\emptyset\right) \longrightarrow \boxed{\boxed{\emptyset}} \longrightarrow \left(\underline{plan}(p_0,\emptyset)\right) \longrightarrow \boxed{\begin{array}{c}\{\langle\beta_1,1\rangle,\langle\beta_2,1\rangle,\langle\alpha_1,1\rangle, \\ \langle\alpha_2,1\rangle,\langle\alpha,0\rangle\}\end{array}}$$

$$T_{p_1} \; : \; \boxed{\emptyset} \longrightarrow \left(\{\langle\beta_1,0\rangle\}\right) \longrightarrow \boxed{\boxed{\{\langle\beta_1,0\rangle\}}}$$
$$\searrow \left(\{\langle\beta_1,0\rangle,\langle\beta_2,0\rangle\}\right) \longrightarrow \boxed{\boxed{\{\langle\beta_1,0\rangle,\langle\beta_2,0\rangle\}}}$$

$$T_{p_2} \; : \; \boxed{\emptyset} \longrightarrow \left(\{\langle\beta_1,0\rangle\}\right) \longrightarrow \boxed{\boxed{\{\langle\beta_1,0\rangle\}}}$$
$$\searrow \left(\{\langle\beta_1,0\rangle,\langle\beta_2,0\rangle\}\right) \longrightarrow \boxed{\boxed{\{\langle\beta_1,0\rangle,\langle\beta_2,0\rangle\}}}$$

- Nun treten Eingangszustandsknoten auf, denen noch keine Pläne zugeordnet sind. Das Anlegen dieser Pläne besorgt wiederum *AddPlan*. Schlußendlich sieht der *AZS*–Graph folgendermaßen aus, wobei wir auf die Darstellung derjenigen Teile des Graphen verzichten, die bei der Dekoration eines beliebigen Ableitungsbaumes nicht durchlaufen werden können. Dies sind insbesondere auch die Teile des Graphen, die aus den jeweils unteren Ästen der Zusammenhangskomponenten T_{p_1} und T_{p_2} entstehen. In den Tabellen 7.1 und 7.2, in denen die Funktionen *goto* bzw. *plan* für G dargestellt wurden, haben wir ebenfalls diejenigen Einträge weggelassen, die zwar durch den KW–Algorithmus berechnet, aber beim Durchlauf durch einen beliebigen Ableitungsbaum nicht benötigt werden.

$$T_{p_0} \; : \; \boxed{\emptyset} \longrightarrow \left(\emptyset\right) \longrightarrow \boxed{\emptyset} \longrightarrow \left(\underline{plan}(p_0, \emptyset)\right) \longrightarrow \boxed{\begin{array}{c} \{\langle\beta_1,1\rangle, \langle\beta_2,1\rangle, \langle\alpha_1,1\rangle, \\ \langle\alpha_2,1\rangle, \langle\alpha,0\rangle\} \end{array}}$$

$$T_{p_1} \; : \; \boxed{\emptyset} \longrightarrow \left(\{\langle\beta_1,0\rangle\}\right) \longrightarrow \boxed{\{\langle\beta_1,0\rangle\}} \longrightarrow \left(\underline{plan}(p_1, \{\langle\beta_1,0\rangle\})\right)$$

$$\mathcal{A} = \left\{ \begin{array}{cc} \langle\beta_1,0\rangle, & \langle\beta_1,1\rangle, \\ \langle\alpha_1,0\rangle, & \langle\alpha_1,1\rangle, \\ \langle\beta_2,0\rangle & \end{array} \right\} \longleftarrow \left(\begin{array}{c} \{\langle\beta_1,0\rangle, \\ \langle\beta_2,0\rangle\} \end{array}\right) \longleftarrow \boxed{\begin{array}{cc} \{\langle\beta_1,0\rangle, & \langle\beta_1,1\rangle, \\ \langle\alpha_1,0\rangle, & \langle\alpha_1,1\rangle\} \end{array}}$$

$$\left(\underline{plan}(p_1, \mathcal{A})\right) \longrightarrow \boxed{\begin{array}{cc} \{\langle\beta_1,0\rangle, & \langle\beta_2,0\rangle, \\ \langle\beta_1,1\rangle, & \langle\beta_2,1\rangle, \\ \langle\alpha_1,1\rangle, & \langle\alpha_2,1\rangle, \\ \langle\alpha_1,0\rangle, & \langle\alpha_2,0\rangle\} \end{array}}$$

$$T_{p_2} \; : \; \boxed{\emptyset} \longrightarrow \left(\{\langle\beta_1,0\rangle\}\right) \longrightarrow \boxed{\{\langle\beta_1,0\rangle\}} \longrightarrow \left(\underline{plan}(p_2, \{\langle\beta_1,0\rangle\})\right)$$

$$\mathcal{B} = \left\{ \begin{array}{cc} \{\langle\beta_1,0\rangle, & \langle\alpha_1,0\rangle, \\ \langle\beta_2,0\rangle & \} \end{array} \right. \longleftarrow \left(\begin{array}{c} \{\langle\beta_1,0\rangle, \\ \langle\beta_2,0\rangle\} \end{array}\right) \longleftarrow \boxed{\{\langle\beta_1,0\rangle, \quad \langle\alpha_1,0\rangle\}}$$

$$\left(\underline{plan}(p_2, \mathcal{B})\right) \longrightarrow \boxed{\begin{array}{cc} \{\langle\beta_1,0\rangle, & \langle\beta_2,0\rangle, \\ \langle\alpha_1,0\rangle, & \langle\alpha_2,0\rangle\} \end{array}} \qquad \square$$

7.3   Übungsaufgaben

Aufgabe 18

Gegeben sei die Attributgrammatik G aus Aufgabe 11.

Überprüfen Sie mit Hilfe des Mitgliedschaftstests von ANC, ob G stark nichtzirkulär ist.

Aufgabe 19

Gegeben sei die folgende Attributgrammatik $G = (G_0, D, B, R, \emptyset)$:

- $G_0 = (N, \Sigma, Z, P)$ mit $N = \{Z, X\}$, $\Sigma = \{a\}$ und $P = \{Z \to X,\ X \to X X,\ X \to a\}$.

- $D = (K, \Omega, \Phi, \Psi, \varphi)$ mit $K = \{nat\}$, $\Omega = \Omega^{nat} = I\!N$, $\Phi = \{u^{(\epsilon, nat)},\ f^{(nat, nat)}\}$, $\Psi = \emptyset$, $\varphi(u)() = 0$ und $\varphi(f)(n) = n + 1$ für alle $n \in I\!N$.

- $B = (\{\alpha_1, \alpha_2\}, \{\beta_1, \beta_2\}, S, I, \alpha_1, W)$ mit
$$\begin{aligned}
S(Z) &= \{\alpha_1\}, \\
S(X) &= \{\alpha_1, \alpha_2\}, \\
I(X) &= \{\beta_1, \beta_2\} \text{ und} \\
W(\gamma) &= nat \text{ für alle } \gamma \in \{\alpha_1, \alpha_2, \beta_1, \beta_2\}
\end{aligned}$$

- $R = (R(p) \mid p \in P)$ mit

$$
\begin{array}{ll}
R(Z \to X): & \begin{aligned}
\langle \alpha_1, 0 \rangle &= f(\langle \alpha_1, 1 \rangle) \\
\langle \beta_1, 1 \rangle &= f(\langle \alpha_2, 1 \rangle) \\
\langle \beta_2, 1 \rangle &= u
\end{aligned} \\
R(X \to a): & \begin{aligned}
\langle \alpha_1, 0 \rangle &= f(\langle \beta_1, 0 \rangle) \\
\langle \alpha_2, 0 \rangle &= f(\langle \beta_2, 0 \rangle)
\end{aligned}
\end{array}
\qquad
R(X \to X X): \quad
\begin{aligned}
\langle \alpha_1, 0 \rangle &= f(\langle \alpha_2, 2 \rangle) \\
\langle \alpha_2, 0 \rangle &= f(\langle \beta_2, 0 \rangle) \\
\langle \beta_1, 1 \rangle &= f(\langle \alpha_1, 2 \rangle) \\
\langle \beta_2, 1 \rangle &= f(\langle \alpha_1, 1 \rangle) \\
\langle \beta_1, 2 \rangle &= f(\langle \beta_1, 0 \rangle) \\
\langle \beta_2, 2 \rangle &= f(\langle \alpha_2, 1 \rangle)
\end{aligned}
$$

(a) Überprüfen Sie mit Hilfe des Mitgliedschaftstests von ANC, ob G stark nichtzirkulär ist.

(b) Konstruieren Sie zu G mit Hilfe des Kennedy–Warren–Algorithmus einen Attributauswerter $P_{AA}(G)$. Geben Sie die Mengen der Ruhezustände und der Eingangszustände, die Eingabemengen, die Funktionen *goto* und *plan*, sowie diejenigen Teile des Auswertungszustandsgraphen an, die bei der Dekoration eines beliebigen Ableitungsbaumes durchlaufen werden können.

(c) Geben Sie ein Ablaufprotokoll des in Teil (b) konstruierten Attributauswerters $P_{AA}(G)$ auf dem Ableitungsbaum t von G_0 mit $yield(t) = aa$ an.

7.4   Bibliographische Anmerkungen

Das Verfahren zur Konstruktion eines KW–Auswerters stammt aus dem Artikel [KW76] (siehe auch [Saa78], in dem die KW–Auswertungspläne nicht mehr greedy, sondern „demand driven" sind). Dieses Resultat ist eng verwandt mit einem bereits 1977 in [DPSS77] bewiesenen Zusammenhang zwischen IO–macro grammars [Fis68] und besonderen Attributgrammatiken. In [MV95] wird dieser Zusammenhang dargestellt und für die effiziente Auswertung von sg–f Programmen nutzbar gemacht. Die Beschreibung der Konstruktionen in diesem Kapitel ist sehr von [Nol93] beeinflußt.

Kapitel 8

Attributauswertung bei gleichzeitigem Parsing

In Kapitel 3 haben wir gesehen, wie eine Attributgrammatik G dazu eingesetzt werden kann, eine Übersetzung von Zeichenreihen in semantische Werte zu definieren. Die string–to–value Übersetzung von G ist die Menge

$$\tau_{sv}(G) \;=\; \{(yield(t), \underline{val}_t(\langle \alpha_0, \underline{root}(t)\rangle)) \mid t \text{ ist Ableitungsbaum von } G_0$$
$$\text{und } \underline{val}_t \text{ ist zulässige Dekoration von } t\}$$

Auch in diesem Kapitel betrachten wir nur nichtzirkuläre, unkonditionale Attributgrammatiken.

Wenn nun eine Zeichenreihe $w \in L(G_0)$ gegeben ist und die Übersetzung von w berechnet werden soll, so sind zwei Schritte durchzuführen:

1. Zerlegung (parsing) von w entsprechend G_0; dies liefert einen Ableitungsbaum t_w mit $yield(t_w) = w$ und

2. Berechnung des Wertes der Bedeutungsattributinstanz $\langle \alpha_0, \underline{root}(t_w)\rangle$ an der Wurzel von t_w.

Es gibt viele Möglichkeiten, die Zerlegung von w vorzunehmen (siehe z.B. [ASU86]). Ebenso gibt es verschiedene Attributauswerter, welche zu einem vorgelegten Ableitungsbaum eine zulässige Dekoration berechnen (siehe z.B. Kapitel 4). Es stellt sich die Frage, ob es Verfahren gibt, welche die beiden Aufgaben (also parsing und Attributauswertung) *gleichzeitig* erledigen. In diesem Kapitel wollen wir ein solches Verfahren kennenlernen. Dabei beschränken wir uns einerseits auf das nichtdeterministische top–down parsing und andererseits auf simple 1–pass Attributgrammatiken.

Wir weisen darauf hin, daß alle Betrachtungen dieses Kapitels auch zu deterministischen top–down parsing Verfahren verfeinert werden können. Da es uns hier aber nur auf die *Verzahnung* des parsings mit der Attributauswertung ankommt, haben wir unsere Überlegungen auf das technisch etwas weniger aufwendige nichtdeterministische top–down parsing bezogen.

Im folgenden Abschnitt wiederholen wir kurz das benutzte parsing–Verfahren. Danach stellen wir eine Erweiterung des Kellerautomaten vor, den sogenannten Registerkellertransduktor. In dieser Maschine ist jedem Kellerfeld eine Sequenz von Registern zugeordnet, die Werte von Attributinstanzen aufnehmen können. Im dritten Abschnitt konstruieren wir dann zu einer gegebenen simple 1–pass Attributgrammatik einen Kellertransduktor, der das parsing von Zeichenreihen und die Attributauswertung gleichzeitig erledigt.

8.1 Nichtdeterministisches top–down parsing

In diesem Abschnitt wollen wir kurz das Verfahren des top–down parsings wiederholen und auf die Modifikationen eingehen, die wir hier benötigen.

Wenn eine kontextfreie Grammatik G_0 vorgelegt ist und mit Hilfe eines nichtdeterministischen Kellerautomaten A für eine Zeichenreihe w entschieden werden soll, ob $w \in L(G_0)$, so wiederholt A üblicherweise die beiden Aktionen Expandieren („expand") und Vergleichen („compare") so lange, bis keine Aktion mehr durchgeführt werden kann.

Dabei wird die Aktion „expand" durchgeführt, wenn im obersten Kellerfeld ein Nichtterminalsymbol, z.B. X, steht und die kontextfreie Grammatik G_0 Produktionen enthält, auf deren linken Seiten X steht. Wenn $X \rightarrow X_1 X_2 \ldots X_n$ mit $X_i \in N \cup \Sigma$ eine solche Produktion ist, so wird das Nichtterminalsymbol X im folgenden Sinne expandiert: Zuerst wird das oberste Kellerfeld mit X gelöscht und dann werden n neue Kellerfelder aufgelegt, welche der Reihe nach X_1 bis X_n enthalten; X_1 steht im obersten Kellerfeld. Die Auswahl einer Produktion mit linker Seite X erfolgt dabei nichtdeterministisch.

Die Aktion „compare" wird ausgeführt, wenn das oberste Kellerfeld ein Terminalsymbol, z.B. a, enthält. Dieses Kellersymbol wird mit dem aktuellen Symbol auf dem Eingabeband des Kellerautomaten verglichen. Wenn beide Symbole übereinstimmen, dann wird das oberste Kellersymbol gelöscht und der Zeiger auf dem Eingabeband um ein Feld nach rechts verschoben.

Der Kellerautomat akzeptiert ein Wort nach Durchführung dieses top–down parsings, wenn das Eingabeband vollständig gelesen wurde und der Keller leer ist.

Hier wollen wir die Arbeitsweise des Kellerautomaten etwas modifizieren; unter dieser Modifikation läßt sich der Kellerautomat später leichter für die Verzahnung der beiden Grundaufgaben erweitern. Anstatt jeweils ein Symbol aus $N \cup \Sigma$ in ein Kellerfeld zu speichern, wird nun eine ganze Produktion in einem Feld aufgenommen. Genauer: jedes Kellerfeld des Automaten enthält ein item der Form $[X_0 \rightarrow X_1 \ldots X_i.X_{i+1} \ldots X_n]$; dabei ist $X_0 \rightarrow X_1 \ldots X_i X_{i+1} \ldots X_n$ eine Produktion in G_0 und $0 \leq i \leq n$. (Im bottom–up parsing sind diese Objekte unter dem Namen $LR(0)$–items bekannt.)

Wenn nun ein item der Form $[X_0 \rightarrow X_1 \ldots X_i.X_{i+1} \ldots X_n]$ im obersten Kellerfeld steht, so hängt von X_{i+1} (— also dem Symbol rechts neben dem Punkt —) ab, welche der Aktionen „expand" und „compare" angewendet werden kann. Ist X_{i+1} ein Nichtterminalsymbol, so wird $[X_0 \rightarrow X_1 \ldots X_i.X_{i+1} \ldots X_n]$ durch das item $[X_0 \rightarrow X_1 \ldots X_i X_{i+1}. \ldots X_n]$ ersetzt und ein neues Kellerfeld aufgelegt mit dem item $[X_{i+1} \rightarrow .\zeta]$, wobei $X_{i+1} \rightarrow \zeta$ eine Produktion aus G_0 ist. Auch hier geschieht die Auswahl der Produktion mit linker Seite X_{i+1} nichtdeterministisch. Wenn X_{i+1} ein Terminalsymbol ist, so wird es mit dem aktuellen Symbol auf dem Eingabeband verglichen; im Falle der Gleichheit wird $[X_0 \to X_1 \ldots X_i.X_{i+1} \ldots X_n]$ durch das item $[X_0 \to X_1 \ldots X_i X_{i+1} \ldots X_n]$ ersetzt und der Zeiger auf dem Eingabeband um ein Feld nach rechts verschoben.

Wenn das item $[X_0 \to X_1 \ldots X_n.]$ auf dem Keller liegt, so ist die Bearbeitung dieser Produktion abgeschlossen und das item wird gelöscht.

Die Abbruchbedingung wird nicht modifiziert. Wir verzichten hier auf eine formale Definition des modifizierten Kellerautomaten; dieser wird sich als Spezialfall des im Abschnitt 8.2 definierten Registerkellertransduktors ergeben.

8.2 Registerkellertransduktor

In diesem Abschnitt erweitern wir den im Abschnitt 8.1 beschriebenen Kellerautomaten zum Registerkellertransduktor. Im Abschnitt 8.3 konstruieren wir dann zu einer vorgelegten simple 1–pass Attributgrammatik einen Registerkellertransduktor, der gleichzeitig nichtdeterministisch top–down parsen und die Attributauswertung durchführen kann.

Abbildung 8.1 zeigt die Konfiguration eines Registerkellertransduktors. Sie besteht aus einer endlichen Kontrolle, einem Eingabeband und einem Keller (— die Kellerspitze ist unten —); jedem Kellerfeld ist eine feste Zahl von Registern zugeordnet, in denen semantische Werte gespeichert werden können. Mit jeder push– und pop–Operation (Auflegen eines neuen Kellerfeldes bzw. Löschen des obersten Kellerfeldes) ist eine Menge von Registerzuweisungen verknüpft, welche den neu angelegten Registern bzw. schon bestehenden Registern neue Werte zuweisen.

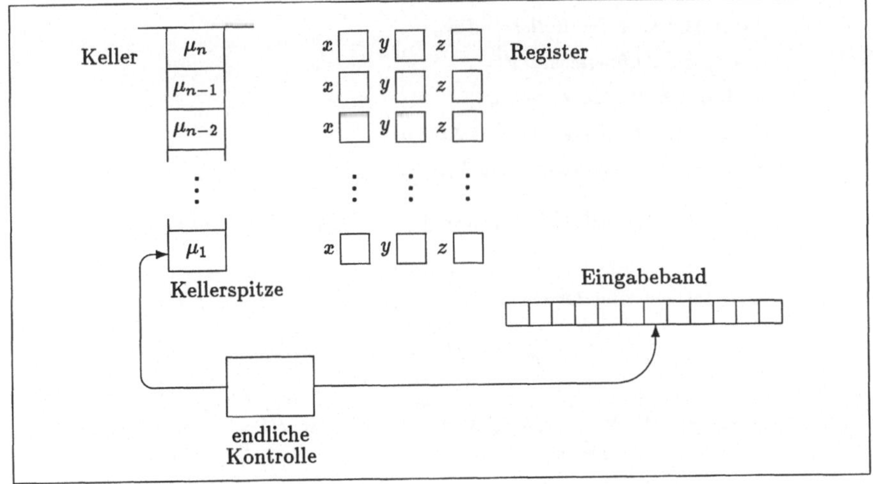

Abb. 8.1: Konfiguration des Registerkellertransduktors.

Definition 8.1 (Registerkellertransduktor)

Ein *Registerkellertransduktor* (kurz: RKT) ist ein Tupel $\mathcal{A} = (D, B, \mathcal{A}_0)$ mit

- $D = (K, \Omega, \Phi, \varphi)$ ist ein *semantischer Bereich* mit

  - K ist eine Menge von Sorten,

  - Ω ist eine K–sortierte Wertmenge,

  - Φ ist ein K–Rangalphabet von Operationssymbolen und

  - φ ist eine sortentreue Interpretation von Operationssymbolen aus Φ als Operationen auf Ω (vgl. Definition 3.1)

- $B = (Reg, y_{out}, W, \underline{val}_{in})$ ist eine *Registerbeschreibung* mit

  - *Reg* ist eine endliche Menge von *Registernamen*,

  - $y_{out} \in Reg$ ist ein *Ausgaberegister*,

  - $W : Reg \longrightarrow K$ ist eine Funktion; für jedes $y \in Reg$ ist $W(y) \in K$ die Sorte der *Registerwerte* von y und

  - $\underline{val}_{in} : Reg \longrightarrow \Omega$ ist eine Funktion; für jedes $y \in Reg$ ist $\underline{val}_{in}(y) \in \Omega^{W(y)}$; $\underline{val}_{in}$ heißt *initiale Registerbelegung*

- $\mathcal{A}_0 = (Q, \Sigma, \Gamma, \delta, q_0, \sharp, Q_f)$ ist ein *Kellertransduktor mit Zuweisungen*, wobei

  - Q ist eine endliche Menge von *Zuständen*,

  - Σ das Alphabet der *Eingabesymbole*,

  - Γ das Alphabet der *Kellersymbole*,

  - $q_0 \in Q$ der *Anfangszustand*,

  - $\sharp \in \Gamma$ das *Kellerbodensymbol*,

  - $Q_f \subseteq Q$ die Menge der *Endzustände* und

  - δ die *Transitionsfunktion* vom Typ

$$Q \times (\Gamma \cup \Gamma^2) \times (\Sigma \cup \{\varepsilon\}) \longrightarrow \mathcal{P}_f(Q \times (\Gamma \times \mathcal{P}_f(Ass))^*)$$

dabei ist *Ass* die Menge der *Registerzuweisungen*; jede Registerzuweisung ist eine Zeichenreihe der Form

$$\langle y, j \rangle = f(\langle y_1, k_1 \rangle, \ldots, \langle y_m, k_m \rangle)$$

in der $m \geq 0$, $\langle y, j \rangle, \langle y_1, k_1 \rangle, \ldots, \langle y_m, k_m \rangle \in SReg$, $f \in \Phi^{(W(y_1)\ldots W(y_m), W(y))}$ und $\varphi(f) : \Omega^{W(y_1)} \times \ldots \times \Omega^{W(y_m)} \longrightarrow \Omega^{W(y)}$ ist; $SReg$ ist die Menge $\{\langle y, j \rangle \mid y \in Reg, j \geq 1\}$ der *Registervorkommen*.

Weiterhin gilt: wenn

$$\delta(q, \mu_1 \ldots \mu_u, x) \ni (p, (\nu_1, M_1) \ldots (\nu_v, M_v)),$$

mit $p, q \in Q$, $x \in \Sigma \cup \{\varepsilon\}$, $\mu_1, \ldots, \mu_u \in \Gamma$, $u \in \{1, 2\}$, $\nu_1, \ldots, \nu_v \in \Gamma$ und
$M_1, \ldots, M_v \in \mathcal{P}_f(Ass)$, dann hat für $1 \leq j \leq v$ jede Registerzuweisung in M_j
eine linke Seite der Form $\langle y, j \rangle$ für ein $y \in Reg$. Außerdem liegen die Indizes k_i,
die in der rechten Seite der Registerzuweisung für $\langle y, j \rangle$ auftreten, in der Menge
$\{1, \ldots, u\}$; schließlich enthält M_j für jedes $y \in Reg$ höchstens eine Zuweisung
mit linker Seite $\langle y, j \rangle$. $\qquad\qquad\Box$

An der Transitionsfunktion δ des RKT erkennt man, daß nicht nur das oberste Kellersymbol für eine Transition in Betracht gezogen werden kann, sondern auch das darun-
terliegende. Außerdem erkennt man, daß jedem Kellersymbol, welches aufgelegt werden
soll, eine endliche Menge von Registerzuweisungen zugeordnet ist, und zwar höchstens eine
Registerzuweisung für jeden Registernamen.

In den folgenden Definitionen bezeichnet $\mathcal{A}$ immer einen beliebigen, aber festen RKT
$(D, B, \mathcal{A}_0)$.

Definition 8.2 (Konfiguration und Einzelschrittrelation eines RKT)

1. Eine *Registerbelegung* ist eine Funktion $\underline{val} : Reg \longrightarrow \Omega$ mit $\underline{val}(y) \in \Omega^{W(y)}$ für alle
   $y \in Reg$. *VAL* ist die Menge aller Registerbelegungen.

2. Die Menge der *Konfigurationen* von $\mathcal{A}$ ist die Menge $Kon = Q \times (\Gamma \times VAL)^* \times \Sigma^*$.
   Die Spitze des Kellers $(\Gamma \times VAL)^*$ liegt links.

3. Die *Einzelschrittrelation* von $\mathcal{A}$ ist die kleinste binäre Relation $\vdash_{\mathcal{A}}$ über Kon, für die
   gilt: Wenn
   $$\delta(q, \mu_1 \ldots \mu_u, x) \ni (p, (\nu_1, M_1) \ldots (\nu_v, M_v))$$
   mit $p, q \in Q$, $x \in \Sigma \cup \{\varepsilon\}$, $\mu_1, \ldots, \mu_u \in \Gamma$, $u \in \{1, 2\}$, $\nu_1, \ldots, \nu_v \in \Gamma$ und $M_1, \ldots, M_v \in$
   $\mathcal{P}_f(Ass)$, dann gilt für alle $\xi \in (\Gamma \times VAL)^*$, $\underline{val}_1, \ldots, \underline{val}_u \in VAL$ und $w \in \Sigma^*$:

   $$(q, (\mu_1, \underline{val}_1) \ldots (\mu_u, \underline{val}_u)\xi, xw) \vdash_{\mathcal{A}} (p, (\nu_1, \underline{val}_1') \ldots (\nu_v, \underline{val}_v')\xi, w),$$

   wobei für jedes j mit $1 \leq j \leq v$ die Registerbelegung $\underline{val}_j'$ wie folgt definiert ist:

   - Wenn M_j die Registerzuweisung $\langle y, j \rangle = f(\langle y_1, k_1 \rangle, \ldots, \langle y_m, k_m \rangle)$ enthält, dann
     ist
     $$\underline{val}_j'(y) = \varphi(f)(\underline{val}_{k_1}(y_1), \ldots, \underline{val}_{k_m}(y_m)),$$
   - andernfalls gilt:
     $$\underline{val}_j'(y) = \underline{val}_{j-(v-u)}(y), \text{ falls } j - (v - u) \geq 1 \text{ und}$$
     $$\underline{val}_j'(y) = \eta_{W(y)} \text{ mit beliebigem } \eta_{W(y)} \in \Omega^{W(y)} \text{ sonst.} \qquad\Box$$

Definition 8.3 (Übersetzung eines RKT)

Die *Übersetzung des RKT* $\mathcal{A}$ ist die Relation

$$\tau(\mathcal{A}) \;=\; \{(w,v) \in \Sigma^* \times \Omega \;\mid\; (q_0, (\sharp, \underline{val}_{in}), w) \vdash^*_{\mathcal{A}} (q, (\mu, \underline{val}), \varepsilon),$$
$$q \in Q_f, \mu \in \Gamma \text{ und } \underline{val}(y_{out}) = v\}.$$

$\square$

Beispiel 8.4

Wir wollen einen RKT $\mathcal{A} = (D, B, \mathcal{A}_0)$ konstruieren, der die Übersetzung $\{(a^n b^n, n^2) \mid n \geq 1\}$ berechnet. Dabei wird ausgenutzt, daß n^2 die Summe der ersten n ungeraden natürlichen Zahlen ist. Für die Umsetzung dieser Idee verwendet $\mathcal{A}$ zwei Register y und z. Während z jeweils für $1 \leq i \leq n$ eine Quadratzahl i^2 enthält, trägt y die ungerade Zahl $2i+1$. Die nächste Quadratzahl $(i+1)^2 = i^2+2i+1$ ergibt sich dann durch Summation der Werte von y und z und die nächste ungerade Zahl $2i+3$ durch zweimalige Inkrementierung des Wertes von y.

Der semantische Bereich $D = (\{nat\}, \Omega, \Phi, \varphi)$ ist durch die Wertmenge $\Omega = I\!N$ und die Menge $\Phi = \{1^{(\varepsilon,nat)}, 3^{(\varepsilon,nat)}, +2^{(nat,nat)}, +^{(nat\ nat,nat)}\}$ der Operationssymbole mit der üblichen arithmetischen Interpretation φ über $I\!N$ bestimmt.

Die Registerbeschreibung $B = (Reg, y_{out}, W, \underline{val}_{in})$ wird durch die Menge $Reg = \{y, z\}$ der Registernamen, dem Ausgaberegister $y_{out} = z$, durch $\Omega^{W(y)} = \Omega^{W(z)} = I\!N$ und durch die initiale Registerbelegung $\underline{val}_{in}(y) = \underline{val}_{in}(z) = 0$ festgelegt.

Der Kellertransduktor $\mathcal{A}_0 = (Q, \Sigma, \Gamma, \delta, q_0, \sharp, Q_f)$ mit Zuweisungen ist definiert durch

$$
\begin{aligned}
Q &= \{q_a, q_b, q_f\},\\
\Sigma &= \{a, b\},\\
\Gamma &= \{\sharp, A\},\\
q_0 &= q_a,\\
Q_f &= \{q_f\}
\end{aligned}
$$

und durch die folgende Transitionsfunktion δ, wobei wir zur Abkürzung die folgende Menge benutzen:

$$M_{transp} = \{\langle y, 1\rangle = \langle y, 1\rangle, \langle z, 1\rangle = \langle z, 1\rangle\}.$$

Dann gilt:

$$
\begin{aligned}
\delta(q_a, \sharp, a) &= \{(q_a, (A, \{\langle y, 1\rangle = 3, \langle z, 1\rangle = 1\})(\sharp, \emptyset))\}\\
\delta(q_a, A, a) &= \{(q_a, (A, \{\langle y, 1\rangle = +2(\langle y, 1\rangle), \langle z, 1\rangle = +(\langle z, 1\rangle, \langle y, 1\rangle)\})(A, \emptyset))\}\\
\delta(q_a, AA, b) &= \{(q_b, (A, M_{transp}))\}\\
\delta(q_a, A\sharp, b) &= \{(q_f, (\sharp, M_{transp}))\}\\
\delta(q_b, AA, b) &= \{(q_b, (A, M_{transp}))\}\\
\delta(q_b, A\sharp, b) &= \{(q_f, (\sharp, M_{transp}))\}
\end{aligned}
$$

Abbildung 8.2 zeigt ein Ablaufprotokoll von $\mathcal{A}$ bei Eingabe von *aaabbb*. Die Registerbelegung geben wir in Kurzschreibweise an, d.h wir schreiben z.B. in der Startkonfiguration statt $\underline{val}_1(z) = 0$ einfach $z = 0$. Im Ausgaberegister z berechnet $\mathcal{A}$ den Wert $9 = 3^2$. $\square$

Zustand	Keller	Eingabe
q_a	$(\sharp, y = 0, z = 0)$	*aaabbb*
q_a	$(A, y = 3, z = 1)(\sharp, y = 0, z = 0)$	*aabbb*
q_a	$(A, y = 5, z = 4)(A, y = 3, z = 1)(\sharp, y = 0, z = 0)$	*abbb*
q_a	$(A, y = 7, z = 9)(A, y = 5, z = 4)(A, y = 3, z = 1)(\sharp, y = 0, z = 0)$	*bbb*
q_b	$(A, y = 7, z = 9)(A, y = 3, z = 1)(\sharp, y = 0, z = 0)$	*bb*
q_b	$(A, y = 7, z = 9)(\sharp, y = 0, z = 0)$	*b*
q_f	$(\sharp, y = 7, z = 9)$	ε

Abb. 8.2: Ablaufprotokoll von $\mathcal{A}$ bei Eingabe von *aaabbb*.

8.3 Konstruktion eines Registerkellertransduktors

Jetzt wollen wir zu einer beliebigen simple 1–pass Attributgrammatik $G = (G_0, D, B, R)$ einen RKT $\mathcal{A}_G$ konstruieren, der für eine eingegebene Zeichenreihe w überprüft, ob $w \in L(G_0)$ und, wenn dies der Fall ist, gleichzeitig die string–to–value Übersetzung von w berechnet.

Als Registernamen benutzt der RKT $\mathcal{A}_G$ die Menge *aller* Außenattributvorkommen von Produktionen in G_0. Das ist sicher verschwenderisch, weil in einer Kellerzelle genau eine Produktion p steht, und sich die Berechnungen, die lokal zu dieser Kellerzelle ablaufen, nur auf Attributvorkommen in $A(p)$ beschränken. Da wir allerdings in der Definition 8.1 des RKT jeder Kellerzelle *dieselbe* Menge von Registern zugeordnet haben, liegt diese Wahl von Registern nahe. Natürlich ließe sich das effizienter gestalten; die entsprechende formale Beschreibung würde aber aufwendiger werden.

Der RKT $\mathcal{A}$ führt nun das im Abschnitt 8.1 beschriebene, modifizierte nichtdeterministische top–down parsing durch und verwendet dabei items der Form $[X \to X_1 \ldots X_i.X_{i+1} \ldots X_n]$. Wenn X_{i+1} ein Terminalsymbol ist und eine compare–Aktion durchgeführt werden muß, so braucht keine Registerzuweisung zu erfolgen. Wenn X_{i+1} ein Nichtterminalsymbol ist und eine expand–Aktion mit der Produktion $p = (X_{i+1} \to \zeta)$ durchgeführt werden kann (— nichtdeterministische Auswahl einer Produktion —), so modifiziert $\mathcal{A}$ das item $[X \to X_1 \ldots X_i.X_{i+1} \ldots X_n]$ zum item $[X \to X_1 \ldots X_i X_{i+1}. \ldots X_n]$ und legt ein neues Kellerfeld mit dem item $[X_{i+1} \to .\zeta]$ auf den Keller. Gleichzeitig werden die Werte der inheriten Attribute des Nichtterminalsymbols X_{i+1} berechnet und in die entsprechenden Register eingetragen. Wenn ein item der Form $[X \to X_1 \ldots X_n.]$ auf dem Keller liegt, so werden die Werte der synthetischen Attribute von X berechnet und das oberste Kellerfeld gelöscht.

In der Konstruktion werden die zusätzlichen items $[Z' \to .Z]$ und $[Z' \to Z.]$ als Kellerbodensymbol bzw. als Symbol für das erfolgreiche Ende einer Rechnung verwendet, wobei Z das Startsymbol der kontextfreien Grammatik und Z' ein neues Symbol ist. Wenn α_0 das Bedeutungsattribut der Attributgrammatik ist, wird weiterhin $\langle \alpha_0, 1 \rangle$ als Ausgaberegister zu der Menge der Registernamen hinzugenommen, falls dies nicht bereits in der Menge der Außenattributvorkommen liegt, was im allgemeinen nicht der Fall ist.

Satz 8.5

Für jede unkonditionale, simple 1–pass Attributgrammatik G gibt es einen RKT $\mathcal{A}_G$, der die string–to–value–Übersetzung von G berechnet.

Konstruktion: Sei $G = (G_0, D, B, R)$ eine unkonditionale, simple 1–pass Attributgrammatik mit der kontextfreien Grammatik $G_0 = (N, \Sigma, Z, P)$ und dem semantischen Bereich $D = (K, \Omega, \Phi, \emptyset, \varphi)$. Wir konstruieren den RKT $\mathcal{A}_G = (D_G, B_G, \mathcal{A}_0)$ wie folgt:

- $D_G = (K, \Omega, \Phi, \varphi)$

- $B_G = (Reg, y_{out}, W_G, \underline{val}_{in})$ mit

  - $Reg = \bigcup\limits_{p \in P} au\beta en(p) \cup \{\langle \alpha_0, 1 \rangle\}$, wobei α_0 das Bedeutungsattribut aus B ist,

  - $y_{out} = \langle \alpha_0, 1 \rangle$,

  - für jedes $\langle \gamma, j \rangle \in Reg$ gilt $W_G(\langle \gamma, j \rangle) = W(\gamma)$, wobei W die Zuordnungsfunktion aus B ist, und

  - für jedes $\langle \gamma, j \rangle \in Reg$ gilt $\underline{val}_{in}(\langle \gamma, j \rangle) = \eta_{W(\gamma)}$, wobei $\eta_{W(\gamma)}$ ein beliebiger Wert aus $\Omega^{W(\gamma)}$ ist

- $\mathcal{A}_0 = (Q, \Sigma, \Gamma, \delta, q, \sharp, Q_f)$ mit

  - $Q = Q_f = \{q\}$
  - $\Gamma = \{ [X_0 \to X_1 \ldots X_i . X_{i+1} \ldots X_n] \mid (X_0 \to X_1 \ldots X_n) \in P,$
    $$X_1, \ldots, X_n \in N \cup \Sigma, 0 \leq i \leq n\}$$
    $\cup \{[Z' \to .Z], [Z' \to Z.]\}$
  - $\sharp = [Z' \to .Z]$
  - die Definition von δ spaltet sich in vier Fälle auf:

    <u>**start:**</u> für jede Produktion $(Z \to \zeta) \in P$ gilt

    $$\delta(q, [Z' \to .Z], \varepsilon) \ni (q, ([Z \to .\zeta], \emptyset)([Z' \to Z.], \emptyset)).$$

    <u>**read a:**</u> für jedes $a \in \Sigma$ und jedes item $[X \to \zeta_1 . a \zeta_2]$ gilt:

    $$\delta(q, [X \to \zeta_1 . a \zeta_2], a) = \{(q, ([X \to \zeta_1 a . \zeta_2], \emptyset))\}.$$

    <u>**expand:**</u> (vgl. Abbildung 8.3 (a) und (b)) Für jedes item $[X \to \zeta_1 . Y \zeta_2] \in \Gamma - \{[Z' \to .Z]\}$ mit $Y \in N$ und jede Produktion $(Y \to \zeta) \in P$ gilt:

    $$\delta(q, [X \to \zeta_1 . Y \zeta_2], \varepsilon) \ni (q, ([Y \to .\zeta], M)([X \to \zeta_1 Y . \zeta_2], \emptyset))$$

    wobei M folgende Registerzuweisungen enthält: Wenn Y das k–te Nichtterminalsymbol in $\zeta_1 Y \zeta_2$ ist und $\langle \beta, k \rangle = f(\langle \gamma_1, k_1 \rangle, \ldots, \langle \gamma_n, k_n \rangle)$ in $R(X \to \zeta_1 Y \zeta_2)$ liegt für ein inherites Attribut $\beta \in I(Y)$, so liegt die Registerzuweisung

    $$\langle \langle \beta, 0 \rangle, 1 \rangle = f(\langle \langle \gamma_1, k_1 \rangle, 1 \rangle, \ldots, \langle \langle \gamma_n, k_n \rangle, 1 \rangle)$$

    in M.

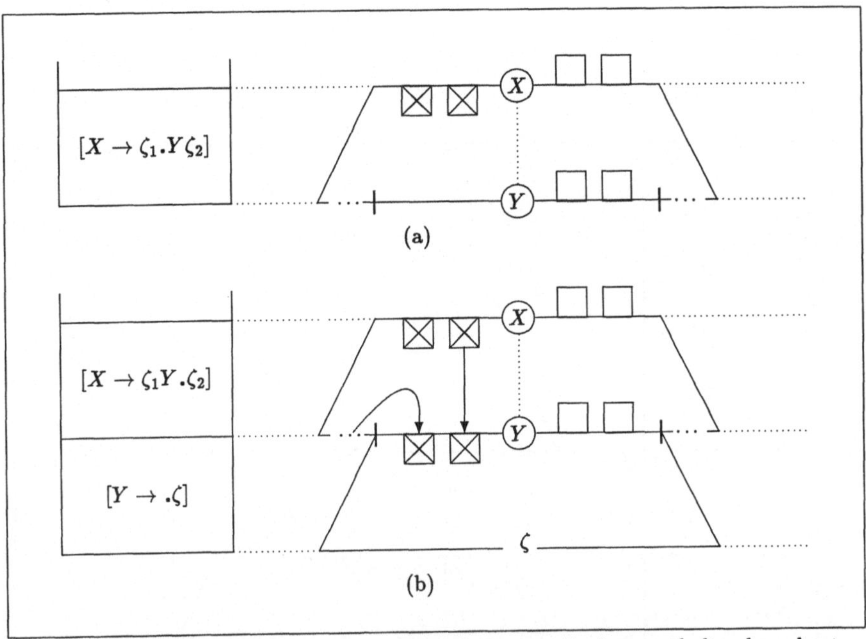

Abb. 8.3: (a) vor expand, (b) nach expand (gekreuzte Register enthalten berechnete Werte).

ready: (vgl. Abbildung 8.4 (a), (b) und (c)) Für jedes item $[X \to \zeta_1 Y . \zeta_2] \in \Gamma$ mit $Y \in N$ und jede Produktion $(Y \to \zeta) \in P$ gilt:

$$\delta(q, [Y \to \zeta .][X \to \zeta_1 Y . \zeta_2], \varepsilon) \ni (q, ([X \to \zeta_1 Y . \zeta_2], M))$$

wobei M folgende Registerzuweisungen enthält: Wenn Y das k–te Nichtterminalsymbol in $\zeta_1 Y \zeta_2$ ist und $\langle \alpha, 0 \rangle = f(\langle \gamma_1, k_1 \rangle, \ldots, \langle \gamma_n, k_n \rangle)$ in $R(Y \to \zeta)$ liegt für ein synthetisches Attribut $\alpha \in S(Y)$, so liegt die Registerzuweisung

$$\langle \langle \alpha, k \rangle, 1 \rangle = f(\langle \langle \gamma_1, k_1 \rangle, 1 \rangle, \ldots, \langle \langle \gamma_n, k_n \rangle, 1 \rangle)$$

in M. Insbesondere wird durch den Fall ready für das item $[Z' \to Z .]$ und für jede Produktionen der Form $Z \to \zeta$ eine Registerzuweisung eingeführt, in der dem Registervorkommen $\langle \langle \alpha_0, 1 \rangle, 1 \rangle$ ein Wert zugewiesen wird. □

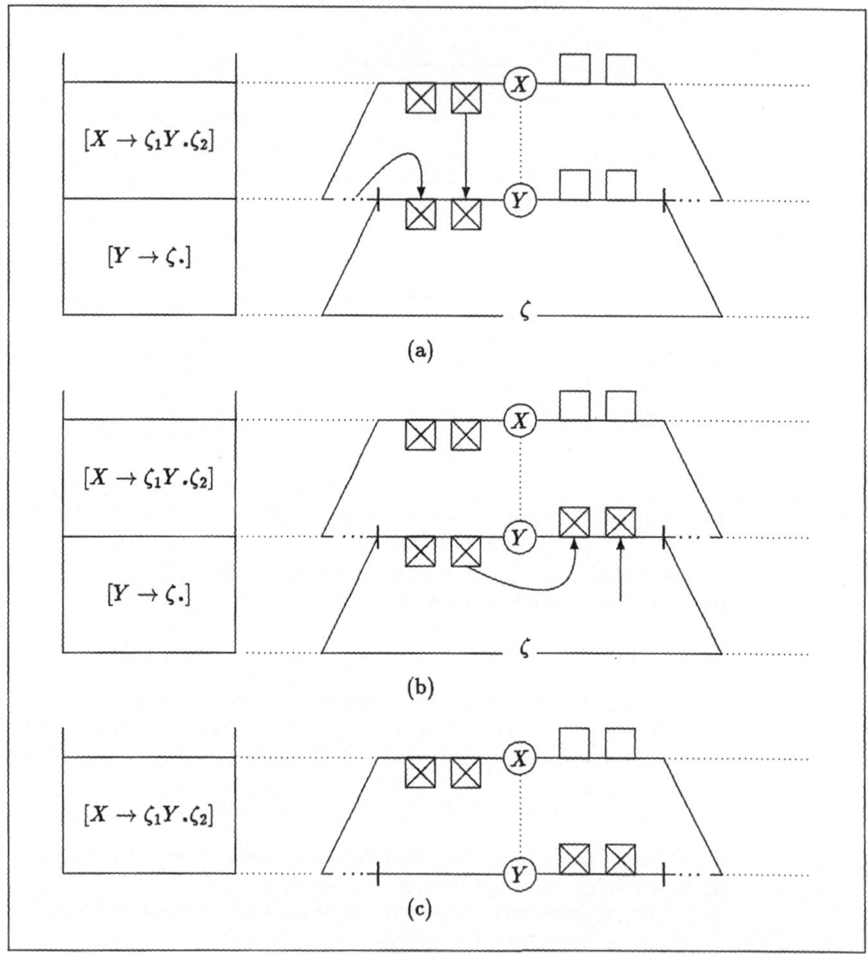

Abb. 8.4: (a) vor ready, (b) Berechnung der Registerwerte, (c) nach ready.

Beispiel 8.6

Wir betrachten die folgende unkonditionale, simple 1–pass Attributgrammatik G über den natürlichen Zahlen mit den üblichen Operationen. Das Bedeutungsattribut ist α.

$$p_1: \quad Z \to aSb$$
$$\text{sem. Regeln}: \quad \langle \alpha, 0 \rangle \;=\; \langle \alpha, 1 \rangle$$
$$\langle \beta_1, 1 \rangle \;=\; 3$$
$$\langle \beta_2, 1 \rangle \;=\; 1$$

$$p_2: \quad S \to aSb$$
$$\text{sem. Regeln}: \quad \langle \alpha, 0 \rangle \;=\; \langle \alpha, 1 \rangle$$
$$\langle \beta_1, 1 \rangle \;=\; +2(\langle \beta_1, 0 \rangle)$$
$$\langle \beta_2, 1 \rangle \;=\; +(\langle \beta_1, 0 \rangle, \langle \beta_2, 0 \rangle)$$

$$p_3: \quad S \to c$$
$$\text{sem. Regel}: \quad \langle \alpha, 0 \rangle \;=\; \langle \beta_2, 0 \rangle$$

Jetzt protokollieren wir den Ablauf des G im vorangegangenen Satz zugeordneten RKT $\mathcal{A}_G$ für die Eingabe $aacbb$.

Abbildung 8.5 zeigt die Anfangskonfiguration, in der sich nur das Kellerbodensymbol $[Z' \to .Z]$ auf dem Keller befindet; da die endliche Kontrolle nur den Wert q annehmen kann, lassen wir sie in den Abbildungen weg. Ebenso zeichnen wir nur die lokal relevanten Register ein. Für das Kellerbodensymbol $[Z' \to .Z]$ ist dies nur das Ausgaberegister $\langle \alpha, 1 \rangle$, dem ein beliebiger Wert (hier 0) zugeordnet ist.

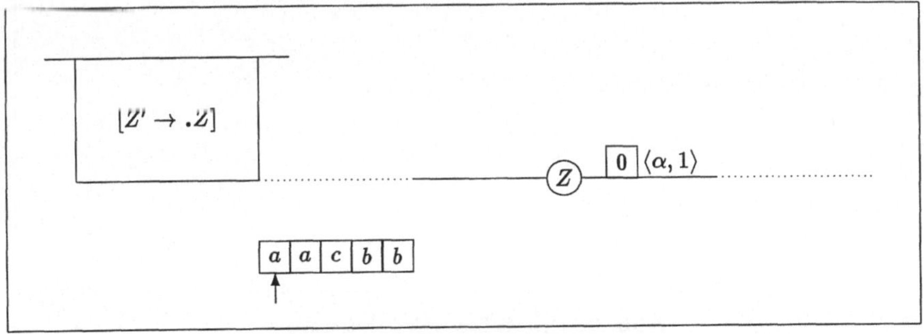

Abb. 8.5: Anfangskonfiguration.

Durch den Fall <u>start</u> wird die Produktion $p_1 = (Z \to aSb)$ für das Nichtterminalsymbol Z aufgelegt; dabei erhält das Register $\langle \alpha, 1 \rangle$ einen beliebigen Wert, hier 0 (siehe Abbildung 8.6).

Jetzt wird das Terminalsymbol a gelesen; es erfolgt keine Berechnung von *neuen* Registerwerten (siehe Abbildung 8.7).

Nun wird mit der Produktion $p_2 = (S \to aSb)$ expandiert. Dabei werden die folgenden

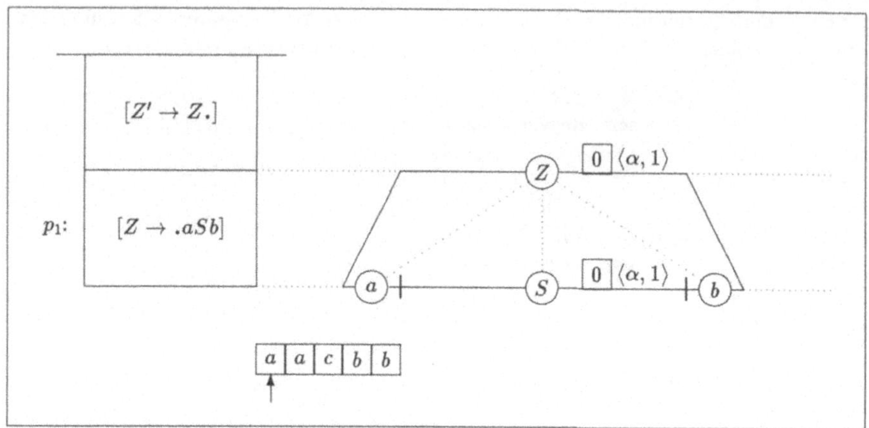

Abb. 8.6: Nach Auflegen von $[Z \to .aSb]$.

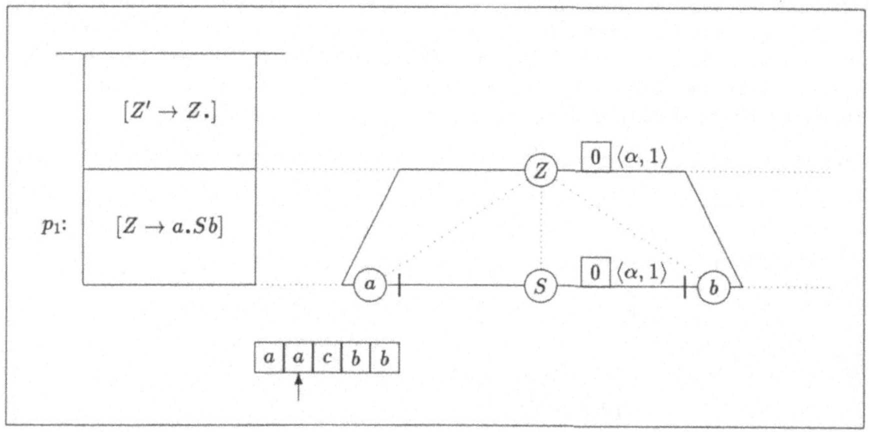

Abb. 8.7: Nach Lesen des ersten a's.

Registerzuweisungen ausgeführt:

$$\langle\langle \beta_1, 0\rangle, 1\rangle = 3 \text{ und}$$
$$\langle\langle \beta_2, 0\rangle, 1\rangle = 1$$

In Abbildung 8.8 ist die Folgekonfiguration gezeigt.

Nach Lesen des zweiten a's ergibt sich die Konfiguration in Abbildung 8.9.

Nun wird mit der Produktion $p_3 = (S \to c)$ expandiert, und dabei werden die folgenden

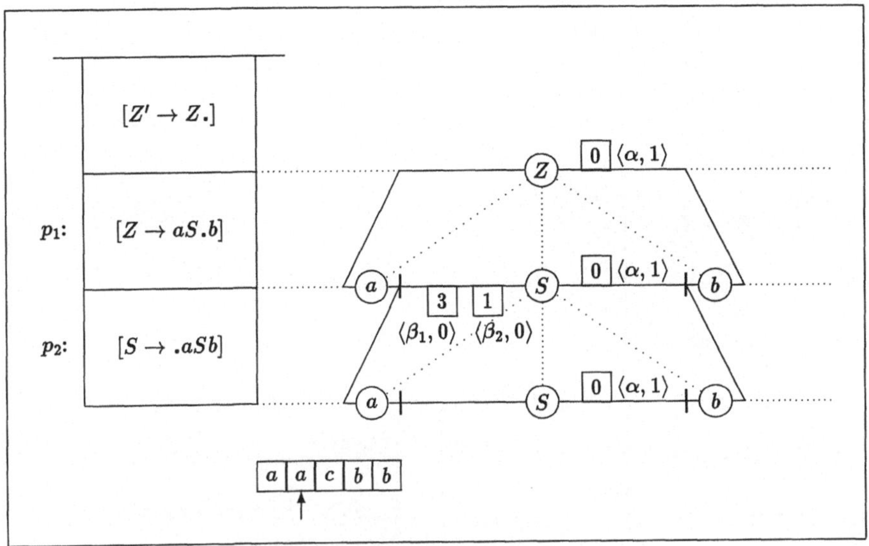

Abb. 8.8: Nach Expansion mit $p_2 = (S \to aSb)$.

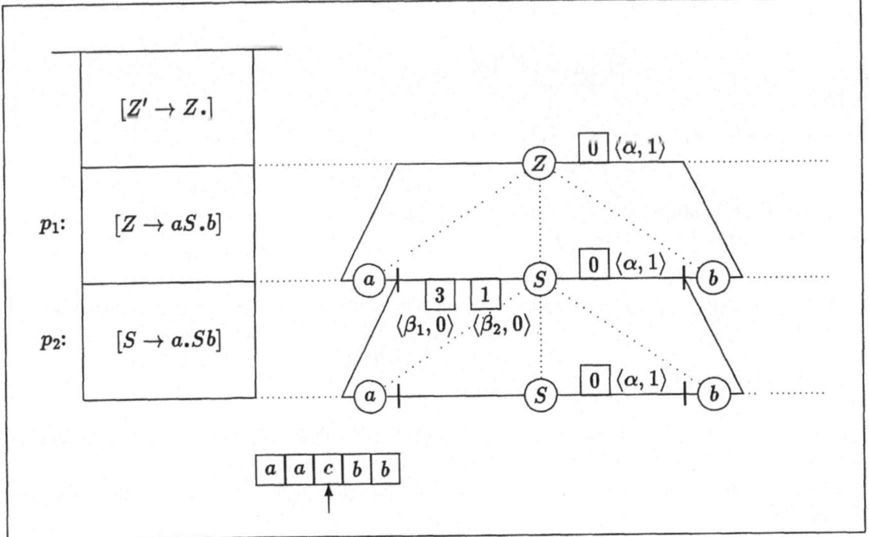

Abb. 8.9: Nach Lesen des zweiten a's.

Registerzuweisungen ausgeführt:

$$\langle\langle\beta_1, 0\rangle, 1\rangle \;=\; +2(\langle\langle\beta_1, 0\rangle, 1\rangle) \text{ und}$$
$$\langle\langle\beta_2, 0\rangle, 1\rangle \;=\; +(\langle\langle\beta_1, 0\rangle, 1\rangle, \langle\langle\beta_2, 0\rangle, 1\rangle).$$

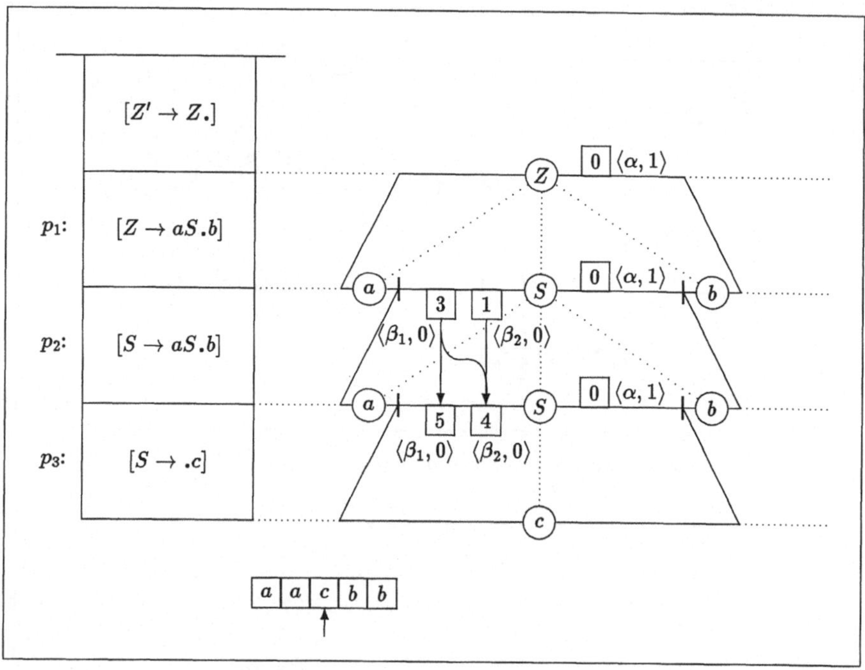

Abb. 8.10: Nach Expansion mit $p_3 = (S \to c)$.

Es entsteht die Konfiguration in Abbildung 8.10. Jetzt kann c gelesen werden; es entsteht die Konfiguration in Abbildung 8.11.

Nun ist die Bearbeitung der Produktion $S \to c$ abgeschlossen, und es kann der Wert des synthetischen Attributes α berechnet werden. Dazu wird folgende Registerzuweisung ausgeführt:

$$\langle\langle\alpha, 1\rangle, 1\rangle = \langle\langle\beta_2, 0\rangle, 1\rangle$$

und es entsteht die Konfiguration in Abbildung 8.12.

Nun wird b gelesen; damit ist die Bearbeitung der Produktion $p_2 = (S \to aSb)$ fertig, und der Wert 4 wird nach oben transportiert. Dann wird das zweite b gelesen, und die Bearbeitung der Produktion $p_1 = (Z \to aSb)$ ist fertig. Es entsteht die Konfiguration in Abbildung 8.13.

Da $\langle\alpha, 1\rangle$ das Ausgaberegister ist, wird von $\mathcal{A}_G$ also der Wert 4 für die Eingabe $aacbb$ berechnet. □

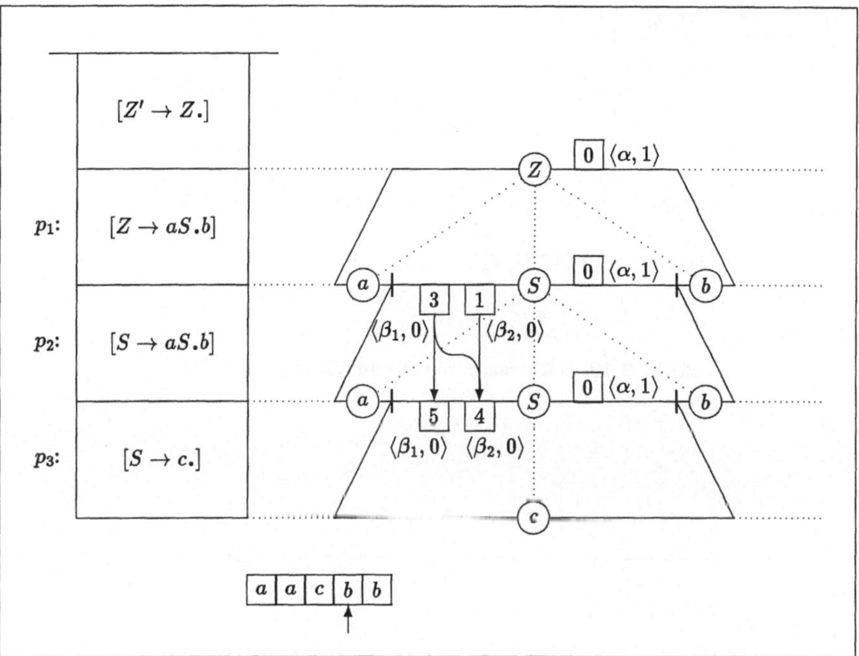

Abb. 8.11: Nach Lesen von c.

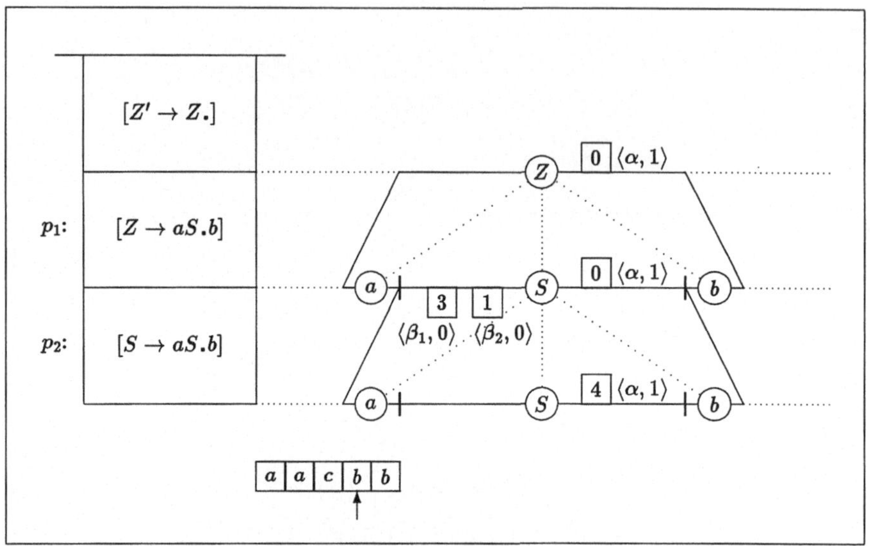

Abb. 8.12: Nach ready von Produktion $p_3 = (S \to c)$.

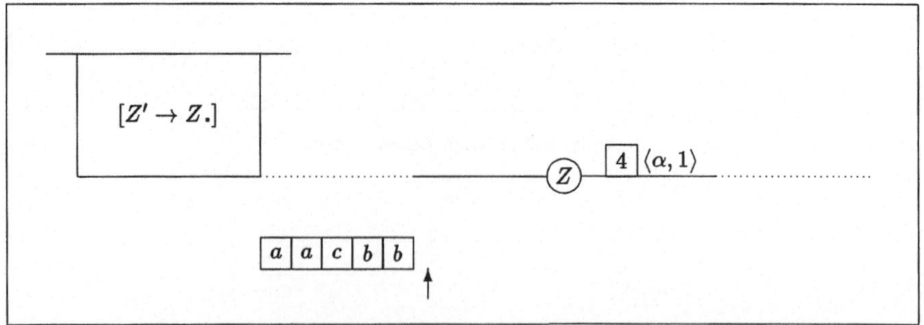

Abb. 8.13: Nach ready von Produktion $p_1 = (Z \to aSb)$.

8.4 Übungsaufgaben

Aufgabe 20
(a) Konstruieren Sie einen Registerkellertransduktor $\mathcal{A}$, der die Übersetzung

$$\tau(\mathcal{A}) = \{(a^n b^m c^n, 2 \cdot (n - m)) \mid n, m \geq 1\}$$

berechnet.

Für den semantischen Bereich dürfen Sie nur die Menge der ganzen Zahlen und die Operationen „Erzeugung einer Zahl", „Inkrementierung einer Zahl" und „Dekrementierung einer Zahl" verwenden.

(b) Dokumentieren Sie den Berechnungsablauf von $\mathcal{A}$ für die Eingabe $a^2 b^3 c^2$.

Aufgabe 21
Gegeben sei die folgende Attributgrammatik $G = (G_0, D, B, R)$:

- $G_0 = (N, \Sigma, Z, P)$ mit $N = \{Z, X\}$, $\Sigma = \{a\}$ und $P = \{Z \to X, X \to X X, X \to a\}$.

- $D = (K, \Omega, \Phi, \Psi, \varphi)$ mit $K = \{nat\}$, $\Omega = \Omega^{nat} = \mathbb{N}$, $\Phi = \{u^{(\varepsilon, nat)}, f^{(nat, nat)}\}$, $\Psi = \emptyset$, $\varphi(u)() = 0$ und $\varphi(f)(n) = n + 1$ für alle $n \in \mathbb{N}$.

- $B = (\{\alpha\}, \{\beta\}, S, I, \alpha, W)$ mit $S(Z) = S(X) = \{\alpha\}$, $I(X) = \{\beta\}$ und $W(\alpha) = W(\beta) = nat$

- $R = (R(p) \mid p \in P)$ mit

$$
\begin{array}{llll}
R(Z \to X): & \langle \alpha, 0 \rangle = f(\langle \alpha, 1 \rangle) \quad & R(X \to X X): & \langle \alpha, 0 \rangle = f(\langle \alpha, 2 \rangle) \\
& \langle \beta, 1 \rangle = u & & \langle \beta, 1 \rangle = f(\langle \beta, 0 \rangle) \\
R(X \to a): & \langle \alpha, 0 \rangle = f(\langle \beta, 0 \rangle) & & \langle \beta, 2 \rangle = f(\langle \alpha, 1 \rangle)
\end{array}
$$

(a) Konstruieren Sie zu G einen Registerkellertransduktor $\mathcal{A}_G = (D_G, B_G, \mathcal{A}_0)$ mit $D_G = (K, \Omega, \Phi, \varphi)$, $B_G = (Reg, \langle \alpha, 1 \rangle, W_G, \underline{val_{in}})$ und $\mathcal{A}_0 = (\{q\}, \Sigma, \Gamma, \delta, q, [Z' \to .Z], \{q\})$, der die string–to–value–Übersetzung von G berechnet. Dabei brauchen Sie nur diejenigen Registerzuweisungen anzugeben, die sich aus den semantischen Regeln von G ergeben.

(b) Dokumentieren Sie den Berechnungsablauf von $\mathcal{A}_G$ für die Eingabe aa.

8.5 Bibliographische Anmerkungen

Verschiedene Parsingtechniken werden im Buch [ASU86] zusammengefaßt (siehe auch [Oud93] für paralleles Parsing). Die hier vorgestellte Verzahnung von parsing und Attributauswertung geht auf [LRS74] zurück. In [NV94] findet sich eine Verallgemeinerung auf (nicht–)deterministisches top–down parsing und Attributauswertung *beliebiger* Attributgrammatiken. Weitere Abhandlungen zu dieser Problematik sind in [odA88, odAMT91, Pav93] zu finden.

Kapitel 9

Inkrementelle Attributauswertung

Da der Softwareerstellungsprozeß teuer ist, sollte er so gut wie möglich maschinell unterstützt werden. Hilfsmittel, die eine solche Unterstützung bieten, bilden eine sogenannte *sprachbasierte Programmierumgebung* (language based environment). Wesentliches Merkmal einer solchen Umgebung ist, daß sie sich auf <u>eine</u> Programmiersprache PL bezieht und durch diese Kenntnis ganz spezifische Hilfen bereitstellen kann, wie z.B.

- einen Struktureditor für PL,

- die Erkennung von Verletzungen der kontextsensitiven Nebenbedingungen von PL (statische Semantik) während des inkrementellen Aufbaus eines Programms,

- inkrementelle Codeerzeugung,

- inkrementelle Synthese von Korrektheitsbeweisen und

- Hilfen beim „Programmieren im Großen".

Ein *Struktureditor* basiert auf der kontextfreien Grammatik G_{PL}, durch welche die Syntax von PL festgelegt ist. Der Editor unterstützt den Programmierer durch die Möglichkeit des menügesteuerten top–down Entwurfs eines Programms. Bei einem so vorgenommenen top–down Entwurf werden Verletzungen der *kontextsensitiven Nebenbedingungen* von PL sofort erkannt und als Fehlermeldung dem Programmierer sichtbar gemacht. Hat er z.B. im Anweisungsteil des Programms gerade eine Variable benutzt, die bisher nicht deklariert war, so kann ihm dies direkt gemeldet werden. Eine nachfolgende Deklaration löscht die Fehlermeldung. Während des top–down Entwurfs kann *inkrementell ausführbarer Code* erzeugt werden; dadurch können bereits fertiggestellte Teile des neu zu erstellenden Programms in einem geeigneten Rahmen rasch getestet werden. Ebenfalls dient die *inkrementelle Synthese von Korrektheitsbeweisen* dem Programmtest „während" der Programmerstellung. Bekannterweise kann ein solcher Korrektheitsbeweis aus theoretischen Gründen nicht vollautomatisch, sondern nur interaktiv erstellt werden. Wenn die Programmiersprache PL zum *Programmieren im Großen* eingesetzt wird, dann kann die sprachbasierte Programmierumgebung z.B. durch

- Testen von Schnittstellenkompatibilität,

- Veranschaulichung von Aufrufstrukturen von Prozeduren und Geltungsbereichen von Variablen und

- Verwaltung von Dokumenten

Hilfen anbieten. Programme, welche auf einem Struktureditor basieren und die oben genannten Hilfen realisieren, nennt man *syntaxgesteuerte Editoren*.

Allen genannten Hilfen ist gemein, daß sie Eigenschaften von Programmkonstrukten testen (z.B. die Deklariertheit von Variablen in Zuweisungen) oder Programmkonstrukten Objekte zuordnen (z.B. zu einer Anweisung den ausführbaren Code). Dabei läßt sich das Testen von Eigenschaften in der üblichen Weise durch Zuordnung von booleschen Werten simulieren. Für die Beschreibung der Zuordnung von Objekten zu Programmkonstrukten und das Berechnen eines Gesamtobjekts für ein vollständiges Programm sind Attributgrammatiken bzw. Attributauswerter sehr gut geeignet (siehe Beispiel 1.3 zur Deklariertheit von Variablen).

Wenn man nun z.B. mit Hilfe eines Struktureditors ein Programm top–down entwirft, so möchte man — wie oben bereits erwähnt — *unmittelbar nach dem Einfügen* eines neuen Programmkonstruktes wissen, ob die durch die Attributgrammatiken beschriebenen Eigenschaften (z.B. Deklariertheit von Variablen) immer noch erfüllt sind und wie die Objekte, welche dem neuen Programmkonstrukt zugeordnet sind, aussehen. Eine Berechnungsvorschrift, welche dieser Idee folgt, genügt dem *immediate computation paradigm*. Ein syntaxgesteuerter Editor sollte auf jeden Fall das immediate computation paradigm berücksichtigen, denn der Benutzer des Editors wird nach dem Einfügen eines neuen Programmkonstruktes eine kurze Pause machen, bevor er das nächste Programmkonstrukt einfügt. Diese Pause kann vom Rechner für die Berechnung des neuen Gesamtobjekts genutzt werden.

In der Nomenklatur der Attributgrammatiken bedeutet das immediate computation paradigm, daß der Attributauswerter auf dem neuen Ableitungsbaum gestartet wird. Nun wurde aber der ursprüngliche Ableitungsbaum durch das Einfügen eines Programmkonstruktes nur wenig verändert und in den meisten Fällen ist es verschwenderisch, den Attributauswerter von seinem Beginn aus auf dem vollständigen Ableitungsbaum zu starten. Wenn man die Zuordnung von Objekten zu Programmkonstrukten als Funktion f auffaßt, so läßt sich diese Beobachtung abstrakt wie folgt beschreiben: Sei x ein Argument von f und sei $f(x)$ bereits berechnet; in den meisten Fällen ruft eine kleine Änderung des Arguments x auch nur ein kleine Änderung des Funktionswertes $f(x)$ hervor. (Natürlich gibt es Argumente x', für die $f(x')$ nichts mehr mit $f(x)$ gemein hat.) Ein kleines Beispiel verdeutlicht diesen Zusammenhang.

Beispiel 9.1
Stellen wir uns ein Textverarbeitungssystem vor, welches, sobald eine Zeile (bei vordefinierter Zeilenlänge k) gefüllt ist, die neu eingegebenen Symbole sofort in die nächste Zeile schreibt. Die Funktion f nimmt eine Sequenz x von Symbolen (Buchstaben, Ziffern, Interpunktionszeichen und Blanks) als Argument und liefert als Funktionswert $f(x)$ eine Aufteilung $(x_1, \ldots, x_n, x_{n+1})$ von x mit $x = x_1 \ldots x_n x_{n+1}$ und $|x_i| = k$ für jedes $i \in \{1, \ldots, n\}$

und $1 \leq |x_{n+1}| \leq k$. Wenn nun an das Argument x ein Symbol, z.B. a, angehängt wird und damit $x' = xa$ ist, so ändert sich der Funktionswert $f(x)$ kaum: wenn $|x_{n+1}| < k$, dann ist $f(x') = (x_1, \ldots, x_n, x_{n+1}a)$; wenn $|x_{n+1}| = k$, dann ist $f(x') = (x_1, \ldots, x_n, x_{n+1}, a)$. Man erkennt, daß ein großer Teil von $f(x)$ bei der Berechnung von $f(x')$ verwendet werden kann. $\qquad\square$

In unserem Beispiel des top–down Entwurfs eines Programms mit Hilfe eines Struktureditors wäre f die Funktion, die als Argument einen Ableitungsbaum nimmt und durch Abliefern eines booleschen Wertes die Deklariertheit von Variablen anzeigt.

Definition 9.2 (Inkrementeller Algorithmus)

Sei f eine Funktion und $\mathcal{A}$ ein Algorithmus zur Berechnung von f. Der Algorithmus $\mathcal{A}$ heißt *inkrementell*, wenn zur Berechnung eines Funktionswertes $f(x')$ andere Funktionswerte $f(x)$, die von $\mathcal{A}$ bereits berechnet wurden, benutzt werden. $\qquad\square$

Bei der inkrementellen Berechnung von neuen Attributwerten spricht man von *inkrementeller Attributauswertung*.

In diesem Kapitel besprechen wir für die Klasse der geordneten Attributgrammatiken (Abschnitt 9.1) einen rekursiven Attributauswerter (Abschnitt 9.2), der sehr dem KW–Auswerter für stark nichtzirkuläre Attributgrammatiken (vgl. Abbildung 7.6) ähnelt. Dabei verzichten wir auf die genaue Konstruktion der Pläne und geben nur die Konstruktionsidee an. In Abschnitt 9.3 geben wir zu diesem rekursiven Auswerter eine iterative Version an, die wir schließlich in Abschnitt 9.4 zu einem inkrementellen Attributauswerter verfeinern. Auch im folgenden bezeichnet G eine beliebige, aber feste unkonditionale Attributgrammatik $G = (G_0, D, B, R)$.

9.1 Geordnete Attributgrammatiken

Bevor wir in diesem Abschnitt das Konzept der geordneten Attributgrammatik einführen, vergegenwärtigen wir uns kurz noch einmal die Situation bei stark nichtzirkulären Attributgrammatiken. Dort wurde für jedes Nichtterminalsymbol X der *is*–Graph $is(X)$ konstruiert, der die Überlagerung der Verhalten *aller* X–Ableitungsbäume enthielt; dabei war das Verhalten eines solchen Ableitungsbaumes als die Gesamtheit der Abhängigkeiten der synthetischen Attributinstanzen an der Wurzel von inheriten Attributinstanzen an der Wurzel definiert. Die Bedingung, unter der eine Attributgrammatik stark nichtzirkulär ist, fordert für jede Produktion $p = (X_0 \rightarrow w_0 X_1 w_1 \ldots X_n w_n)$, daß der Graph $D(p)[is(X_1), \ldots, is(X_n)]$ keinen Zykel enthält.

Bei geordneten Attributgrammatiken wird diese Bedingung dahingehend verschärft, daß nicht nur das Verhalten der Ableitungsbäume zu Nichtterminalsymbolen auf der rechten Seite der Produktion p beim Test auf Nichtzirkularität berücksichtigt wird, also das Verhalten unterhalb von p, sondern auch das Verhalten oberhalb von p. Insbesondere werden also Abhängigkeiten berücksichtigt, die von synthetischen Attributinstanzen zu inheriten Attributinstanzen führen.

Wie bei den stark nichtzirkulären Attributgrammatiken wird auch hier der schlimmste Fall betrachtet, d.h. alle möglichen Abhängigkeiten zwischen Attributinstanzen werden überlagert ohne Rücksicht darauf, ob es einen konkreten Ableitungsbaum gibt, in dem die so entstehenden Kombinationen wirklich auftreten.

Definition 9.3 (Oben und unten erweiterter Abhängigkeitsgraph)

Sei $p = (X_0 \rightarrow w_0 X_1 w_1 \ldots X_n w_n)$ eine Produktion von G_0 und sei, für jedes i mit $0 \leq i \leq n$, $D_i = (A(X_i), \rightarrow_i)$ mit $\rightarrow_i \subseteq A(X_i) \times A(X_i)$ ein Graph. Dann bezeichnet $D(p)[D_0; D_1, \ldots, D_n]$ den *oben und unten (um $D_0, D_1 \ldots, D_n$) erweiterten Abhängigkeitsgraphen* $(A(p), \rightarrow)$ von p, wobei $\langle \gamma_1, j \rangle \rightarrow \langle \gamma_2, k \rangle$ g.d.w. eine der beiden folgenden Bedingungen erfüllt ist:

1. $\langle \gamma_1, j \rangle \rightarrow_p \langle \gamma_2, k \rangle$ und $\rightarrow_p$ ist die Kantenrelation von $D(p)$,

2. $0 \leq j = k \leq n$ und $\gamma_1 \rightarrow_j \gamma_2$. $\qquad\qquad\qquad\qquad\qquad\qquad\qquad$ $\square$

Definition 9.4 (is/si–Graph eines Nichtterminalsymbols)

Seien $X_1, \ldots, X_n$ alle Nichtterminalsymbole von G_0. Die is/si–*Graphen von* $X_1, \ldots, X_n$, bezeichnet durch $is/si(X_1), \ldots$, bzw. $is/si(X_n)$, sind die kleinsten Graphen $g_1 = (A(X_1), \rightarrow_1), \ldots$, bzw. $g_n = (A(X_n), \rightarrow_n)$, für die folgendes gilt: Für jede Produktion $p = (X_{i_0} \rightarrow w_0 X_{i_1} w_1 \ldots X_{i_k} w_k)$ von G_0 mit $1 \leq i_j \leq n$ für jedes $j \in [k]$ und für jedes j mit $0 \leq j \leq k$ gilt: wenn $\langle \gamma_1, j \rangle \rightarrow^+ \langle \gamma_2, j \rangle$ und $\rightarrow$ ist Kantenrelation von $D(p)[g_{i_0}; g_{i_1}, \ldots, g_{i_k}]$, dann $\gamma_1 \rightarrow_{i_j} \gamma_2$. $\qquad\qquad\qquad\qquad\qquad\qquad$ $\square$

Beispiel 9.5

Gegeben sei eine Attributgrammatik G, von der in unserem Zusammenhang nur die Abhängigkeiten zwischen den Attributvorkommen bei Produktionen interessieren. Diese sind in der Abbildung 9.1 dokumentiert.

Man kann nun leicht herausfinden, daß die is/si–Graphen genau die in Abbildung 9.2 gezeigten Graphen sind (dort zeigen wir nur $is/si(X)$ und $is/si(Y)$, denn der Graph $is/si(Z)$ enthält keine Kanten). $\qquad\qquad\qquad\qquad\qquad\qquad\qquad\qquad\qquad\qquad$ $\square$

In Abbildung 9.3 ist der Algorithmus zur Berechnung der is/si–Graphen von Nichtterminalsymbolen dargestellt.

Jetzt können wir aus den Kantenrelationen der is/si–Graphen von $X_1, \ldots, X_n$ spezielle *totale* Ordnungen $T_1, \ldots, T_n$ konstruieren, in denen die Kantenrelationen als Teilmengen enthalten sind.

Definition 9.6 (Auswertungsordnung)

Sei $X \in N$ und sei $is/si(X) = (A(X), \rightarrow_X)$ der is/si–Graph von X.

Eine *aus $is/si(X)$ abgeleitete Auswertungsordnung T_X* ist eine totale Ordnung

$$\widetilde{\beta_1} \widetilde{\alpha_1} \ldots \widetilde{\beta_k} \widetilde{\alpha_k}$$

auf $A(X)$ mit minimalem $k \in I\!N$, so daß für jedes $j \in [k]$ gilt:

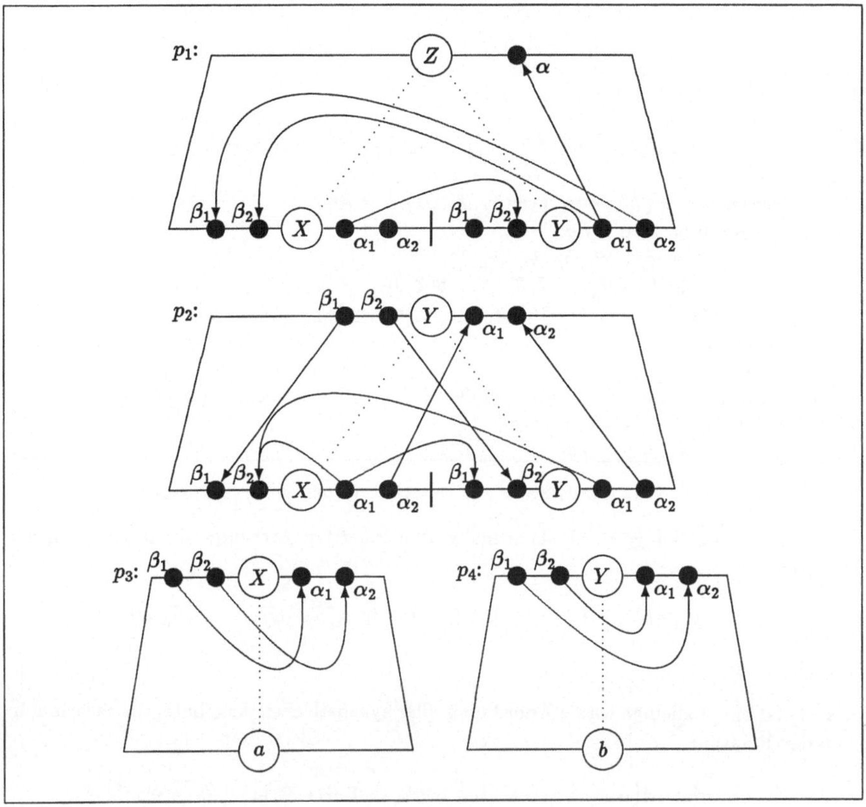

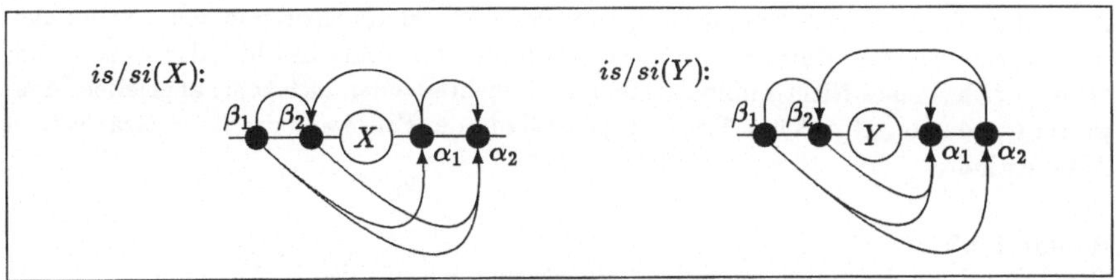

Abb. 9.1: Abhängigkeitsgraphen der Produktionen $p_1, \ldots, p_4$.

Abb. 9.2: is/si–Graphen von X und Y.

Algorithmus zur Berechnung der is/si**–Graphen** $is/si(X)$

Eingabe: Attributgrammatik $G = (G_0, D, B, R, C)$ mit $G_0 = (N, \Sigma, Z, P)$

Ausgabe: für jedes $X \in N$ der Graph $is/si(X)$

Variable: $\$[X]$ is/si–Graph von $X \in N$

for jedes $X \in N$ **do** $\$[X] := (A(X), \rightarrow_X)$ wobei $\rightarrow_X$ die leere Menge ist;
repeat
        for jedes $p = (X_0 \rightarrow w_0 X_1 w_1 \ldots X_n w_n) \in P$ **do**
          for $k := 0$ **to** n **do**
            if es gibt $\langle \gamma_1, k \rangle \rightarrow^{+} \langle \gamma_2, k \rangle$
               in $D(p)[\$[X_0]; \$[X_1], \ldots, \$[X_n]]$
                  then $\$[X_k] := (A(X_k), \rightarrow_{X_k} \cup \{(\gamma_1, \gamma_2)\})$
          end
        end
until es gibt keine Änderung eines Graphen $\$[X]$ bzgl. des vorangegangenen Durchlaufs;
for jedes $X \in N$ **do** $is/si(X) := \$[X]$.

Abb. 9.3: Algorithmus zur Berechnung der is/si–Graphen.

- $\widetilde{\beta_j}$ ist eine beliebige totale Anordnung aller inheriten Attribute, die maximal in der Relation

$$\rightarrow_X \lceil A(X) - \{\gamma \mid \gamma \in A(X), \gamma \text{ tritt in } \widetilde{\alpha_j}\widetilde{\beta_{j+1}}\widetilde{\alpha_{j+1}} \ldots \widetilde{\beta_k}\widetilde{\alpha_k} \text{ auf }\}\rceil$$

sind, und

- $\widetilde{\alpha_j}$ ist eine beliebige totale Anordnung aller synthetischen Attribute, die maximal in der Relation

$$\rightarrow_X \lceil A(X) - \{\gamma \mid \gamma \in A(X), \gamma \text{ tritt in } \widetilde{\beta_{j+1}}\widetilde{\alpha_{j+1}} \ldots \widetilde{\beta_k}\widetilde{\alpha_k} \text{ auf }\}\rceil$$

sind. $\square$

Diese abgeleiteten Auswertungsordnungen werden bei der Konstruktion von Attributauswertern eine wichtige Rolle spielen (siehe Abschnitt 9.2). Man beachte, daß es zu einem is/si–Graphen eines Nichtterminalsymbols evtl. mehrere oder auch keine abgeleitete Auswertungsordnung geben kann. Das letztere ist dann der Fall, wenn der is/si–Graph einen Zykel enthält.

Beispiel 9.7

Gegeben sei die Attributgrammatik G aus Beispiel 9.5 mit den in Abbildung 9.1 dargestellten Abhängigkeiten zwischen den Attributvorkommen der Produktionen und den in Abbildung 9.2 gezeigten is/si–Graphen $is/si(X)$ und $is/si(Y)$.

Die einzige aus $is/si(X)$ abgeleitete Auswertungsordnung lautet: $\widetilde{\beta_1}\widetilde{\alpha_1}\widetilde{\beta_2}\widetilde{\alpha_2}$ mit $\widetilde{\beta_1} = \beta_1, \widetilde{\alpha_1} = \alpha_1, \widetilde{\beta_2} = \beta_2$ und $\widetilde{\alpha_2} = \alpha_2$.

Die einzige aus $is/si(Y)$ abgeleitete Auswertungsordnung lautet: $\widetilde{\beta_1}'\widetilde{\alpha_1}'\widetilde{\beta_2}'\widetilde{\alpha_2}'$ mit $\widetilde{\beta_1}' = \beta_1, \widetilde{\alpha_1}' = \alpha_2, \widetilde{\beta_2}' = \beta_2$ und $\widetilde{\alpha_2}' = \alpha_1$.

Zum Beispiel ist $\widetilde{\beta_1}''\widetilde{\alpha_1}''$ mit $\widetilde{\beta_1}'' = \beta_1\beta_2$ und $\widetilde{\alpha_1}'' = \alpha_1\alpha_2$ keine aus $is/si(X)$ abgeleitete Auswertungsordnung, denn in der Relation

$$\to_X \lceil A(X) - \{\gamma \mid \gamma \in A(X), \gamma \text{ tritt in } \widetilde{\alpha_1}'' \text{ auf }\}\rceil \quad = \quad \to_X \lceil \{\beta_1, \beta_2\}\rceil$$

ist das geordnete Paar (β_1, β_2) enthalten und damit ist β_1 nicht maximal in der Relation $\to_X \lceil\{\beta_1, \beta_2\}\rceil$. $\qquad\square$

Bevor wir definieren, was eine geordnete Attributgrammatik ist, fügen wir noch eine Bemerkung zur Definition der abgeleiteten Auswertungsordnung an. Die Kompliziertheit der Konstruktion von T_X scheint auf den ersten Blick nicht angemessen, denn man könnte auch z.B. durch topologische Sortierung aus $is/si(X)$ eine totale Ordnung T_X gewinnen. Dies würde sich aber bei der Konstruktion von Auswertungsplänen als ineffizient herausstellen, wie das folgende Beispiel zeigt. Sei für ein Nichtterminalsymbol X der is/si–Graph durch die Kanten $(\beta_1, \alpha_1), \ldots, (\beta_n, \alpha_n)$ gegeben. Der Algorithmus zum topologischen Sortieren könnte dann (u.a.) folgende totale Ordnung liefern:

$$\beta_1, \alpha_1, \ldots, \beta_n, \alpha_n.$$

Das hieße, daß der mit X beschriftete Knoten n–mal besucht werden müßte. Der oben angegebene Algorithmus liefert dagegen die totale Ordnung

$$\beta_1, \beta_2, \ldots, \beta_n, \alpha_1, \alpha_2, \ldots, \alpha_n,$$

welcher nur zu einen Besuch führen würde. In gewissem Sinne liefert er eine topologische Sortierung mit minimalem Wechsel zwischen inheriten Attributen und synthetischen Attributen.

Definition 9.8 (Geordnete Attributgrammatik)

Eine Attributgrammatik $G = (G_0, D, B, R)$ heißt *geordnet* (ordered attribute grammar; OAG), wenn es für jedes Nichtterminalsymbol X von G_0 eine aus $is/si(X)$ abgeleitete Auswertungsordnung T_X gibt, so daß für jede Produktion $p = (X_0 \to w_0 X_1 w_1 \ldots X_n w_n)$ von G_0 der Graph $D(p)[T_{X_0}; T_{X_1}, \ldots, T_{X_n}]$ keine Zykel enthält. $\qquad\square$

Es folgt aus den Definitionen 9.8 und 7.2, daß jede geordnete Attributgrammatik auch stark nichtzirkulär ist.

Für eine geordnete Attributgrammatik gibt eine Auswertungsordnung T_X eines Nichtterminalsymbols X eine Reihenfolge von Attributberechnungen an, die bei *jeder* Instanz von X in einem Ableitungsbaum eingehalten wird. Eine Auswertungsordnung $T_X = \widetilde{\beta_1}\widetilde{\alpha_1} \ldots \widetilde{\beta_k}\widetilde{\alpha_k}$ bedeutet dann, daß für alle j mit $1 \leq j \leq k$ die in $\widetilde{\beta_j}$ vorkommenden Attribute vor dem j–ten Besuch und die in $\widetilde{\alpha_j}$ vorkommenden Attribute beim j–ten Besuch eines mit X beschrifteten Knotens berechnet werden.

Beispiel 9.9

Die Attributgrammatik aus Beispiel 9.5 ist geordnet, denn die Graphen in Abbildung 9.4 enthalten keinen Zykel.   □

Das folgende Beispiel zeigt eine Attributgrammatik, die stark nichtzirkulär, aber nicht geordnet ist. Es verdeutlicht, wie bei geordneten Attributgrammatiken der obere Kontext eine wesentliche Rolle spielt.

Beispiel 9.10

Gegeben sei die stark nichtzirkuläre Attributgrammatik G mit den Abhängigkeitsgraphen wie in Abbildung 9.5.

Betrachtet man $D(p_3)$, so ergibt sich, daß der Graph g_1

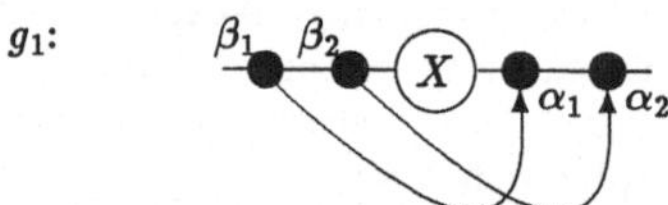

als Teilgraph in $is/si(X)$ enthalten sein muß. Betrachtet man $D(p_1)$ und erweitert diesen um g_1, so ergibt sich, daß sogar der Graph g_2

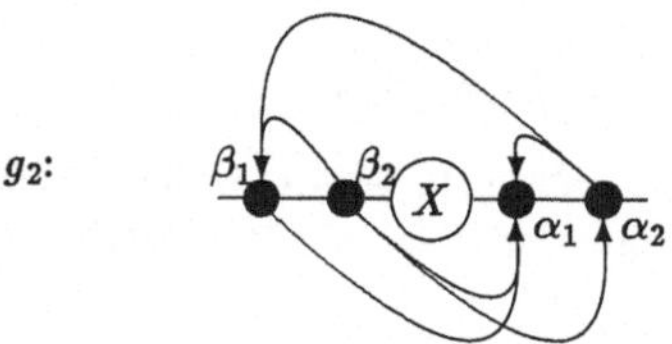

ein Teilgraph von $is/si(X)$ sein muß. Wenn nun $D(p_2)$ um g_2 erweitert wird, so stellt man fest, daß der Graph g_3

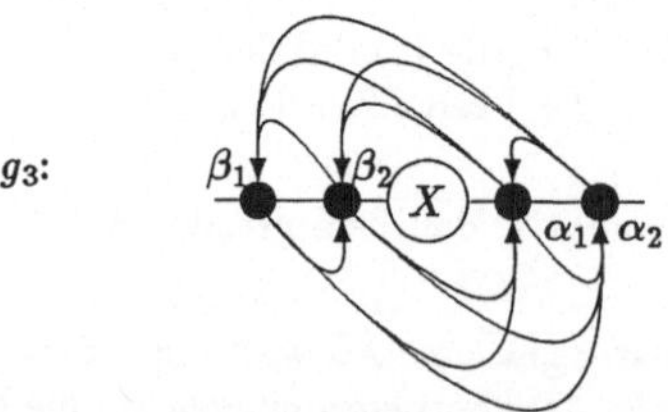

ein Teilgraph von $is/si(X)$ sein muß; g_3 ist zirkulär. Daraus folgt, daß die Attributgrammatik nicht geordnet ist. Wir wollen hier nur bemerken, daß der Graph $is/si(X)$ zusätzlich zu den Kanten von g_3 noch an jedem Knoten eine Schlinge enthält, d.h. eine Kante, die als Anfangs– und Endknoten denselben Knoten hat.   □

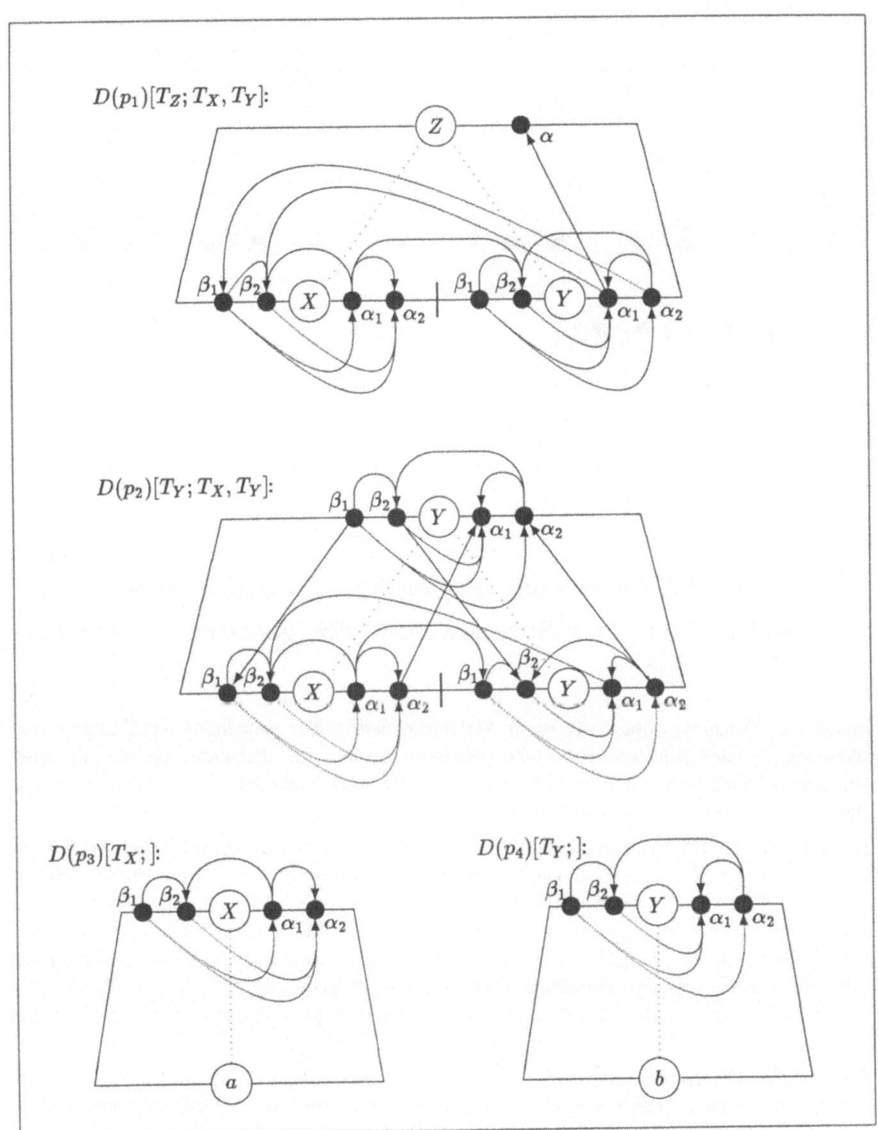

Abb. 9.4: Die um Auswertungsordnungen erweiterten Abhängigkeitsgraphen.

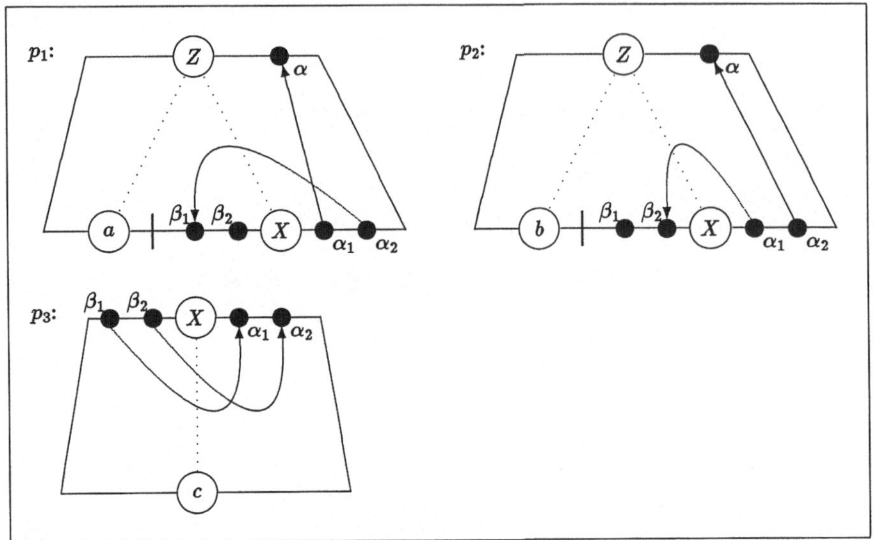

Abb. 9.5: Abhängigkeitsgraphen der Produktionen p_1, p_2 und p_3.

9.2 Rekursiver Attributauswerter für geordnete Attributgrammatiken

In diesem Abschnitt geben wir einen Attributauswerter für geordnete Attributgrammatiken an, welcher auf einer rekursiven Prozedur basiert. Die Prozedur ist bis auf einen Unterschied identisch mit dem KW–Auswerter für stark nichtzirkuläre Attributgrammatiken. Diesen Unterschied erläutern wir zunächst.

Beim Ablauf des KW–Auswerters für stark nichtzirkuläre Attributgrammatiken wird jeder innere Knoten x des zugrundeliegenden Ableitungsbaumes mit einem Auswertungszustand $\underline{flag}(x)$ etikettiert; der Auswertungszustand gibt die Menge der bereits ausgewerteten Attributvorkommen von $\underline{prod}_t(x)$ an. In Abhängigkeit des Eingangszustands, also der Vereinigung der aktuellen Eingabemenge und eines Auswertungszustands, wird dann an x ein KW–Auswertungsplan durchgeführt. Dabei kann es möglich sein, daß für eine Produktion und für einen Ruhezustand Pläne für verschiedene Eingabemengen vorbereitet werden müssen.

Beim rekursiven Attributauswerter für geordnete Attributgrammatiken ist es nicht notwendig, den Auswertungszustand eines Knotens dort zu speichern. Vielmehr genügt es, an einem Knoten x die Anzahl der bereits erfolgten Besuche des Attributauswerters zu x zu speichern, um einen geeigneten Plan auszuwählen. Das liegt daran, daß die Pläne lineare Ketten sind, also keine Verzweigungen wie bei stark nichtzirkulären Attributgrammatiken haben. Deshalb ist die Etikettierung eines Ableitungsbaumes t hier eine Funktion des Typs

$$\underline{flag} : \underline{inode}(t) \longrightarrow I\!N.$$

Außerdem kann die Funktion $\underline{plan}$ aus Definition 7.6 wie folgt modifiziert werden:

$$\underline{plan} : P \times I\!N \longrightarrow OAG\text{-}Plan$$

Dabei bezeichnet $OAG\text{-}Plan$ die Menge der OAG–Auswertungspläne, d.h. der Sequenzen von OAG–Instruktionen; eine OAG–Instruktion hat entweder die Form einer semantischen Regel der Attributgrammatik oder die Form $\underline{visit}(k)$ mit $k \geq 1$. Die $\underline{goto}$–Funktion wird reduziert auf das Inkrementieren einer natürlichen Zahl:

$$\underline{goto} : I\!N \longrightarrow I\!N \text{ mit } \underline{goto}(n) = n+1 \text{ für alle } n \in I\!N$$

Aus diesem Grunde taucht die $\underline{goto}$–Funktion im folgenden nicht mehr explizit auf.

Die OAG–Auswertungspläne werden in Analogie zur Situation bei stark nichtzirkulären Attributgrammatiken durch topologisches Sortieren der Abhängigkeitsgraphen konstruiert, die oben und unten um die aus den is/si–Graphen abgeleiteten Auswertungsordnungen erweitert wurden. Wir geben hier die allgemeine Konstruktion nicht an, sondern führen sie an dem folgenden Beispiel durch.

Beispiel 9.11
Betrachten wir dazu aus Abbildung 9.4 den oben und unten erweiterten Abhängigkeitsgraphen von p_2, d.h. $D(p_2)[T_Y; T_X, T_Y]$. Offensichtlich lassen sich für einen Knoten x eines Ableitungsbaumes t mit $\underline{prod}_t(x) = p_2$ in Abhängigkeit der Besuchszahl an x sinnvoll nur die folgenden Pläne aufstellen:

- Beim ersten Besuch an x:

  Das Attributvorkommen $\langle \beta_1, 0 \rangle$ muß bereits berechnet vorliegen, sonst kann keine Auswertung erfolgen. Dann setze:

  $$\underline{plan}(p_2, 1) = (\langle \beta_1, 1 \rangle = \ldots; \underline{visit}(1); \langle \beta_1, 2 \rangle = \ldots; \underline{visit}(2); \langle \alpha_2, 0 \rangle = \ldots).$$

- Beim zweiten Besuch an x:

  Nun ist das Attributvorkommen $\langle \beta_2, 0 \rangle$ bereits berechnet, also:

  $$\underline{plan}(p_2, 2) = (\langle \beta_2, 2 \rangle = \ldots; \underline{visit}(2); \langle \beta_2, 1 \rangle = \ldots; \underline{visit}(1); \langle \alpha_1, 0 \rangle = \ldots).$$

Die übrigen OAG–Auswertungspläne lauten:

- $\underline{plan}(p_1, 1) = (\langle \beta_1, 2 \rangle = \ldots; \underline{visit}(2); \langle \beta_1, 1 \rangle = \ldots; \underline{visit}(1);$
  $\langle \beta_2, 2 \rangle = \ldots; \underline{visit}(2); \langle \beta_2, 1 \rangle = \ldots; \underline{visit}(1); \langle \alpha, 0 \rangle = \ldots)$

- $\underline{plan}(p_3, 1) = (\langle \alpha_1, 0 \rangle = \ldots)$

- $\underline{plan}(p_3, 2) = (\langle \alpha_2, 0 \rangle = \ldots)$

- $\underline{plan}(p_4, 1) = (\langle \alpha_2, 0 \rangle = \ldots)$

- $\underline{plan}(p_4, 2) = (\langle \alpha_1, 0 \rangle = \ldots)$ □

Die Abbildung 9.6 zeigt den rekursiven Attributauswerter für geordnete Attributgrammatiken; wir nennen ihn *OAG–Auswerter* (vgl. mit dem KW–Auswerter aus Abbildung 7.6).

```
program OAG-Auswerter (t : Ableitungsbaum);
var plan  :  P × IN ⟶ OAG-Plan;
    flag  :  inode(t) ⟶ IN     (* Etikettierung *);
    val_t :  Dekoration von t;
procedure evaluate (x : inode(t));
    var    q, e  :  IN     (* visit-Zahl *);
            j  :  IN;
    begin
          (* ermittle den richtigen Plan *)
          q := flag(x);
          e := q + 1;
          let plan(prod_t(x), e) = (s_1 ... s_m)
          in
              (* führe die OAG-Instruktionen des Plans aus *)
              for j := 1 to m do
                  if s_j = (⟨γ, k⟩ = f(⟨γ_1, k_1⟩, ..., ⟨γ_r, k_r⟩)) then
                      (* führe Attributberechnung durch *)
                      val_t(⟨γ, x.k⟩) = φ(f)(val_t(⟨γ_1, x.k_1⟩), ..., val_t(⟨γ_r, x.k_r⟩));
                  if s_j = visit(k) then
                      (* besuche k-ten Nachfolger *)
                      evaluate(x.k);
              end
          end;
          (* verändere Etikettierung *)
          flag(x) := e
    end { evaluate }

{ main program }
begin
    (* Zuweisung der Konstruktionsinformation an lokale Variable *)
    plan := ...;
    (* Initialisierung der Etikettierung *)
    for jedes x ∈ inode(t) do
        flag(x) := 0
    end;
    (* beginne die Bearbeitung bei der Wurzel*)
    evaluate( root(t))
end { OAG-Auswerter }.
```

Abb. 9.6: Schema für *OAG–Auswerter*.

9.3   Iterativer Attributauswerter für geordnete Attributgrammatiken

Für die Verfeinerung zu einem inkrementellen Attributauswerter ist der rekursive OAG–Auswerter nicht geeignet. Das liegt daran, daß — nachdem der OAG–Auswerter für einen Eingabebaum t die Dekoration $\underline{val}_t$ berechnet hat und der Eingabebaum t zum Eingabebaum t' verändert wurde — der Prozedurkeller, der die rekursiven Aufrufe von *evaluate* verwaltet, nicht mehr vorliegt. Aber gerade durch die Einträge auf diesem Prozedurkeller werden (durch *visit*-Instruktionen) unterbrochene Pläne an anderen Knoten an den geeigneten Stellen wieder aufgenommen. Die einzige Möglichkeit, den OAG–Auswerter doch noch zu nutzen, wäre die folgende: Man startet den OAG–Auswerter an der Wurzel von t' und unterdrückt alle anfallenden Attributberechnungen, bis er zum ersten Mal die Stelle in t erreicht hat, an der durch Einfügung eines Teilbaums der neue Eingabebaum t' entstanden ist; ab dann läuft der Auswerter mit Attributauswertung weiter. Das ist wegen des anfänglichen Leerlaufs sehr ineffizient. Und da es eine bessere Lösung gibt, verfolgen wir die Verfeinerung des rekursiven Attributauswerters zu einem inkrementellen Algorithmus nicht weiter. Stattdessen formulieren wir zunächst einen iterativen Auswertungsalgorithmus und verfeinern diesen dann zu einem inkrementellen Auswerter.

Es zeigt sich, daß der iterative Auswertungsalgorithmus sogar *gänzlich* ohne die Speicherung von Informationen an den Knoten eines vorgelegten Ableitungsbaumes auskommt. Dazu müssen wir in die Pläne allerdings noch an zwei Stellen ein wenig mehr Information hineinkodieren; in beiden Fällen geht es um die Anzahl der Besuche an einem Knoten. Durch das Hineinkodieren entstehen die folgenden iter-OAG–Instruktionen:

1. Die gegenüber den KW–Instruktionen abgemagerte OAG–Instruktion $\underline{visit}(i)$ (besuche den i–ten Nachfolger) wird zur iter-OAG–Instruktion $\underline{visit}(i, r)$ erweitert, wobei die natürliche Zahl r angibt, daß wir den i–ten Nachfolger das r–te Mal besuchen.

2. Wir führen die iter-OAG–Instruktion $\underline{suspend}(r)$ ein. Sie suspendiert die aktuelle Arbeit an einem Knoten und der iter-OAG–Auswerter kehrt zum r–ten Mal zum Vorgänger zurück.

3. Weiterhin können die iter-OAG–Instruktionen semantische Regeln der Attributgrammatik sein.

Nun bilden wir für jede Produktion p und jedes i mit $i \geq 1$ aus dem Plan $\underline{plan}(p, i)$ (siehe Abschnitt 9.2) zunächst durch die gerade beschriebene Erweiterung der $\underline{visit}$-Instruktionen den Plan $\underline{plan}(p, i)'$. Dann konstruieren wir den Plan

$$\underline{plan}(p, 1)';\ \underline{suspend}(1);\ \ldots \underline{plan}(p, n)';\ \underline{suspend}(n);$$

für p, wenn die Knoten, an denen p angewandt wird, n–mal besucht werden. Diesen Plan nennen wir $\underline{plan}(p)$.

Beispiel 9.12

Betrachten wir wiederum den oben und unten erweiterten Abhängigkeitsgraphen von p_2 aus Abbildung 9.4 und die dazu in Beispiel 9.11 konstruierten Pläne. Dann ist $\underline{plan}(p_2)$ der Plan

$$(\langle \beta_1, 1 \rangle = \ldots; \underline{visit}(1,1); \langle \beta_1, 2 \rangle = \ldots; \underline{visit}(2,1); \langle \alpha_2, 0 \rangle = \ldots; \underline{suspend}(1);$$
$$\langle \beta_2, 2 \rangle = \ldots; \underline{visit}(2,2); \langle \beta_2, 1 \rangle = \ldots; \underline{visit}(1,2); \langle \alpha_1, 0 \rangle = \ldots; \underline{suspend}(2)). \qquad \square$$

Im Plan $\underline{plan}(p)$ wird jede einzelne Instruktion über einen Index $planIndex$ angesprochen; diese Instruktion wird mit $\underline{plan}(p, planIndex)$ bezeichnet.

Wird nun ein Plan $\underline{plan}(p')$ an einem Knoten y unterbrochen und ein anderer Plan $\underline{plan}(p)$ an einem Knoten x wiederaufgenommen, so kann das entweder durch eine $\underline{visit}(i,r)$–Instruktion oder durch eine $\underline{suspend}(r)$–Instruktion geschehen. Die beiden Situationen sind in Abbildung 9.7 (a) bzw. (b) dargestellt.

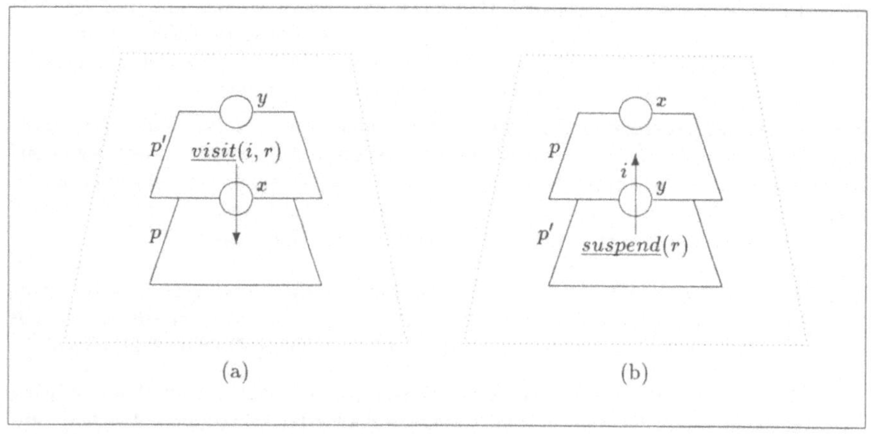

Abb. 9.7: Fortsetzen eines Planes (a) durch $\underline{visit}$ und (b) durch $\underline{suspend}$.

Dann gibt eine Funktion MapToPlanIndex den Index $planIndex$ in $\underline{plan}(p)$ an, an dem die Arbeit wiederaufgenommen werden soll. Dieser Punkt wird durch drei Informationen festgelegt, die der Funktion MapToPlanIndex als Argumente mitgegeben werden:

1. die Produktion p, die am neuen aktuellen Knoten x angewandt wurde

2. eine Position eines Nichtterminalsymbols in der Produktion p:

   - erfolgt die Wiederaufnahme des Plans $\underline{plan}(p)$ durch eine $\underline{visit}$–Instruktion, so ist dies die 0,

   - erfolgt die Wiederaufnahme des Plans $\underline{plan}(p)$ durch eine $\underline{suspend}$–Instruktion, so ist dies i, wenn $y = x.i$

3. eine Anzahl r von Besuchen.

Wenn eine $\underline{visit}(i, r)$–Instruktion mit $r \geq 2$ die Wiederaufnahme des Plans $\underline{plan}(p)$ verursacht hat, dann gilt

MapToPlanIndex$(p, 0, r) =$
   $1+$ Position der $\underline{suspend}(r - 1)$–Instruktion in $\underline{plan}(p)$.

Außerdem gilt

MapToPlanIndex$(p, 0, 1) = 1$.

Wenn eine $\underline{suspend}(r)$–Instruktion mit $r \geq 1$ die Wiederaufnahme des Plans $\underline{plan}(p)$ verursacht hat und $y = x.i$, dann gilt

MapToPlanIndex$(p, i, r) =$
   $1+$ Position der $\underline{visit}(i, r)$–Instruktion in $\underline{plan}(p)$.

Diese Zusammenhänge werden durch die Abbildung 9.8 noch einmal verdeutlicht:

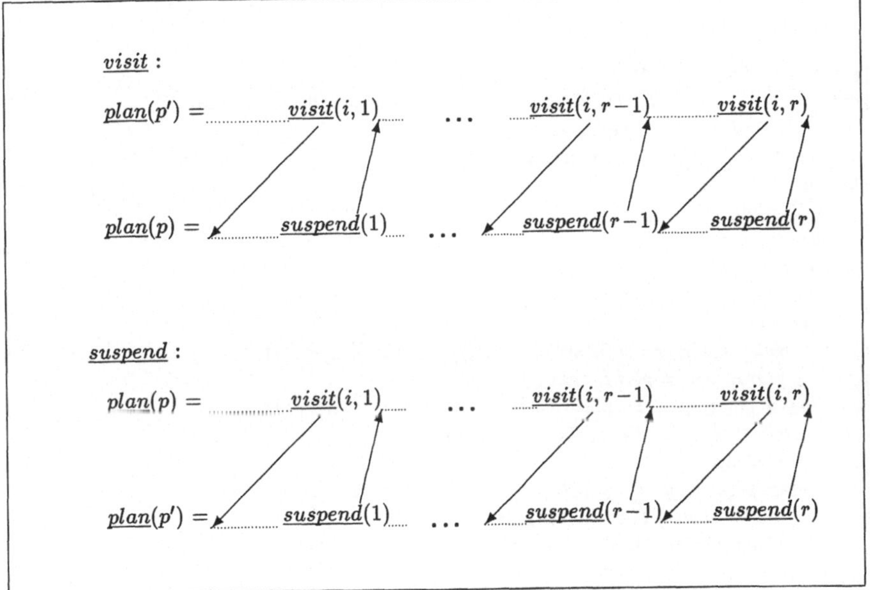

Abb. 9.8: Wechsel zwischen den Plänen der Produktionen.

Beispiel 9.13

Betrachten wir wiederum den Plan $\underline{plan}(p_2)$ aus Beispiel 9.12. Dann gilt:

$$
\begin{aligned}
\mathrm{MapToPlanIndex}(p_2, 0, 1) &= 1, \\
\mathrm{MapToPlanIndex}(p_2, 0, 2) &= 7, \\
\mathrm{MapToPlanIndex}(p_2, 1, 1) &= 3, \\
\mathrm{MapToPlanIndex}(p_2, 2, 1) &= 5, \\
\mathrm{MapToPlanIndex}(p_2, 2, 2) &= 9, \\
\mathrm{MapToPlanIndex}(p_2, 1, 2) &= 11.
\end{aligned}
$$

$\square$

Die Abbildung 9.9 zeigt den iterativen Attributauswerter für geordnete Attributgrammatiken; wir nennen ihn *iter-OAG-Auswerter*. Im Algorithmus wird für einen inneren Knoten $x \in \underline{inode}(t)$ ein Funktionsaufruf $NachfolgerNr(x, x.-1)$ benutzt, der den Wert i liefert, falls $x = x.-1.i$ gilt, d.h. falls x der i–te Nachfolger von $x.-1$ ist.

```
program iter-OAG-Auswerter (t : Ableitungsbaum);
var               x   :   der Knoten in t, der momentan besucht wird;
       planIndex, r, i :   cardinal;
                val_t  :   Dekoration von t;
begin
   x := root(t)
   planIndex := 1
   forever do
     if plan(prod_t(x), planIndex) hat die Form ⟨γ, i⟩ = f(⟨γ_1, i_1⟩, ..., ⟨γ_k, i_k⟩)
     then
         val_t(⟨γ, x.i⟩) = φ(f)(val_t(⟨γ_1, x.i_1⟩), ..., val_t(⟨γ_k, x.i_k⟩));
         planIndex := planIndex + 1
     elsif plan(prod_t(x), planIndex) hat die Form visit(i, r) then
         planIndex := MapToPlanIndex(prod_t(x.i), 0, r);
         x := x.i
     elsif plan(prod_t(x), planIndex) hat die Form suspend(r) then
         if x = root(t) then return fi;
         planIndex := MapToPlanIndex(prod_t(x.-1), NachfolgerNr(x, x.-1), r);
         x := x.-1
     fi
   od
end
```

Abb. 9.9: Schema für *iter-OAG-Auswerter*.

9.4 Inkrementeller Attributauswerter für geordnete Attributgrammatiken

Nehmen wir an, ein Ableitungsbaum t sei gegeben und die zulässige Dekoration $\underline{val}_t$ von t sei berechnet. Nun werde ein Teilbaum s von t durch einen anderen Teilbaum s' ersetzt; insgesamt entsteht durch diese Transformation der Ableitungsbaum t'. Diese Situation wird in Abbildung 9.10 dargestellt.

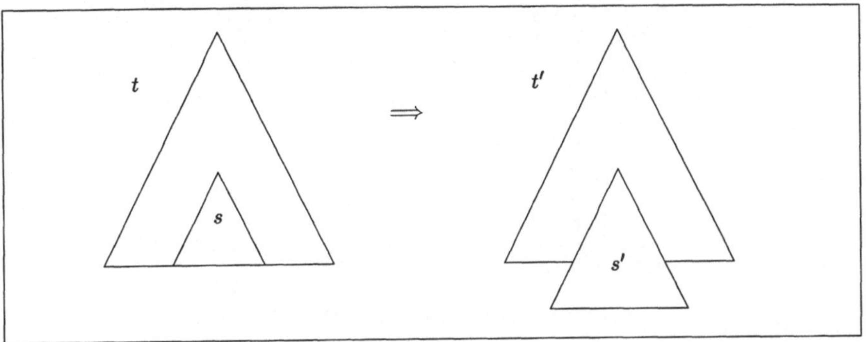

Abb. 9.10: Ersetzung eines Teilbaumes s durch s'.

Durch die Transformation von t nach t' ist die Dekoration $\underline{val}_t$ i.a. auch in den unveränderten Bereichen des Ableitungsbaumes *nicht* mehr zulässig.

Wir bezeichnen die Menge der inneren Knoten von t' mit möglicherweise veränderten Werten von Attributinstanzen als *betroffen*. Dies sind also diejenigen Knoten $x \in \underline{inode}(t')$,

- die in s' vorkommen oder

- die in t und in t' vorkommen und für die es eine Attributinstanz $\langle \gamma, x \rangle$ gibt, für die $\underline{val}_t(\langle \gamma, x \rangle) \neq \underline{val}_{t'}(\langle \gamma, x \rangle)$ beim Ablauf des inkrementellen Attributauswerters nicht ausgeschlossen werden kann.

Meistens bewirkt die Transformation von t zu t' nur in einem Teilbereich von t' eine unzulässige Dekoration, d.h. es gilt in den meisten Fällen *betroffen* $\subsetneq \underline{inode}(t')$. Daraus resultiert der Wunsch, bei der Attributauswertung nur die Knoten in *betroffen* zu besuchen, also eine inkrementelle Attributauswertung durchzuführen.

Der iterative Attributauswerter iter-OAG–Auswerter kann zu einem inkrementellen Attributauswerter erweitert werden. Die Idee zu dieser Erweiterung kann wie folgt umrissen werden: Man startet den Attributauswerter am Vorgänger des Knotens, an dem die Teilbaumersetzung vorgenommen wurde. Die Pläne werden wie beim iter-OAG–Auswerter ausgeführt, wobei aber so viele $\underline{visit}$- und $\underline{suspend}$-Instruktionen wie möglich übersprungen werden. Eine $\underline{visit}$- oder $\underline{suspend}$-Instruktion kann übersprungen werden, wenn sich kein „Argument" des zu besuchenden Knotens x verändert hat. Denn wenn sich die Argumente eines Bereichs von t' (d.h. entweder des Kontextes eines Knotens x oder des Teilbaums unter x) nicht verändert haben, dann kann sich in diesem Bereich auch kein Attributwert verändert haben. Die beiden möglichen Situationen sind in Abbildung 9.11 dargestellt.

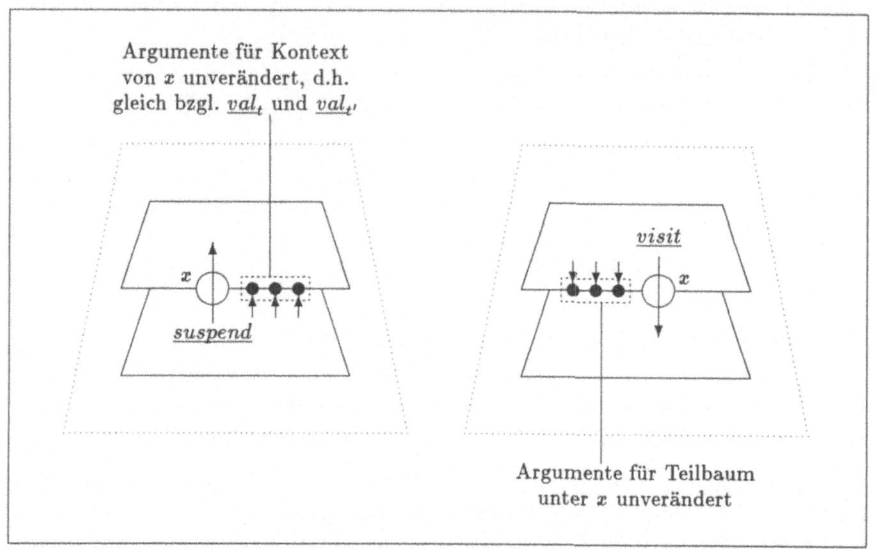

Abb. 9.11: Argumente für Kontext und Teilbaum eines Knotens.

Wenn der inkrementelle Attributauswerter startet, ist die Menge *betroffen* nicht bekannt; sie wird erst dynamisch erzeugt; ein Knoten wird in *betroffen* aufgenommen, wenn seine Argumente sich geändert haben.

Die Abbildung 9.12 zeigt den inkrementellen Attributauswerter für geordnete Attributgrammatiken; wir nennen ihn *inkr-iter-OAG–Auswerter*. Entsteht aus einem Ableitungsbaum t mit zulässiger Dekoration $\underline{val}_t$ durch eine Teilbaumersetzung an einem Knoten $x \in \underline{inode}(t)$ der Ableitungsbaum t', so erhält das Programm inkr-iter-OAG–Auswerter als aktuelle Parameter

- den Ableitungsbaum t',

- den Knoten x und

- eine (i.a. nicht zulässige) Dekoration $\underline{val}_{t'}$ von t', die folgendermaßen von der zulässigen Dekoration $\underline{val}_t$ von t übernommen wird: Für alle Attributinstanzen $\langle \gamma, x' \rangle$ mit $x' \in (\underline{inode}(t') - (\underline{inode}(t'(x)) - \{x\}))$ gilt $\underline{val}_{t'}(\langle \gamma, x' \rangle) = \underline{val}_t(\langle \gamma, x' \rangle)$ und für alle $x' \in (\underline{inode}(t'(x)) - \{x\})$ gilt $\underline{val}_{t'}(\langle \gamma, x' \rangle) = \eta_{W(\gamma)}$, wobei $\eta_{W(\gamma)}$ ein beliebiger (undefinierter) Wert aus $\Omega^{W(\gamma)}$ ist. Die Werte der letzteren Attributinstanzen sind beliebig, weil der inkr-iter-OAG–Auswerter auf sie nicht zugreift.

program *inkr-iter-OAG–Auswerter* (t: Abl.baum, x: Knoten in t, $\underline{val_t}$: Dekor. von t);
var $\bar{x}$:   Knoten in t;
      NachbarKnoten   :   Knoten in $t \cup \{$**null**$\}$;
      planIndex, r, i   :   cardinal;
             betroffen   :   Menge der Knoten mit möglicherweise
                              veränderten Attributinstanzen;
         alterWert   : Ω (* Attributwert *);
begin
    betroffen := $\underline{inode}(t(x)) \cup \{x.\text{-}1\}$;   *planIndex* := 1; $\bar{x}$:= x; x := $x.\text{-}1$;
    forever do
      if $\underline{plan}(\underline{prod_t}(x), planIndex)$ hat die Form $\langle \gamma, i \rangle = f(\langle \gamma_1, i_1 \rangle, \ldots, \langle \gamma_k, i_k \rangle)$ **then**
        if $x.i \notin \underline{inode}(t(\bar{x}) - \{\bar{x}\})$ **then** *alterWert* := $\underline{val_t}(\langle \gamma, x.i \rangle)$ **fi**;
        $\underline{val_t}(\langle \gamma, x.i \rangle)$:= $\varphi(f)(\underline{val_t}(\langle \gamma_1, x.i_1 \rangle), \ldots, \underline{val_t}(\langle \gamma_k, x.i_k \rangle))$;
        if $x.i \notin \underline{inode}(t(\bar{x}) - \{\bar{x}\})$ **then if** *alterWert* $\neq \underline{val_t}(\langle \gamma, x.i \rangle)$ **then**
            if $i \neq 0$ **then** *NachbarKnoten* := $x.i$
            elsif $x \neq \underline{root}(t)$ **then** *NachbarKnoten* := $x.\text{-}1$
            else *NachbarKnoten* := **null**
            fi;
            if *NachbarKnoten* $\neq$ **null and**
                $\langle \gamma, x.i \rangle$ hat Nachfolger in $A(\underline{prod_t}(NachbarKnoten))$
                bzgl. $D(\underline{prod_t}(NachbarKnoten))$ **then**
                betroffen := *betroffen* $\cup \{NachbarKnoten\}$
        fi fi fi;
        planIndex := *planIndex* + 1
      elsif $\underline{plan}(\underline{prod_t}(x), planIndex)$ hat die Form $\underline{visit}(i, r)$ **then**
        if $x.i \in$ *betroffen* **then**
            planIndex := MapToPlanIndex($\underline{prod_t}(x.i), 0, r$);
            x := $x.i$
        else *planIndex* := *planIndex* + 1
        fi
      elsif $\underline{plan}(\underline{prod_t}(x), planIndex)$ hat die Form $\underline{suspend}(r)$ **then**
        if $x = \underline{root}(t)$ **then return fi**;
        if $x.\text{-}1 \in$ *betroffen* **then**
            planIndex := MapToPlanIndex($\underline{prod_t}(x.\text{-}1), NachfolgerNr(x, x.\text{-}1), r$);
            x := $x.\text{-}1$
        elsif $\underline{plan}(\underline{prod_t}(x), planIndex)$ ist die letzte Anweisung von $\underline{plan}(\underline{prod_t}(x))$
            then return
        else *planIndex* := *planIndex* + 1
      fi fi
    od
end

Abb. 9.12: Schema für *inkr-iter-OAG–Auswerter*.

Beispiel 9.14

Gegeben sei eine Attributgrammatik $G = (G_0, D, B, R)$, in der in einer vereinfachten Version von Beispiel 1.3 die Deklariertheit von Variablen überprüft wird und von der wir im folgenden nur die Produktionen und die zugehörigen semantischen Regeln darstellen. Das Bedeutungsattribut ist *check* und gibt Auskunft darüber, ob alle Variablen deklariert sind. Die Operationssymbole erhalten ihre natürliche Interpretation. Der Einfachheit halber wird hier nicht zwischen nullstelligen Operationssymbolen und ihren Interpretationen unterschieden.

$$
\begin{array}{llll}
Z & \to & Dl\ Sl: & \langle check, 0\rangle = \langle check, 2\rangle \\
& & & \langle env, 2\rangle = \langle declared, 1\rangle \\
Dl & \to & D\ Dl: & \langle declared, 0\rangle = \cup(\langle declared, 1\rangle, \langle declared, 2\rangle) \\
Dl & \to & \varepsilon: & \langle declared, 0\rangle = \emptyset \\
D & \to & a: & \langle declared, 0\rangle = \{a\} \\
D & \to & b: & \langle declared, 0\rangle = \{b\} \\
D & \to & c: & \langle declared, 0\rangle = \{c\} \\
D & \to & \langle decl\rangle: & \langle declared, 0\rangle = \emptyset \\
Sl & \to & S\ Sl: & \langle check, 0\rangle = and(\langle check, 1\rangle, \langle check, 2\rangle) \\
& & & \langle env, 1\rangle = \langle env, 0\rangle \\
& & & \langle env, 2\rangle = \langle env, 0\rangle \\
Sl & \to & \varepsilon: & \langle check, 0\rangle = true \\
S & \to & a: & \langle check, 0\rangle = a \in (\langle env, 0\rangle) \\
S & \to & b: & \langle check, 0\rangle = b \in (\langle env, 0\rangle) \\
S & \to & c: & \langle check, 0\rangle = c \in (\langle env, 0\rangle) \\
S & \to & \langle statement\rangle: & \langle check, 0\rangle = true
\end{array}
$$

Gegeben sei ferner der Ableitungsbaum t von G_0 aus Abbildung 9.13 mit der zulässigen Dekoration $\underline{val_t}$. Man beachte, daß aufgrund der in G_0 vorhandenen „Epsilon"–Produktionen auch Blätter in t vorkommen, die mit Nichtterminalsymbolen beschriftet sind.

Nun werde der Teilbaum am Knoten 221 (d.h. der Baum $S(\langle statement\rangle)$) durch den Teilbaum $S(c)$ ersetzt. Es entsteht der Ableitungsbaum t' aus Abbildung 9.14 und durch inkrementelle Attributauswertung die zulässige Dekoration $\underline{val_{t'}}$.

Der Kontext des Knotens 2 und die Teilbäume an den Knoten 21 und 222 werden vom inkrementellen Attributauswerter nicht betreten, da sich ihre „Argumente", die in Abbildung 9.14 in Kästchen mit gestrichelten Umrandungen eingefaßt sind, nicht geändert haben. Unterstrichen sind die neu berechneten Werte, die sich natürlich nicht unbedingt von den alten Werten unterscheiden.

Nun möge der Teilbaum am Knoten 11 von t' (d.h. der Baum $D(\langle decl\rangle)$) durch den Teilbaum $D(a)$ ersetzt werden. Es entsteht der Ableitungsbaum t'' aus Abbildung 9.15 und durch inkrementelle Attributauswertung die zulässige Dekoration $\underline{val_{t''}}$.

An den wiederum unterstrichenen, neu berechneten Werten erkennt man, daß der inkrementelle Attributauswerter fast den ganzen Ableitungsbaum t'' neu dekorieren muß.   □

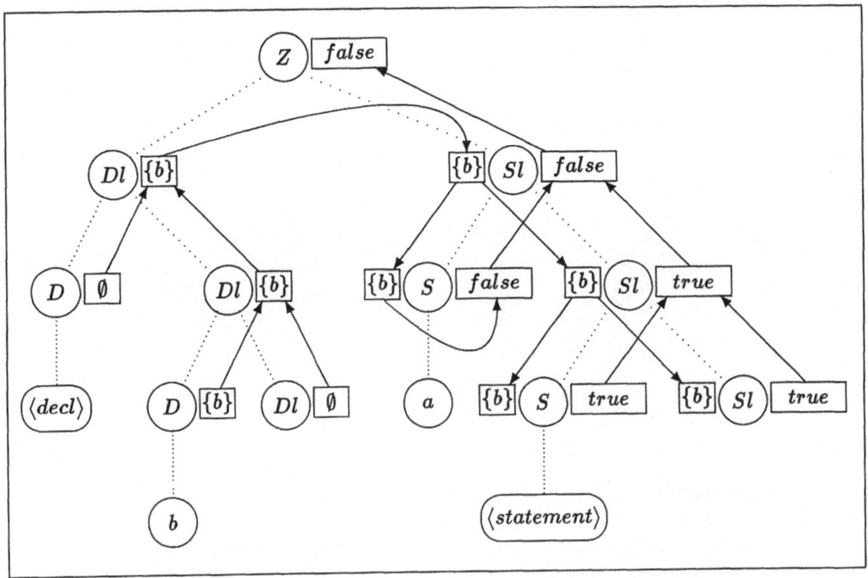

Abb. 9.13: Ableitungsbaum t mit der zulässigen Dekoration $\underline{val}_t$.

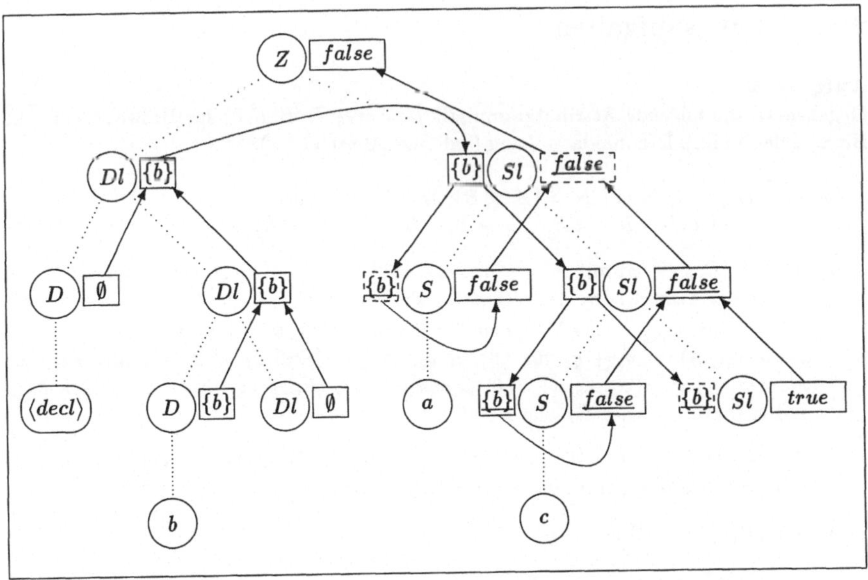

Abb. 9.14: Ableitungsbaum t' mit der zulässigen Dekoration $\underline{val}_{t'}$.

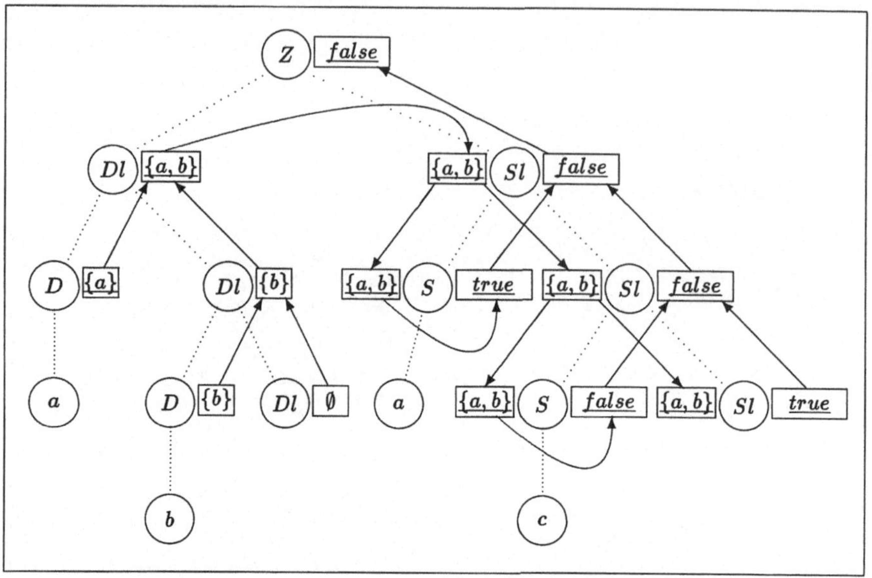

Abb. 9.15: Ableitungsbaum t'' mit der zulässigen Dekoration $\underline{val_{t''}}$.

9.5 Übungsaufgaben

Aufgabe 22

Gegeben sei die folgende Attributgrammatik $G = (G_0, D, B, R, \emptyset)$ zur Umwandlung von
Binärzahlen in ihre Dezimaldarstellung (vgl. auch Beispiel 1.4):

- $G_0 = (N, \Sigma, Z, P)$ mit $N = \{Z, L, B\}$, $\Sigma = \{1, 0, .\}$ und
  $P = \{Z \to L.L, \quad L \to LB, \quad L \to B, \quad B \to 1, \quad B \to 0\}$.

- $D = (K, \Omega, \Phi, \Psi, \varphi)$ mit $K = \{int, rat\}$, $\Omega^{int} = \mathcal{Z}$, $\Omega^{rat} = Q$ wobei $\mathcal{Z}$ bzw. Q die
  Menge der ganzen bzw. der rationalen Zahlen ist, $\Phi = \{add^{(rat\,rat,rat)}, exp^{(int,rat)},$
  $zero_{int}^{(\varepsilon,int)}, zero_{rat}^{(\varepsilon,rat)}, one^{(\varepsilon,int)}, neg^{(int,int)}, inc^{(int,int)}\}$, $\Psi = \emptyset$, und
  $\varphi(add)(q_1, q_2) = q_1 + q_2$ für alle $q_1, q_2 \in Q$, $\varphi(exp)(z) = 2^z$ für alle $z \in \mathcal{Z}$,
  $\varphi(zero_{int})() = \varphi(zero_{rat})() = 0$, $\varphi(one)() = 1$, $\varphi(neg)(z) = -z$ für alle $z \in \mathcal{Z}$
  und $\varphi(inc)(z) = z + 1$ für alle $z \in \mathcal{Z}$.

- $B = (\{v, l\}, \{s\}, S, I, v, W)$ mit $S(Z) = \{v\}$, $S(L) = \{v, l\}$, $I(L) = \{s\}$, $S(B) = \{v\}$,
  $I(B) = \{s\}$ und $W(v) = rat$, $W(s) = W(l) = int$.

- $R = (R(p) \mid p \in P)$ mit

$$
\begin{aligned}
R(Z \to L.L) : \langle v,0 \rangle &= add(\langle v,1 \rangle, \langle v,2 \rangle) & R(L \to B) : \langle v,0 \rangle &= \langle v,1 \rangle \\
\langle s,1 \rangle &= zero_{int} & \langle l,0 \rangle &= one \\
\langle s,2 \rangle &= neg(\langle l,2 \rangle) & \langle s,1 \rangle &= \langle s,0 \rangle \\
R(L \to LB) : \langle v,0 \rangle &= add(\langle v,1 \rangle, \langle v,2 \rangle) & R(B \to 1) : \langle v,0 \rangle &= exp(\langle s,0 \rangle) \\
\langle l,0 \rangle &= inc(\langle l,1 \rangle) & R(B \to 0) : \langle v,0 \rangle &= zero_{rat} \\
\langle s,1 \rangle &= inc(\langle s,0 \rangle) \\
\langle s,2 \rangle &= \langle s,0 \rangle
\end{aligned}
$$

(a) Geben Sie für alle $X \in N$ den Graphen $is/si(X)$ an.

(b) Geben Sie für alle $X \in N$ eine aus $is/si(X)$ abgeleitete Auswertungsordnung T_X an.

(c) Zeigen Sie, daß G eine geordnete Attributgrammatik ist.

(d) Geben Sie zu G die Auswertungspläne an, die zur Dekoration von Ableitungsbäumen von G_0 mittels des rekursiven Attributauswerters $OAG\text{-}Auswerter$ benötigt werden.

(e) Geben Sie ein Ablaufprotokoll des rekursiven Attributauswerters $OAG\text{-}Auswerter$ für den Ableitungsbaum t_1 von G_0 mit $yield(t_1) = 1.01$ an.

(f) Geben Sie zu G die Auswertungspläne der Produktionen und die Tabelle MapTo-PlanIndex an, die zur Dekoration von Ableitungsbäumen von G_0 mittels des iterativen Attributauswerters $iter\text{-}OAG\text{-}Auswerter$ benötigt werden.

(g) Geben Sie ein Ablaufprotokoll des iterativen Attributauswerters $iter\text{-}OAG\text{-}Auswerter$ für den Ableitungsbaum t_1 an.

(h) Ersetzen Sie in t_1 den kleinstmöglichen Teilbaum, so daß der Ableitungsbaum t_2 von G_0 mit $yield(t_2) = 1.11$ entsteht. Geben Sie ein Ablaufprotokoll des inkrementellen Attributauswerters $inkr\text{-}iter\text{-}OAG\text{-}Auswerter$ für diese Teilbaumersetzung an.

(i) Ersetzen Sie in t_2 den kleinstmöglichen Teilbaum, so daß der Ableitungsbaum t_3 von G_0 mit $yield(t_3) = 1.011$ entsteht. Geben Sie ein Ablaufprotokoll des inkrementellen Attributauswerters $inkr\text{-}iter\text{-}OAG\text{-}Auswerter$ für diese Teilbaumersetzung an.

9.6 Bibliographische Anmerkungen

Inkrementelle Attributauswertung wurde zuerst in [DRT81] bearbeitet. Geordnete Attributgrammatiken wurden in [Kas80] definiert (siehe auch [EF82]). Eine sehr gute Einführung in die Techniken des syntaxgesteuerten Editierens bietet das Buch [RT89]. In [Alb90] werden Techniken zur parallelen inkrementellen Attributauswertung vorgestellt.

Literaturverzeichnis

[Alb90]   ALBLAS, H.: *Concurrent incremental attribute evaluation*. In: *Proceedings of the International Conference on Attribute Grammars and Their Applications*, Band 461 der Reihe *LNCS*, Seiten 343–358. Springer–Verlag, 1990.

[Alb91]   ALBLAS, H.: *Attribute evaluation methods*. In: ALBLAS, H. und B. MELICHAR (Herausgeber): *Proceedings of the International Summer School on Attribute Grammars, Applications, and Systems (Prag, Tschechische Republik)*, Band 545 der Reihe *LNCS*. Springer–Verlag, Juni 1991.

[AM91]   ALBLAS, H. und B. MELICHAR: *International Summer School on Attribute Grammars, Applications, and Systems (Prag, Tschechische Republik)*, Band 545 der Reihe *LNCS*. Springer–Verlag, Juni 1991.

[Apt90]   APT, K.R.: *Logic Programming*. In: LEEUWEN, J. VAN (Herausgeber): *Handbook of Theoretical Computer Science, Vol. B*, Kapitel 10, Seiten 493–574. Elsevier, 1990.

[ASU86]   AHO, A.V., R. SETHI und J.D. ULLMAN: *Compilers — Principles, Techniques, and Tools*. Addison–Wesley, 1986.

[AU62]   AHO, A.V. und J.D. ULLMAN: *The Theory of Parsing, Translation and Compiling, Vol. I*. Prentice–Hall, 1962.

[AU73]   AHO, A.V. und J.D. ULLMAN: *The Theory of Parsing, Translation and Compiling, Vol. II*. Prentice–Hall, 1973.

[Bar84]   BARENDREGT, H.P.: *The Lamdba Calculus: Its Syntax and Semantics*. North–Holland, 1984.

[Boc76]   BOCHMANN, G.: *Semantic evaluation from left to right*. Comm. Assoc. Comput. Mach., 19:55–62, 1976.

[Boy96]   BOYLAND, J.T.: *Conditional attribute grammars*. ACM Trans. on Progr. Lang. and Systems, 18:73–108, 1996.

[CF82]   COURCELLE, B. und P. FRANCHI–ZANNETTACCI: *Attribute grammars and recursive program schemes*. Theoret. Comput. Sci., 17:163–191, 235–257, 1982.

[Cha90]   CHAPMAN, N. P.: *Defining, analysing, and implementing communication protocols using attribute grammars.* Formal Aspects of Computing, 2:359–392, 1990.

[Chu33]   CHURCH, A.: *A set of postulates for the foundation of logic.* Am. Math. Soc., 2:33–34, 346–366, 839–864, 1932,1933.

[DJ90]   DERANSART, P. und M. JOURDAN: *Attribute Grammars and Their Applications, International Conference WAGA, Paris,* Band 461 der Reihe *LNCS.* Springer–Verlag, September 1990.

[DJL88]   DERANSART, P., M. JOURDAN und B. LORHO: *Attribute grammars,* Band 323 der Reihe *LNCS.* Springer–Verlag, 1988.

[DM85]   DERANSART, P. und J. MALUSZYNSKI: *Relating logic programs and attribute grammars.* J. Logic Programming, 2:119–155, 1985.

[DPSS77]   DUSKE, J., R. PARCHMANN, M. SEDELLO und J. SPECHT: *IO-macrolanguages and attributed translations.* Inf. Control, 35:87–105, 1977.

[DRT81]   DEMERS, A., T. REPS und T. TEITELBAUM: *Incremental evaluation for attribute grammars with application to syntax-directed editors.* Conference Record of the 8th ACM Symposium on Principles of Programming Languages, Seiten 105–116, 1981.

[EF82]   ENGELFRIET, J. und G. FILE: *Passes, sweeps and visits.* Memorandum INF-82-6, Twente University of Technology, Enschede, The Netherlands, 1982.

[EF89]   ENGELFRIET, J. und G. FILE: *Passes, sweeps, and visits in attribute grammars.* J. Assoc. Comput. Mach., 36:841–869, 1989.

[Eng80]   ENGELFRIET, J.: *Some open questions and recent results on tree transducers and tree languages.* In: BOOK, R.V. (Herausgeber): *Formal language theory; perspectives and open problems,* Seiten 241–286. New York, Academic Press, 1980.

[Eng84]   ENGELFRIET, J.: *Attribute grammars: attribute evaluation methods.* In: LORHO, B. (Herausgeber): *Methods and tools for compiler construction,* Seiten 103–138. Cambridge University Press, 1984.

[Eng85]   ENGELFRIET, J.: *Formele Talen en Automaten 2 (in Niederländisch).* Vorlesungsmitschrift, Universität Leiden, Die Niederlande, 1985.

[EV85]   ENGELFRIET, J. und H. VOGLER: *Macro tree transducers.* J. Comput. Syst. Sci., 31:71–145, 1985.

[FHVV93]   FÜLÖP, Z., F. HERRMANN, S. VAGVÖLGYI und H. VOGLER: *Tree transducers with external functions.* Theoret. Comput. Sci., 108:185–236, 1993.

[Fil83]   FILE, G.: *Theory of attribute grammars.* Doktorarbeit, Twente University of Technology, 1983.

[Fis68]   FISCHER, M.J.: *Grammars with macro-like productions.* Doktorarbeit, Harvard University, Massachusetts, 1968.

[Fra82]   FRANCHI–ZANNETTACCI, P.: *Attributs semantiques et schemas de programmes.* Doktorarbeit, Universite de Bordeaux I, 1982.

[Fül81]   FÜLÖP, Z.: *On attributed tree transducers.* Acta Cybernetica, 5:261–279, 1981.

[Hud89]   HUDAK, P.: *Conception, evolution, and application of functional programming languages.* ACM Computing Surveys, 21:359–411, 1989.

[Jaz81]   JAZAYERI, M.: *Simpler construction for showing the intrinsically exponential complexity of the circularity problem for attribute grammars.* J. Assoc. Comput. Sci., 28:715–720, 1981.

[JOR75]   JAZAYERI, M., W. F. OGDEN und W. C. ROUNDS: *The intrinsically exponential complexity of the circularity problem for attribute grammmars.* Comm. Assoc. Comput. Sci., 18:697–706, 1975.

[Kas80]   KASTENS, U.: *Ordered attribute grammars.* Acta Informatica, 13:229–256, 1980.

[Kas90]   KASTENS, U.: *Übersetzerbau.* Oldenbourg–Verlag, 1990.

[Kes96]   KESSELER, M.: *The implementation of functional languages on parallel machines with distributed memory.* Doktorarbeit, Universität Nijmegen, 1996.

[Knu68]   KNUTH, D.E.: *Semantics of context-free languages.* Math. Syst. Theory, 2:127–145, 1968. Corrections in *Math. Syst. Theory*, 5:95-96, 1971.

[Knu90]   KNUTH, D. E.: *The genesis of attribute grammars.* In: *Attribute Grammars and their Applications, Proceedings of the International Conference WAGA, Paris, Frankreich*, Band 461 der Reihe *LNCS*, Seiten 1–12. Springer–Verlag, September 1990.

[Kow74]   KOWALSKI, R.: *Predicate logic as a programming language.* Information Processing, 74:569–574, 1974.

[KW76]   KENNEDY, K. und S. K. WARREN: *Automatic generation of efficient evaluators for attribute grammars.* 3rd ACM Symposium on Principles of Programming Languages, Proceedings, Seiten 32–49, 1976.

[Llo87]   LLOYD, J.W.: *Foundations of Logic Programming.* Springer–Verlag, 1987. Second, extended edition.

[LMW86]   LOECKX, J., K. MEHLHORN und R. WILHELM: *Grundlagen der Programmiersprachen.* B. G. Teubner Stuttgart, 1986.

[Loo90]   LOOGEN, R.: *Implementierung funktionaler Programmiersprachen.* Nummer232 in *Informatik Fachberichte*. Springer–Verlag, 1990.

[Loo93] LOOGEN, R.: *Integration funktionaler und logischer Programmiersprachen, Semantik und Implementierung.* Oldenbourg–Verlag, 1993.

[Lor84] LORHO, B.: *Methods and Tools for Compiler Construction.* Cambridge University Press, 1984.

[LRS74] LEWIS, P.M., D.J. ROZENKRANTZ und R.E. STEARNS: *Attributed translations.* J. Comput. Syst. Sci., 9:279–307, 1974.

[Mah88] MAHN, U.: *Attributierte Grammatiken und Attributierungsalgorithmen*, Band 157 der Reihe *Informatik–Fachberichte.* Springer–Verlag, 1988.

[MV95] MÖSSLE, A. und H. VOGLER: *Efficient call–by–value evaluation strategy of primitive recursive program schemes.* Technischer BerichtTUD/FI95/19, Technische Universität Dresden, 1995.

[MW88] MAIER, D. und D. S. WARREN: *Computing with Logic.* Benjamin Cummings Publishing Company, 1988.

[Nol93] NOLL, T. persönliche Mitteilung, 1993.

[NV94] NOLL, T. und H. VOGLER: *Top–down parsing with simultaneous evaluation of noncircular attribute grammars.* Fundamenta Informaticae, 20:285–332, 1994.

[odA88] AKKER, R. OP DEN: *Parsing attribute grammars.* Doktorarbeit, Universität Twente, Enschede, Die Niederlande, Dezember 1988.

[odAMT91] AKKER, R. OP DEN, B. MELICHAR und J. TARHIO: *Attribute evaluation and parsing.* Technischer BerichtINF 81-91, Universität Twente, Enschede, Die Niederlande, April 1991.

[Oud93] OUDE LUTTIGHUIS, P.: *Parallel algorithms for parsing and attribute evaluation.* Doktorarbeit, Universität Twente, Enschede, Die Niederlande, 1993.

[Paa95] PAAKKI, J.: *Attribute grammar paradigms — a high level methodology in language implementation.* ACM Computing Surveys, 27:196–255, 1995.

[Pav93] PAVLO, P.: *LR Parsing L–attribute Grammars.* Doktorarbeit, Tschechische Technische Universität, Prag, Tschechische Republik, März 1993.

[Pey87] PEYTON JONES, S.L.: *The Implementation of Functional Programming Languages.* Series in Computer Science. Prentice–Hall, 1987.

[PL92] PEYTON JONES, S.L. und D. LESTER: *Implementing functional languages, a tutorial.* Prentice–Hall, 1992.

[Rob79] ROBINSON, J.A.: *Logic: Form and Function.* Edinburgh University Press, 1979.

[RT89] REPS, T. W. und T. TEITELBAUM: *The synthesizer generator — a system for constructing language–based editors.* Springer–Verlag, 1989.

[Saa78]   SAARINEN, M.: *On constructing efficient evaluators for attribute grammars.* LNCS, 62:382–397, 1978.

[Sch89]   SCHÖNING, U.: *Logik für Informatiker.* Wissenschaftsverlag, 1989.

[Sch95]   SCHMITZ, L.: *Syntaxbasierte Programmierwerkzeuge.* Teubner–Verlag, 1995.

[Thi94]   THIEMANN, P.: *Grundlagen der funktionalen Programmierung.* Teubner–Verlag, 1994.

[vEK76]   EMDEN, M. H. v. und R. A. KOWALSKI: *The semantics of predicate logic as a programming language.* J. Assoc. Comput. Sci. 23 (176), 733-742, 1976.

[Vog91]   VOGLER, H.: *Functional description of the contextual analysis in block-structured programming languages: a case study of tree transducers.* Science of Computer Programming, 16:251–275, 1991.

[WM92]   WILHELM, R. und D. MAURER: *Übersetzerbau — Theorie, Konstruktion, Generierung.* Springer–Verlag, 1992.

Index

Bezeichnungsindex

$\rightarrow$, 11

$\rightarrow_X$, 35

$\rightarrow \lceil M' \rceil$, 11

$\rightarrow^*$, 11

$\rightarrow^+$, 11

$\rightarrow^0$, 11

$\rightarrow^{n+1}$, 11

$\Rightarrow$, 12

$\Rightarrow_{G_0}$, 12

$\Rightarrow_H$, 105

$\vdash_{\mathcal{A}}$, 145

$\sharp$, 144